金牌网站设计师系列丛书

HTML5+CSS+JavaScript 网页布局从入门到精通

环博文化 组编

王志晓 陈益材 牛海建 等编著

机械工业出版社

移动互联网时代，前端工程师经常面临如何在 PC 端和各种移动平台间跨平台开发的问题。针对这个问题，本书在研究分析当前应用开发解决方案和主流技术的基础上，提出一种跨平台的前端应用方案，即利用支持标准 HTML5、CSS 和 JavaScript 的跨平台前端框架开发。本书按从基础到开发大型平台前端的思路，介绍了如何使用 HTML5+CSS+JavaScript 布局网页的方法。以大型电商平台作为前端开发的案例，按从入门到高级商业产品应用的开发思路进行讲解，让读者通过这本书中的内容即可成为一名名副其实的前端开发工程师。

本书内容丰富、结构清晰，注重商业应用思维的训练与实践应用，向读者提供了 Web 前端开发的基础知识、开发技术、动画特效的制作方法，适合初、中级网页设计爱好者，Web 前端工程师，以及希望对原有网站进行重构的网页设计者使用，也可以作为高等院校相关专业和相关培训机构的教学用书。

图书在版编目（CIP）数据

HTML5+CSS+JavaScript 网页布局从入门到精通 / 环博文化组编；王志晓等编著. —北京：机械工业出版社，2016. 3(2017. 9 重印)
（金牌网站设计师系列丛书）
ISBN 978-7-111-53511-9

Ⅰ. ①H… Ⅱ. ①环… ②王… Ⅲ. ①超文本标记语言—程序设计②网页制作工具③JAVA 语言—程序设计 Ⅳ. ①TP312②TP393.092

中国版本图书馆 CIP 数据核字（2016）第 076336 号

机械工业出版社（北京市百万庄大街 22 号 邮政编码 100037）
策划编辑：丁 诚 责任编辑：丁 诚
责任校对：张艳霞 责任印制：李 飞
北京铭成印刷有限公司印刷
2017 年 9 月第 1 版 · 第 2 次印刷
184mm×260mm · 16.5 印张 · 404 千字
4001—5800 册
标准书号：ISBN 978-7-111-7-53511-9
定价：49.00 元

凡购本书，如有缺页、倒页、脱页，由本社发行部调换

电话服务
服务咨询热线：（010）88361066
读者购书热线：（010）68326294
（010）88379203

网络服务
机 工 官 网：www.cmpbook.com
机 工 官 博：weibo.com/cmp1952
教育服务网：www.cmpedu.com
金 书 网：www.golden-book.com

前 言

HTML5 可以说是近十年来 Web 标准最巨大的飞跃，HTML5 中创建了很多新元素，利用这些新元素能快速开发出更多的类和 id 标识。一旦用户熟悉了这些元素的功能和使用，就可以在较短的时间内建立简单的网页组织，它的使命是将 Web 带入一个成熟的应用平台。在 Web 开发中采用 CSS 技术将会显著地美化应用程序，可以有效地控制页面的布局、字体、颜色、背景和其他效果，只需要进行一些简单的修改就可以改变网页的外观和格式。利用好 CSS 可以更快捷地得到以往用很多插件才能得到的效果。通过使用元素本身来取代大部分图片，网页的加载速度会得到提高，同时也能极大地提高程序的性能。

本书根据网页前端工程师需要掌握的核心工作技能，按从基础到商业应用实例开发的学习步骤，以练带学，让读者能够轻松、快速地掌握相关的技能。本书对 HTML5 和 CSS 样式布局进行了深入的介绍，对 JavaScript 主要进行了应用级的介绍。

本书共 9 章，内容包括：

第 1 章 HTML5 的基础知识。通过学习读者可以掌握 HTML 文档的基本结构，全面了解 HTML 的标签、元素和属性的设置，并掌握布局时一些通用的 HTML5 标签，同时对表单标签的应用进行了详细的介绍。

第 2 章 CSS 基本语法和应用。介绍了 CSS 层叠样式表的概念，CSS 的作用、类型与冲突，以及在 HTML 中应用 CSS 样式表的方法；对 CSS 的基本语法进行了图文并茂的介绍，方便读者掌握 CSS 的基本语法；最后对 CSS 盒模型进行了详细的举例说明。

第 3 章 DIV+CSS 网页基础布局。详细说明了 DIV 各元素的属性设置和 DIV+CSS 基础布局的方法，对列表元素的布局进行了举例说明，并对元素的非常规定位的方式进行了总结，介绍了绝对定位、固定定位、相对定位以及程序的简化方法。

第 4 章 JavaScript 编程应用基础。简单介绍了嵌入网页的相关动画技术，对 JavaScript 的编程应用进行了详细的介绍。读者要掌握在 HTML 页面中如何实现对 JavaScript 的调用，最后举例说明使用 JavaScript 实现图片轮播的应用。

第 5 章 Photoshop 网页设计与应用。介绍了网站前期策划的准备工作，通过学习读者可以掌握从网站定位出发使用 Photoshop 实现网页设计的各个环节，如首页的版式设计、页面框架的搭建、大小导航的制作等内容。

第 6 章 HTML5+CSS 布局网页。本章将应用前面几章学习的知识，使用 HTML5+CSS 制作一个真正意义上的网页，通过学习读者可以掌握如何使用 Photoshop 对设计的网页图片进行切片，如何使用 HTML5+CSS 布局一个精美的首页效果，并掌握兼容 IE 的设置。

第 7 章电子商城首页布局。介绍了电子商城系统规划的方法，使用 Dreamweaver 进行网站站点的建立，重置样式表的高级应用，对搜索功能、导航、市场精选频道等功能模块进行不同的样式布局。

第 8 章用户管理系统布局。介绍了一个网站用户管理系统的规划，详细介绍了用户注册功能的布局操作，强调了表单的交互验证方法，并对用户登录模块进行了详细的布局设计，最后对找回密码的布局页面进行了详细的介绍。

第 9 章购物车系统布局。根据购物车系统从下订单到结算的流程，介绍了产品前台展示的两个页面“产品列表页.html”和“产品详情页.html”的制作方法。讲解了如何使用 JavaScript 实现订单的统计和信息交互动态功能，最后对通过购物车下订单的 4 个步骤分别设计了 4 个页面。

本书内容广泛、新颖别致，是网页开发前端布局设计的最佳参考资料。本书中的每个实例都融合了适合其类别的动态功能，拥有各自的设计特点，非常适合读者在设计制作时参考和应用。本书也是网页制作的最佳素材宝典，在实际应用中能令您创意无限，使制作更加简化与方便。

本书由王志晓负责第 1～5 章的编写，陈益材负责第 6～9 章程序的编写，牛海建负责本书案例的美工设计与创意。参与本书编写的还有于荷云、白爱娟、王玉州、杨成、杨倩倩、张洁、彭飞飞、李涵等。由于编者水平有限，本书疏漏之处在所难免，欢迎各位读者与专家批评指正。

编　者

2016 年 3 月

目　录

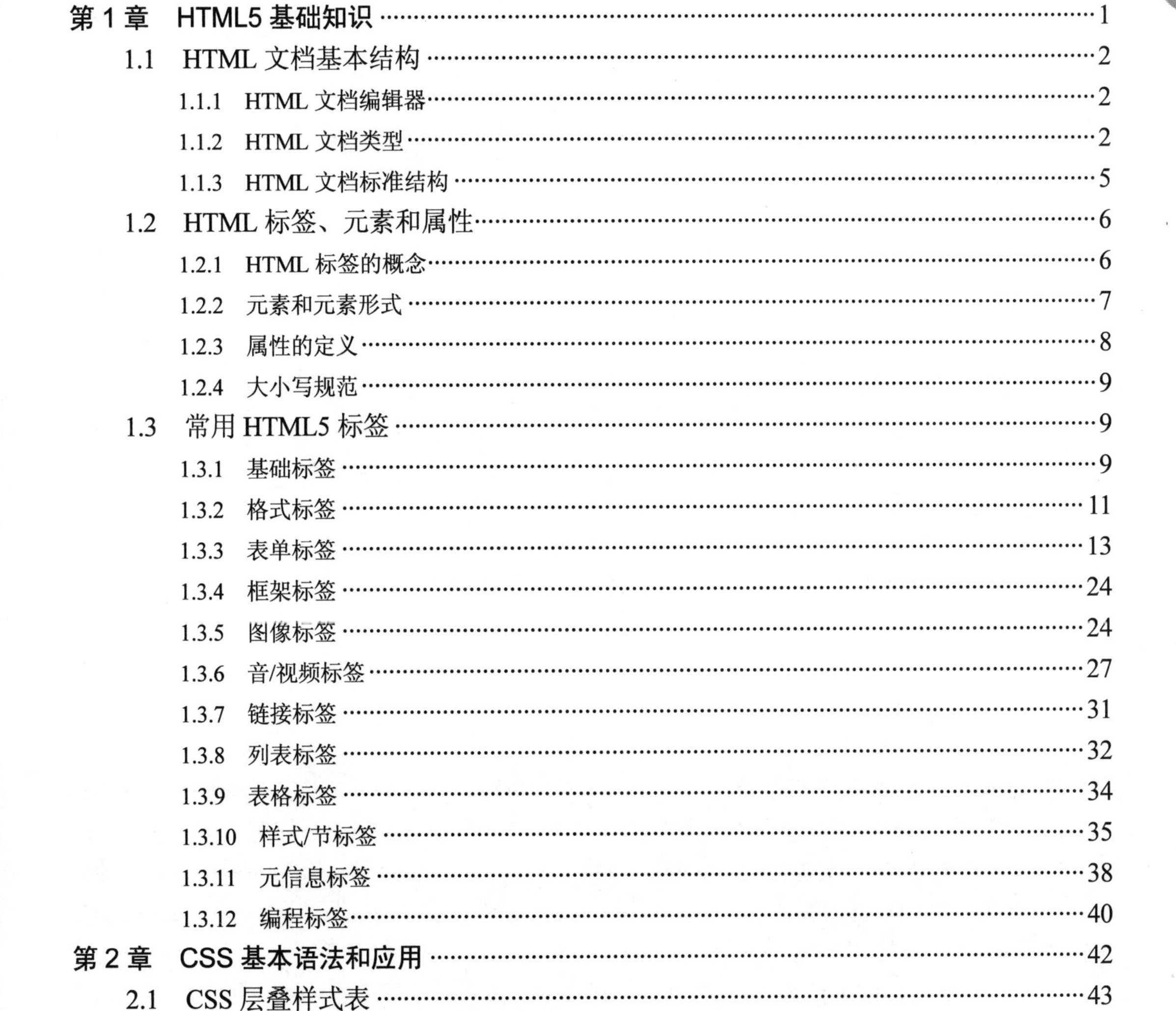

前言
第 1 章　HTML5 基础知识 …… 1
1.1　HTML 文档基本结构 …… 2
1.1.1　HTML 文档编辑器 …… 2
1.1.2　HTML 文档类型 …… 2
1.1.3　HTML 文档标准结构 …… 5
1.2　HTML 标签、元素和属性 …… 6
1.2.1　HTML 标签的概念 …… 6
1.2.2　元素和元素形式 …… 7
1.2.3　属性的定义 …… 8
1.2.4　大小写规范 …… 9
1.3　常用 HTML5 标签 …… 9
1.3.1　基础标签 …… 9
1.3.2　格式标签 …… 11
1.3.3　表单标签 …… 13
1.3.4　框架标签 …… 24
1.3.5　图像标签 …… 24
1.3.6　音/视频标签 …… 27
1.3.7　链接标签 …… 31
1.3.8　列表标签 …… 32
1.3.9　表格标签 …… 34
1.3.10　样式/节标签 …… 35
1.3.11　元信息标签 …… 38
1.3.12　编程标签 …… 40
第 2 章　CSS 基本语法和应用 …… 42
2.1　CSS 层叠样式表 …… 43
2.1.1　CSS 的作用、类型与冲突 …… 43
2.1.2　编辑 CSS 层叠样式表 …… 44
2.1.3　在 HTML 文档中应用 CSS 的方法 …… 46
2.2　CSS 的基本语法 …… 49
2.2.1　CSS 的 3 种选择器 …… 50
2.2.2　选择器的声明 …… 54
2.2.3　CSS 样式继承 …… 56
2.2.4　使用 CSS 注释 …… 58
2.3　CSS 盒模型控制 …… 58

2.3.1 CSS 盒模型概念 ······ 58
2.3.2 外边距 margin 的控制 ······ 60
2.3.3 边框 border 的样式设置 ······ 62
2.3.4 内边距 padding 的设置 ······ 64
第 3 章 DIV+CSS 网页基础布局 ······ 66
3.1 div 元素的基础知识 ······ 67
3.1.1 div 标签控制方法 ······ 67
3.1.2 HTML 中的元素 ······ 69
3.1.3 元素的样式设置 ······ 70
3.2 DIV+CSS 基础布局 ······ 72
3.2.1 网页宽度的设置 ······ 72
3.2.2 水平居中的设置 ······ 73
3.2.3 div 的嵌套设置 ······ 75
3.2.4 div 的浮动方法 ······ 76
3.2.5 网页布局的实例 ······ 81
3.3 列表元素布局 ······ 84
3.3.1 列表元素布局导航 ······ 84
3.3.2 导航条的超链接 ······ 85
3.3.3 导航条的互动设计 ······ 87
3.4 元素的非常规定位方式 ······ 88
3.4.1 CSS 绝对定位 ······ 88
3.4.2 CSS 固定定位 ······ 90
3.4.3 CSS 相对定位 ······ 92
3.4.4 CSS 程序的简化 ······ 93
第 4 章 JavaScript 编程应用基础 ······ 95
4.1 成功网站的特点和嵌入网页的动画技术 ······ 96
4.1.1 成功网站所具备的特点 ······ 96
4.1.2 嵌入网页的动画技术 ······ 97
4.2 JavaScript 应用基础 ······ 100
4.2.1 JavaScript 的特点 ······ 100
4.2.2 在网页中嵌入 JavaScript ······ 101
4.3 JavaScript 的图片轮播应用 ······ 102
4.3.1 设计首页的版面 ······ 103
4.3.2 创建和编辑站点 ······ 105
4.3.3 使用 DIV+CSS 布局网页 ······ 105
4.3.4 使用动画技术 ······ 111
第 5 章 Photoshop 网页设计与应用 ······ 117
5.1 网站的策划准备工作 ······ 118
5.1.1 网站建设前期的总体策划 ······ 118

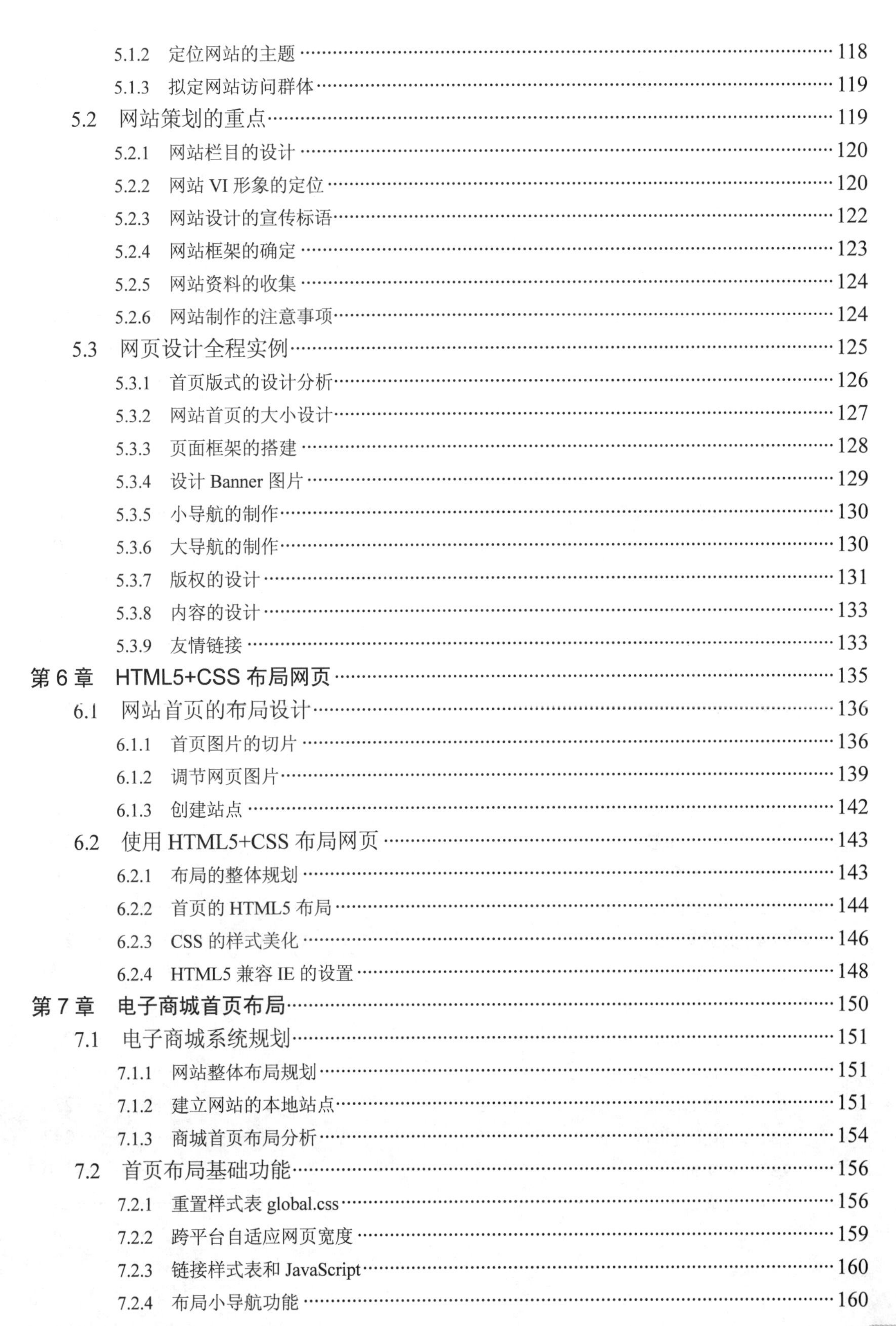

5.1.2　定位网站的主题 118
5.1.3　拟定网站访问群体 119
5.2　网站策划的重点 119
5.2.1　网站栏目的设计 120
5.2.2　网站 VI 形象的定位 120
5.2.3　网站设计的宣传标语 122
5.2.4　网站框架的确定 123
5.2.5　网站资料的收集 124
5.2.6　网站制作的注意事项 124
5.3　网页设计全程实例 125
5.3.1　首页版式的设计分析 126
5.3.2　网站首页的大小设计 127
5.3.3　页面框架的搭建 128
5.3.4　设计 Banner 图片 129
5.3.5　小导航的制作 130
5.3.6　大导航的制作 130
5.3.7　版权的设计 131
5.3.8　内容的设计 133
5.3.9　友情链接 133
第 6 章　HTML5+CSS 布局网页 135
6.1　网站首页的布局设计 136
6.1.1　首页图片的切片 136
6.1.2　调节网页图片 139
6.1.3　创建站点 142
6.2　使用 HTML5+CSS 布局网页 143
6.2.1　布局的整体规划 143
6.2.2　首页的 HTML5 布局 144
6.2.3　CSS 的样式美化 146
6.2.4　HTML5 兼容 IE 的设置 148
第 7 章　电子商城首页布局 150
7.1　电子商城系统规划 151
7.1.1　网站整体布局规划 151
7.1.2　建立网站的本地站点 151
7.1.3　商城首页布局分析 154
7.2　首页布局基础功能 156
7.2.1　重置样式表 global.css 156
7.2.2　跨平台自适应网页宽度 159
7.2.3　链接样式表和 JavaScript 160
7.2.4　布局小导航功能 160

7.2.5 搜索功能的布局设计……164
7.2.6 大导航和二级菜单……167
7.2.7 制作首页图片的轮播……172
7.3 功能模块的首页布局……176
7.3.1 市场精选频道设计……177
7.3.2 特价商品和品牌馆……178
7.3.3 版权内容排版布局……180
第8章 用户管理系统布局……181
8.1 用户管理系统的规划……182
8.1.1 系统结构设计……182
8.1.2 页面规划设计……182
8.2 用户注册功能的布局……183
8.2.1 用户注册页面 DIV……183
8.2.2 CSS 样式设计……187
8.2.3 表单的交互验证……189
8.3 用户登录模块的设计……201
8.3.1 登录页面的设计……201
8.3.2 登录成功个人页面……204
8.4 找回密码的布局……205
8.4.1 确认用户的页面……206
8.4.2 选择找回方式……208
8.4.3 修改和找回密码……212
第9章 购物车系统布局……215
9.1 购物车系统规划……216
9.1.1 购物车系统功能……216
9.1.2 购物车系统流程……217
9.1.3 系统结构设计……219
9.1.4 页面规划设计……220
9.2 产品前台展示功能……220
9.2.1 产品列表页.html……221
9.2.2 产品详情页.html……227
9.3 购物车下订单功能……235
9.3.1 购物车.html……236
9.3.2 确认订单.html……247
9.3.3 付款.html……250
9.3.4 完成.html……253

第 1 章　HTML5 基础知识

互联网中所有的网页都是用 HTML 格式的文本编写成的，浏览器用来解释这些文本，并将其呈现出来，所以用户要学习使用 HTML+CSS 进行网页前端设计和开发首先必须熟悉 HTML 语言。HTML 语言有自己的语法格式和编写规范，这些都是由 HTML 规范定义的。创作者根据该规范创作网页，浏览器厂商根据该规范解释和渲染网页。本章将简单介绍 HTML 语言的格式和 HTML5 布局常用标签。

从入门到精通

本章学习重点：

- HTML 文档类型
- HTML 文档标准结构
- HTML 标签概念
- 元素和元素形式
- 常用标签的使用

Section

1.1 HTML 文档基本结构

在浏览器中，文本以一定的格式显示出来，图片及其他多媒体文件则通过HTML文档中所标识的路径被调用。浏览器从 HTML 代码中读取图像的位置，并被浏览器解释后显示出来，其他的多媒体格式也是如此。HTML 文本是由 HTML 标签组成的描述性文本，HTML 标签可以说明文字、图形、动画、声音、表格、链接等。

1.1.1 HTML 文档编辑器

设计者只要明白了各种标签的用法，便学会了 HTML。HTML 的标签格式非常简单，它是由文字及标签组合而成的。由于 HTML 只是文本，因此任何文本编辑器都可以编辑它，这种编写方法也称为“手工编写代码”的方式。如果要创建精彩效果，特别是实现精彩的布局，使用可视化编辑软件是非常必要的，对于专业布局工作人员我们推荐使用所见即所得的 Dreamweaver 软件，如图 1-1 所示。

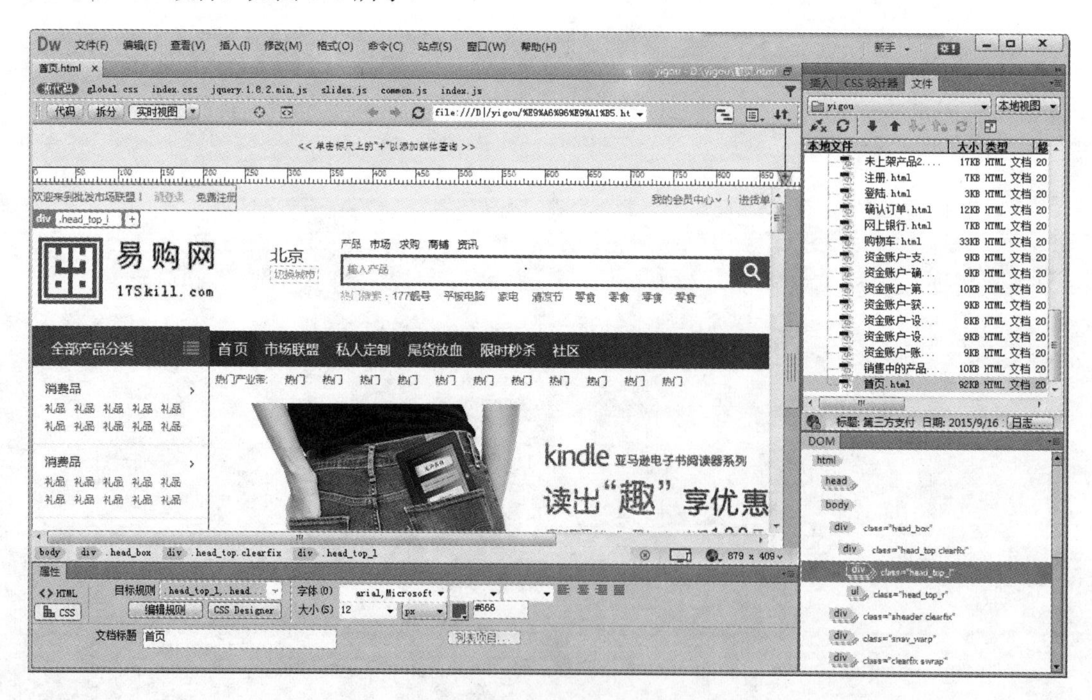

图 1-1　Dreamweaver CC 2015 软件操作界面

1.1.2 HTML 文档类型

下面创建一个简单的 HTML5 文件。运行 Dreamweaver CC 2015 软件，选择菜单栏中的“文件”→“新建”命令，打开“新建文档”对话框，如图 1-2 所示。

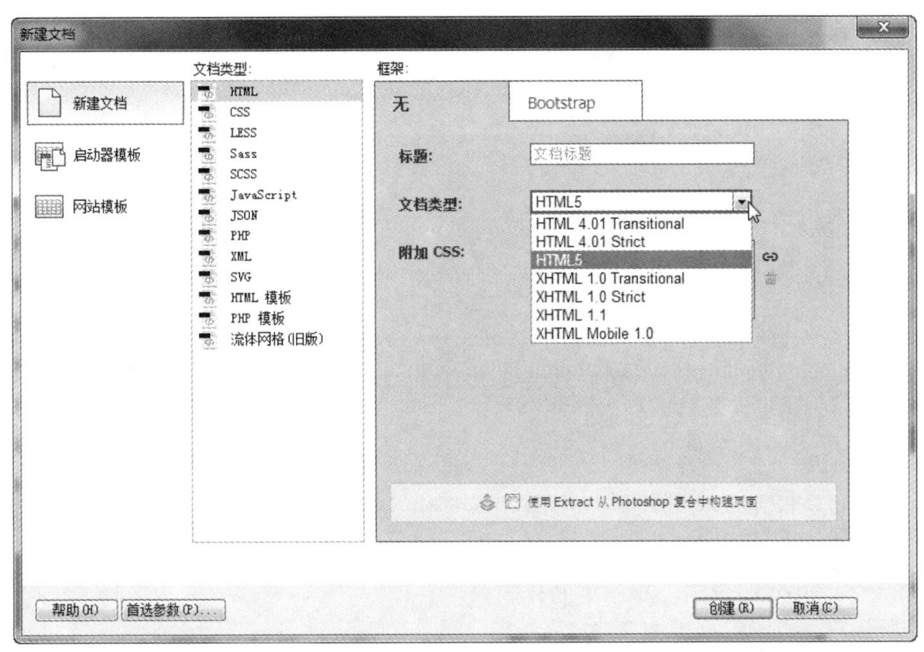

图 1-2 “新建文档”对话框

新手会质疑为什么有那么多的“文档类型”，其实这是 HTML 不同阶段的不同版本，不同的地方就是 DOCTYPE 声明以及 DOCTYPE 声明对网页起了什么作用。DOCTYPE（DOCument TYPE）主要用来说明用户使用的 XHTML 或者 HTML 是什么版本。浏览器根据用户使用 DOCTYPE 定义的“文档类型”来解释页面代码。

说明：HTML 与 XHTML 有什么区别

可扩展超文本标记语言 XHTML（eXtensible HyperText Markup Language）是 HTML 4.01 的第 1 个修订版本，是 3 种 HTML4 文件根据 XML 1.0 标准重组而成的。也就是说 XHTML 是 HTML 4.01 和 XML 1.0 的结合。由于 XHTML 1.0 是基于 HTML 4.01 的，并没有引入任何新标签或属性（XHTML 可以看作是 HTML 的一个子集），其表现方式与超文本标记语言 HTML 类似，只是语法上更加严格，几乎所有的网页浏览器在正确解析 HTML 的同时可兼容 XHTML。

例如 XHTML 中所有的标签必须小写，所有的标签必须闭合，每一个属性都必须使用引号引起来。
要写成
，不能写成
，在使用了<p>之后必须有一个</p>结束段落。

现在 HTML5 比较盛行，因此本书文档的编写也以该文档类型为主，HTML5 的标签及实例开发应用将在第 5 章进行详细介绍，作为前端的高级设计人员要全面了解一下 DOCTYPE 的几种类型。XHTML 1.0 提供了 3 种 DOCTYPE 供用户选择。

1. 过渡型（Transitional）

打开 Dreamweaver CC2015，选择“文档类型”下拉列表框中的 XHTML 1.0 Transitional 新建一个 HTML 文档，然后切换到“代码”窗口，可以发现第 1 行就是定义文档类型的代码标准，如图 1-3 所示。

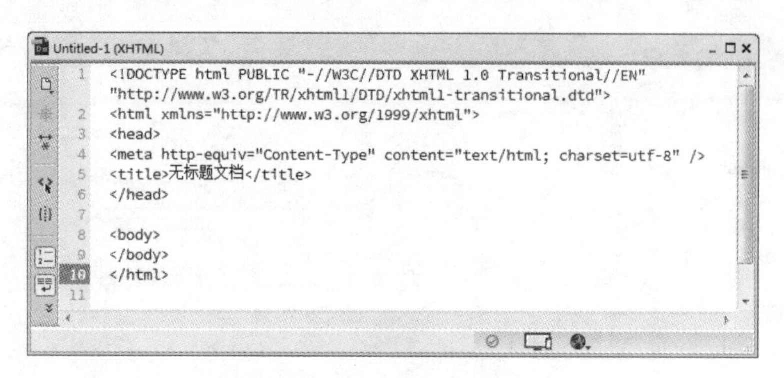

图 1-3　定义 XHTML 文档标准

其中用于声明的代码如下：

```
<!DOCTYPE html PUBLIC "-//W3C//DTD XHTML 1.0 Transitional//EN" "http://www.w3.org/TR/xhtml1/DTD/xhtml1-transitional.dtd">
```

在 DOCTYPE 声明以后，接下来的代码是：

```
<html xmlns="http://www.w3.org/1999/xhtml"  >
```

通常 HTML4.0 的代码只是<html>，这里的“xmlns”是什么呢？这里的“xmlns”是 XHTML namespace 的缩写，称为“名字空间”声明。名字空间有什么作用呢？由于 XML 允许用户定义自己的标识，所定义的标识和其他人定义的标识有可能相同，但表示不同的意义，当交换或者共享文件的时候就容易产生错误。为了避免这种错误发生，XML 采用名字空间声明，允许用户通过一个网址指向来识别标识。名字空间就是用来给文档做一个标记，告诉别人这个文档是属于谁的，只不过这个“谁”是用了一个网址来代替的。

XHTML 是 HTML 向 XML 过渡的标识语言，它需要符合 XML 文档规则，因此也需要定义名字空间。又因为 XHTML1.0 不能自定义标识，所以它的名字空间都相同，就是“http://www.w3.org/1999/xhtml”。如果用户还不太理解也不要紧，在目前阶段我们只要照抄代码就可以了。

为了被浏览器正确解释和通过标识校验，所有的 XHTML 文档都必须声明它们所使用的编码语言，代码如下：

```
<meta http-equiv="Content-Type" content="text/html; charset=utf-8" />
```

这里声明的编码语言是通用编码 utf-8，如果需要制作纯中文内容，可以定义为 GB2312，繁体中文为 BIG5。

utf-8 是一种针对 Unicode 的可变长度字符编码，又称万国码，由 Ken Thompson 于 1992 年创建，现在已经标准化为 RFC 3629。utf-8 用 1 到 4 个字节编码 Unicode 字符，用于网页上可以在同一页面中显示中文简体、繁体及其他语言（如日文、韩文）。

GB2312 即信息交换用汉字编码字符集。《信息交换用汉字编码字符集》是由中国国家标准总局于 1980 年发布，1981 年 5 月 1 日开始实施的一套国家标准，标准号是 GB2312—1980。GB2312 编码适用于汉字处理、汉字通信等系统之间的信息交换，通行于中国大陆，新加坡等地也采用此编码，中国大陆几乎所有的中文系统和国际化的软件都支持 GB2312。

简体中文网站使用 GB2312 的比较多，从文字支持上来说 utf-8 要比 GB2312 多。一般企业网站可根据自己的情况选择网页编码。

2. 严格型（Strict）

单击“文档类型”下拉列表框中的 XHTML1.0 Strict，新建一个 HTML 文档，代码如下（如图 1-4 所示）：

```
<!DOCTYPE html PUBLIC "-//W3C//DTD XHTML 1.0 Strict//EN""http://www.w3.org/TR/xhtml1/DTD/xhtml1-strict.dtd">
```

```
Untitled-2 (XHTML)
1  <!DOCTYPE html PUBLIC "-//W3C//DTD XHTML 1.0 Strict//EN"
   "http://www.w3.org/TR/xhtml1/DTD/xhtml1-strict.dtd">
2  <html xmlns="http://www.w3.org/1999/xhtml">
3  <head>
4  <meta http-equiv="Content-Type" content="text/html; charset=utf-8" />
5  <title>无标题文档</title>
6  </head>
7
8  <body>
9  </body>
10 </html>
11
```

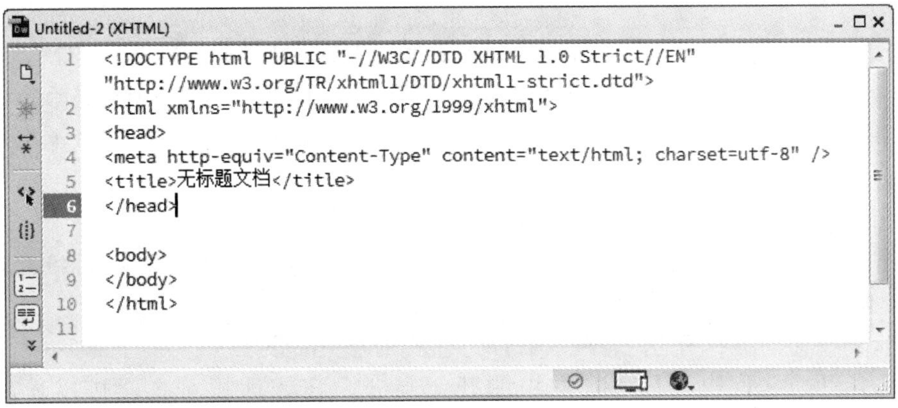

图 1-4　定义严格型 XHTML 文档标准

1.1.3 HTML 文档标准结构

对于初学者来说，只要选择 HTML5 文档类型就可以了，它可以兼容用户的表格和 DIV 布局、表格标识等。在“文档类型”下拉列表框中选择 HTML5 选项，然后单击“创建”按钮，创建一个 HTML5 标准文档。

一个 HTML 文档由 4 个基本部分组成，如图 1-5 所示。

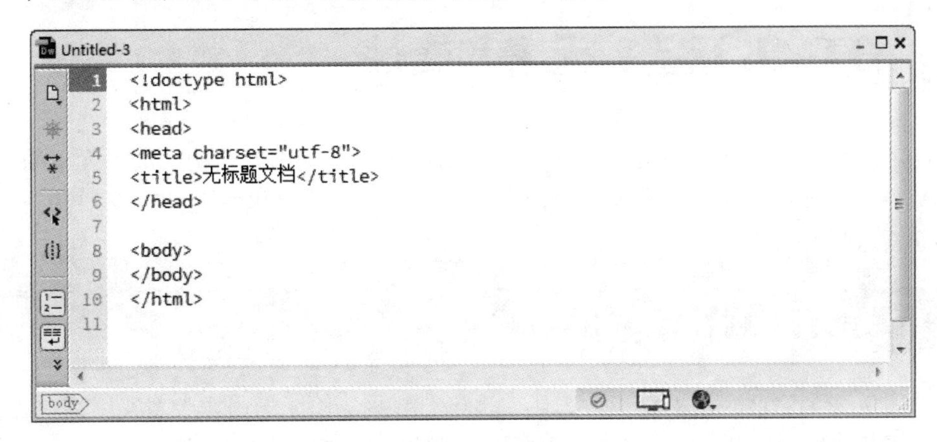
Untitled-3
1 <!doctype html>
2 <html>
3 <head>
4 <meta charset="utf-8">
5 <title>无标题文档</title>
6 </head>
7
8 <body>
9 </body>
10 </html>
11
body

图 1-5　HTML5 文档标准

1）文档类型声明：表明该文档是 HTML 文档。

在使用 HTML 语法编写 HTML 文档时要求指定文档类型，以确保浏览器能在 HTML5 标准模式下渲染网页。

文档类型声明如下：

```
<!DOCTYPE HTML>
```

考虑到 HTML 语法不区分大小写，<!DOCTYPE html>、<!DOCTYPE HTML>等也是正确的。

说明：

注意，一些网页被保存为以.htm 为扩展名的文件。这里需要说明的是，HTML 文件既可以保存为.html 文件，也可以保存为*.htm 文件，HTML 网页文件可以使用这两种扩展名，并且这两种扩展名没有本质的区别，主要是因为在某些较旧的系统上不能识别 4 位的文件扩展名。*

2）html 标签对：用来表示 HTML 文档的开始和结束。

<html>标签位于 HTML 文档的最前面，用来标识 HTML 文档的开始；而</html>标签则放在 HTML 文档的最后面，用来标识 HTML 文档的结束。

3）head 标签对：其间的内容构成 HTML 文档的开头部分。

<head>和</head>构成 HTML 文档的开头部分，在此标签对之间可以使用<titile></title>、<script></script>等标签对，这些标签对都是用于描述 HTML 文档相关信息的标签对，<head></head>标签对之间的内容不会在浏览器的框内显示出来。

4）body 标签对：其间的内容构成 HTML 文档的主题部分。

<body></body>是 HTML 文档的主题部分，在此标签对之间可以包含<p>、</p>、<h1>、</h1>、
、<hr>等众多标签，对于可视化浏览器，可以将<body></body>之间的内容作为一个画布，文本、图片、颜色等都在该画布中呈现出来。

本书中重点介绍的 DIV 布局（即整个网页所见即所得的内容页面）全部包含在 body 标签对中。

Section 1.2 HTML 标签、元素和属性

HTML 是简单的文本标签语言，一个 HTML 网页文件是由元素构成的，元素由开始标签、结束标签、属性和元素的内容 4 个部分构成，用户在学习和使用 HTML 时要注意区分标签和元素这两个概念。

1.2.1 HTML 标签的概念

标签是元素的组成，用来标记内容块，也用标签来标明元素内容的意义（即语义）。标签使用尖括号包围，如<html></html>，这两个标签表示一个 HTML 文件。

标签的使用有两种形式，即成对出现的标签和单独出现的标签。无论使用哪一种标签，

标签中都不能包含空格。

例如下面的代码是错误的，因为其中包含空格。

```
<html></html >
< head > < / html >
< head >< /head >
```

1. 成对出现的标签

成对出现的标签也就是包含开始标签和结束标签的形式，其基本格式如下：

```
<开始标签>网页的内容</结束标签>
```

如前端布局经常用到的“<div>网页的内容</div>”就是一个标准的成对应用的标签。

- 开始标签：表示一段内容的开始，例如<html>表示 HTML 文件开始，到</html>结束，从而组成了一个 HTML 文件。<head>和</head>标签描述 HTML 文档的相关信息，之间的内容是不会在浏览器的框内显示出来的。<body>和</body>在浏览器窗口中显示主要内容，也是 HTML 文件的主要部分。
- 结束标签：</head>、</body>和</html>是与开始标签对应的结束标签，结束标签比开始标签多一个斜杠。

2. 单独出现的标签

虽然并不是所有的开始标签都必须有结束标签对应，但通常建议“开始标签”最好用一个对应的“结束标签”关闭，这样能使网页易于阅读和修改。

如果在开始标签和结束标签之间没有内容，那么就不必这样做，如换行标签可以写成
（在后面的学习中读者将会了解它的用法）。例如下面的代码中
就是一个单独出现的标签：

```
网页内容的第一行<br>
网页内容的另一行<br>
```

1.2.2 元素和元素形式

标签用于为一个元素的开始和结束做标记，网页内容是由元素组成的，例如包含在<html>、</html>标签之间的都是元素内容。元素主要有以下几种形式。

1）一个元素通常由一个开始标签、内容、其他元素及一个结束标签组成。

例如<head>和</head>是标签，但在下面的代码中则是一个 head 元素。

```
<head><title>这是制作的网页</title></head>
```

在上面这个元素中<title>和</title>是标签，但在下面的代码中则是 title 元素。

```
<title>这是制作的网页</title>
```

同时，这个 title 是嵌套在 head 元素中的另一个元素。

head、title 又被称为元素名，在后面的文档中会经常使用 head 元素（或者<head>元素）、title 元素（或者<title>元素）这样的简称来表示它们之间的元素内容。

2）有一些元素有内容，但允许忽略结束标签。

例如，下面的代码省略了结束标签</p>。

```
<p>这是第一段文字
<p>这是第二段文本
```

等同于：

```
<p>这是一段文本</p>
<p>这是另一段文本</P>
```

3）有一些元素甚至允许忽略开始标签。

例如，html、head 和 body 等元素都允许忽略开始标签，虽然 HTML 规范允许这样做，但一般不推荐这样做，否则会使文档变得很难阅读。

4）有一些元素可以没有内容，因此不需要结束标签。

例如，换行元素 br 可以写成：

```
<br><br>
```

每一个 br 元素都没有内容。

5）元素应该合理嵌套。

和 HTML4 不同，所有的 HTML5 标签都必须合理嵌套，所有的嵌套都必须按顺序，以下代码：

```
<p>这里是<em>强调的内容</p></em>
```

必须修改为：

```
<p>这里是<em>强调的内容</em></p>
```

也就是说，嵌套必须是严格对称的。

1.2.3 属性的定义

与元素相关的特性称为属性，用户可以为属性赋值（每个属性总是对应一个属性值，因此也被称为“属性/值”对)。“属性/值”对出现在元素开始标签的最后一个“>”之前，通过空格分隔。在一个 HTML 文档中可以有任何数量的“属性/值”对，它们可以以任何顺序出现，但是不能在同一个开始标签中定义同名的属性（属性名是不区分大小写的)。

虽然在前面的 HTML 例子中属性值都用引号包含，但在一些情况下开发者可以不用引号包含属性值，这时的属性值应该仅包含 ASCII 字符（a～z 以及 A～Z)、数字（0～9)、连字符（-)、圆点句号（.)、下划线（_）以及冒号（:)，但使用引号可以更好地表现，这也是 W3C 提倡使用的，并且可以顺利地和未来的新标准衔接。

引号可以是单引号或者双引号，属性的使用格式如下：

```
<元素 属性="值">内容</元素>
<元素 属性='值'>内容</元素>
```

或者

```
<元素 属性= 值>内容</元素>
```

1.2.4 大小写规范

元素名和属性都是不区分大小写的，例如下面 3 个标签的效果是相同的：

```
<head>、<HEAD>和<HeAd>
```

一些用户建议标签使用大写字母、属性使用小写字母，这是为了更好地阅读和理解 HTML 文档，但建议用户都使用小写，这是未来 HTML 发展的方向，并且 HTML4 规范的更新版本 XHTML 规定标签名和属性必须是小写的。

虽然元素和属性不区分大小写，但是有些属性的值确实区分大小写。例如，属性 class 和 id 的值就是区分大小写的。并非所有属性的值都区分大小写，大部分属性的值是不区分大小写的。

Section 1.3 常用 HTML5 标签

前面介绍了 HTML5 的文档结构和编辑标准，是为了帮助前端工程师在编写文档的时候能够编写出符合标准的网页，如果要掌握 DIV+CSS 的布局方法，首先要深入学习和了解 HTML5 的标签及功能应用。

1.3.1 基础标签

HTML 基础标签一共有 9 个，如表 1-1 所示。其中<!DOCTYPE> 、<html>、<body>几个标签已经在前面用到，这里介绍其他常用基础标签的使用。

表 1-1 基础标签

标 签	功 能 描 述
<!DOCTYPE>	定义文档类型
<html>	定义 HTML 文档
<title>	定义文档的标题
<body>	定义文档的主体
<h1> to <h6>	定义 HTML 标题
<p>	定义段落
 	定义简单的折行
<hr>	定义水平线
<!-- -->	定义注释

1．HTML 标题使用的标签

HTML 标题是通过<h1>～<h6>标签进行定义的，<h1>定义最大的标题，<h6>定义最小的标题。由于 h 元素拥有确切的语义，在使用时需要选择恰当的标签层级来构建文档的结构。注意，不要利用标题标签来改变同一行中字的大小，应当使用新的层叠样式表定义，达到漂亮的显示效果。

例如：

```
<h1>HTML5 的标题 1</h1>
<h2>HTML5 的标题 2</h2>
<h3>HTML5 的标题 3</h3>
<h4>HTML5 的标题 4</h4>
<h5>HTML5 的标题 5</h5>
<h6>HTML5 的标题 6</h6>
```

2．HTML 段落<p>

HTML 段落是通过<p>标签进行定义的。p 元素会自动在其前后创建一些空白，浏览器会自动添加这些空间，也可以在独立的样式表中规定新的段落样式。

例如：

```
<p>这是第一段文字。</p>
<p>这是第二段文字。</p>
```

3．属性 title

title 规定元素的额外信息（可在工具提示中显示）。浏览器以特殊的方式使用标题，并且通常把它放置在浏览器窗口的标题栏或状态栏上。同样，当把文档加入用户的链接列表或者收藏夹、书签列表时，标题将成为该文档链接的默认名称。

例如：

```
<p title="这是一个伟大的诗人">李白</p>
```

**4．换行标签
**

使用
标签可插入一个简单的换行符。
标签是空标签（意味着它没有结束标签，因此以下是错误的：
</br>）。在 XHTML 中把结束标签放在开始标签中，也就是
。
标签只是简单地开始新的一行，当浏览器遇到 <p>标签时通常会在相邻的段落之间插入一些垂直的间距。

5．注释标签 <!-- -->

注释不会被浏览器显示出来。注释标签用于在源代码中插入注释，可使用注释对代码进行解释，这样做有助于在以后的时间对代码进行编辑，当编写大量代码时尤其有用。

例如：

```
<!--注释不会在浏览器中显示，只起到说明的作用。-->
<p>这是一段普通的段落。</p>
```

1.3.2 格式标签

HTML 中的格式标签比较多，如表 1-2 所示。应用这些标签基本上可以实现对整个网页的格式组成，下面介绍几个常用布局的标签应用。

表 1-2 格式标签

标　签	功能描述
<acronym>	定义只取首字母的缩写
<abbr>	定义缩写
<address>	定义文档作者或拥有者的联系信息
<b>	定义粗体文本
<bdi>	定义文本的文本方向，使其脱离其周围文本的方向设置
<bdo>	定义文字方向
<big>	定义大号文本
<blockquote>	定义长的引用
<center>	不赞成使用。定义居中文本
<cite>	定义引用（citation）
<code>	定义计算机代码文本
<del>	定义被删除文本
<dfn>	定义项目
<em>	定义强调文本
<font>	不赞成使用。定义文本的字体、尺寸和颜色
<i>	定义斜体文本
<ins>	定义被插入文本
<kbd>	定义键盘文本
<mark>	定义有记号的文本
<meter>	定义预定义范围内的度量
<pre>	定义预格式文本
<progress>	定义任何类型的任务的进度
<q>	定义短的引用
<rp>	定义浏览器不支持 ruby 元素时显示的内容
<rt>	定义 ruby 注释的解释
<ruby>	定义 ruby 注释
<s>	不赞成使用。定义加删除线的文本
<samp>	定义计算机代码样本
<small>	定义小号文本
<strike>	不赞成使用。定义加删除线文本
<strong>	定义语气更为强烈的强调文本
<sup>	定义上标文本
<sub>	定义下标文本
<time>	定义日期/时间
<tt>	定义打字机文本
<u>	不赞成使用，定义下划线文本
<var>	定义文本的变量部分
<wbr>	定义视频

1. 引用<blockquote>标签和<q>标签

- <blockquote>定义长的引用，在浏览器中呈现为一段缩进的文本。

例如：

```
<p>
```

HTML5 网页设计要学习的内容为：

```
<blockquote>HTML5、CSS3、JavaScript... </blockquote>
</p>
```

- <q>定义短的引用，在浏览器中呈现为引号。

```
<p>
```

HTML5 网页设计要学习的内容为：

```
<q> HTML5、CSS3、JavaScript...</q>
</p>
```

2．<pre>标签

pre 元素可定义预格式化的文本，被包围在 pre 元素中的文本通常会保留空格和换行符。<pre>标签的一个常见应用就是用来表示计算机的源代码。

可以导致段落断开的标签（例如标题、<p>和<address>标签）绝对不能包含在<pre>所定义的块里。尽管有些浏览器会把段落结束标签解释为简单的换行，但是这种行为在所有浏览器中并不都是一样的。pre 元素中允许的文本可以包括物理样式和基于内容的样式变化，以及链接、图像和水平分隔线。当把其他标签（例如<a>标签）放到<pre>块中时就像放在 HTML/XHTML 文档中的其他部分一样。

例如：

```
<pre>
&lt;html&gt;
&lt;head&gt;
  &lt;script type=&quot;text/javascript&quot; src=&quot;loadxmldoc.js&quot;&gt;
&lt;/script&gt;
&lt;/head&gt;
&lt;body&gt;
  &lt;script type=&quot;text/javascript&quot;&gt;
    xmlDoc=<a href="about.php">关于我们的文档</a>(&quot;books.xml&quot;);
    document.write(&quot;关于我们的文档已经装载,准备备用&quot;);
  &lt;/script&gt;
&lt;/body&gt;
&lt;/html&gt;
</pre>
```

3．<ins>标签和<del>标签

- <ins>标签定义已经被插入文档中的文本。
- <del>标签定义文档中已被删除的文本。

<del>标签和<ins>标签配合使用，用来描述文档中的更新和修正。

大多数浏览器会改写为删除文本和下划线文本。

例如：

```
<p>春风又<del>过</del><ins>绿</ins>江南岸</p>
```

4．文字字体格式标签<b>、<i>、<small>、<em>、<strong>

- <b>定义粗体文本。<b>标签用于强调某些文本。
- <i>定义斜体文本。
- <small>标签将旁注呈现为小型文本。
- <em>定义强调文本。
- <strong>定义更强烈的强调文本。

一般浏览器会把 em 元素呈现为斜体，而将 strong 元素呈现为粗体。

5．注音标签<ruby>和<rt>

- <ruby>标签定义 ruby 注释（中文注音或字符）。
- <rt>标签定义字符（中文注音或字符的解释或发音）。

<ruby>标签是 HTML5 中的新标签。

<ruby>和<rt>标签一同使用。

例如：

```
<ruby>
  陈小明<rt>chen xiao ming</rt>
</ruby>
```

6．下标<sub>和上标<sup>

- <sub>定义下标文本。包含在_{标签和其结束标签}中的内容将会以当前文本流中字符高度的一半来显示，但是与当前文本流中文字的字体和字号都是一样的。
- <sup>定义上标文本。包含在^{标签和其结束标签}中的内容将会以当前文本流中字符高度的一半来显示，但是与当前文本流中文字的字体和字号都是一样的。

例如：

```
<h1>H<sub>2</sub>O</h1>
<h2>E = mc<sup>2</sup></h2>
```

7．突出显示文本<mark>

<mark>定义有记号的文本。<mark>标签是 HTML5 中的新标签，在需要突出显示文本时使用<mark>标签。

例如：

<p>学习网页设计，主要就是学习<mark>HTML5</mark>、<mark>CSS3</mark>和<mark>JavaScript</mark>。</p>

1.3.3 表单标签

HTML5 中的表单标签在实际布局的时候和后台动态功能程序的开发是相对应的，一个网页布局的好与坏，和表单标签有很大关系。主要的表单标签如表 1-3 所示。

表 1-3　表单标签

标　签	功能描述
<form>	定义供用户输入的 HTML 表单
<input>	定义输入控件
<textarea>	定义多行的文本输入控件
<button>	定义按钮
<select>	定义选择列表（下拉列表）
<optgroup>	定义选择列表中相关选项的组合
<option>	定义选择列表中的选项
<label>	定义 input 元素的标注
<fieldset>	定义围绕表单中元素的边框
<legend>	定义 fieldset 元素的标题
<isindex>	不赞成使用。定义与文档相关的可搜索索引
<datalist>	定义下拉列表
<keygen>	定义生成密钥
<output>	定义输出的一些类型

1．<form>标签

<form>标签创建供用户输入的表单，其属性如表 1-4 所示。

<form></form>标签对用来表示创建一个表单，在标签对之间的表单控件都属于表单的内容，表单可以说是一个单独的容器。

表 1-4　<form>标签属性

属　性	描　述
action	定义一个 URL。当单击提交按钮时向这个 URL 发送数据
data	供自动插入数据
replace	定义表单提交时所做的事情
accept	处理该表单的服务器可正确处理的内容类型列表（用逗号分隔）
accept-charset	表单数据的可能的字符集列表（用逗号分隔），默认值是"unknown"
enctype	设置对表单内容进行编码的 MIME 类型
method	用于向 action URL 发送数据的 HTTP 方法，默认为 get
target	在何处打开目标 URL

在表单<form>标签中还可以设置表单的基本属性，包括表单的名称、处理程序、传送方法等。一般情况下，表单的处理程序 action 和传送方法 method 是必不可少的参数。

（1）action 属性

该属性用于定义一个 URL，当单击提交按钮时向这个 URL 发送数据。真正处理表单的数据脚本或程序在 action 属性里，这个属性值可以是程序或脚本的一个完整 URL。

说明：

在该语法中，表单的处理程序定义的是表单要提交的地址，也就是表单中收集到的资料将要传递的程序地址。这一地址可以是绝对地址，也可以是相对地址，还可以是一些其他的地址形式，例如发送 E-mail 等。

```
<form action="mailto:83560148@qq.com"> </form>
```

（2）method 属性

该属性用于向 action URL 发送数据的 HTTP 方法。

- method=get：在使用这个设置时，来访者输入的数据会附加在 URL 之后，由用户端直接发送至服务器，所以速度比 post 快，缺点是数据长度不能够太长。在没有指定 method 的情况下一般会视 get 为默认值。
- method=post：在使用这种设置时，表单数据是与 URL 分开发送的，用户端的计算机会通知服务器来读取数据，所以通常没有数据长度上的限制，缺点是速度比 POST 慢。

（3）enctype 属性

该属性设置对表单内容进行编码的 MIME 类型。

- text/plain：以纯文本的形式传送。
- application /x-www-form-urlencoded：默认的编码形式。
- multipart/form-data MIME：上传文件的表单必须选择该项。

（4）target 属性

target 属性用来指定目标窗口的打开方式。

- _blank：将返回信息显示在新打开的窗口中。
- _parent：将返回信息显示在父级的浏览器窗口中。
- _self：将返回信息显示在当前浏览器窗口中。
- _top：将返回信息显示在顶级浏览器窗口中。

需要注意的是，在 HTML5 中取消了 name 属性。

例如：

```
<form id="form"action="#" method="post">
<fieldset>
<legend>留言本</legend>
<label for="contactus">请您留言：</label>
<br />
<textarea cols="80" rows="10" id="book" name="book">
</textarea>
</fieldset>
<input type="submit" value="提交" id="submit" name="submit" />
<input type="reset" value="重置" id="reset" name="reset" />
</form>
```

发布后如图 1-6 所示。

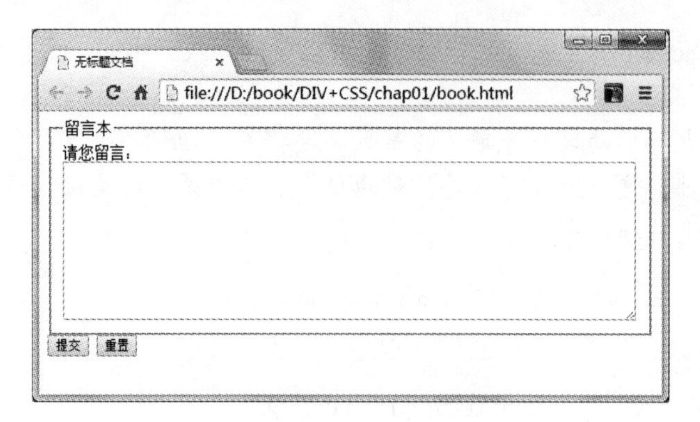

图 1-6　form 表单效果

2．<fieldset>标签

Fieldset 标签可将表单内的相关元素分组，其属性如表 1-5 所示。<fieldset>标签将表单内容的一部分打包，生成一组相关表单的字段。当一组表单元素放到<fieldset>标签内时，浏览器会以特殊方式来显示它们，有特殊的边界、3D 效果。

表 1-5　<fieldset>标签属性

属　　性	值	描　　述
disabled	true | false	定义 fieldset 是否可见
form	true | false	定义该 fieldset 所属的一个或多个表单

例如：

```
<form id="namepassword" method="post" action="#">
<fieldset>
<legend>登录的页面</legend>
<label for="username">用户:</label>
<input type="text" id="username" name="username" />
<br />
<label for="pass">密码:</label>
<input type="password" id="pass" name="pass" />
</fieldset>
</form>
```

发布后如图 1-7 所示。

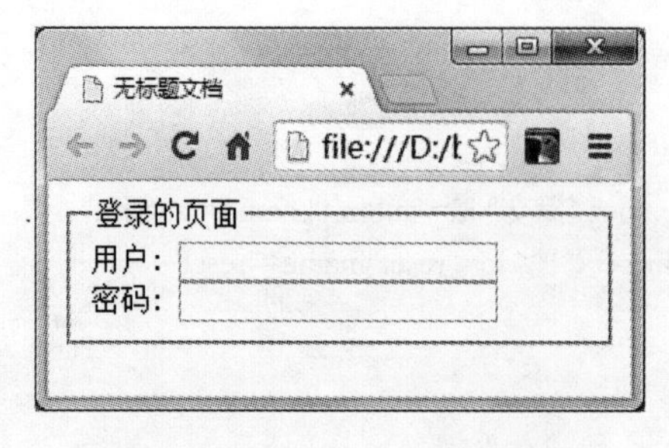

图 1-7　<fieldset>标签应用效果

3. <legend>标签

<legend>标签为<fieldset>、<figure>以及<details>标签定义标题。

4. <label>标签

<label>标签定义控件的标注。如果在 label 元素内单击文本就会触发此控件。

for 属性如表 1-6 所示，可把 label 绑定到另外一个元素。通常把 for 属性的值设置为相关元素的 id 属性的值。

表 1-6 <label>标签属性

属　性	值	描　述
for	id_of_another_field	定义 label 针对哪个表单元素，设置为表单元素的 id。 注释：如果此属性未被规定，那么 label 会关联其内容

5. <input>标签

<input>标签定义输入字段，用户可在其中输入数据。其属性如表 1-7 所示。

表 1-7 <input>标签属性

属　性	值	描　述
accept	list_of_mime_types	一个用逗号分隔的 MIME 类型列表，指示文件传输的 MIME 类型。 注：仅可与 type="file"配合使用
alt	text	定义图像的替代文本 注：仅可与 type="image"配合使用
autocomplete		
autofocus	true false	当页面加载时，使输入字段获得焦点 注：type="hidden"时无法使用
checked	true false	指示此 input 元素首次加载时应当被选中 注：请与 type="checkbox"及 type="radio"配合使用
disabled	true false	当 input 元素首次加载时禁用此元素，这样用户就无法在其中写文本或选定它 注：不能与 type="hidden"一同使用
form	true false	定义输入字段属于一个或多个表单
inputmode	inputmode	定义预期的输入类型
list	id of a datalist	引用 datalist 元素。如果定义，则一个下拉列表可用于向输入字段插入值
max	number	输入字段的最大值
maxlength	number	定义文本域中所允许的字符最大数目
min	number	输入字段的最小值
name	field_name	为 input 元素定义唯一的名称
pattern		
readonly	readonly	指示是否可修改该字段的值
replace	text	定义当表单提交时如何处理该输入字段
required	true false	定义输入字段的值是否为必需的。当使用下列类型时无法使用：hidden、image、button、submit、reset
src	url	定义要显示的图像的 url。 仅用于 type="image"时
step		
template	template	定义一个或多个模板

（续）

属　性	值	描　述
type	button checkbox date datetime datetime-local email file hidden image month number password radio range reset submit text time url week	指示 input 元素的类型 默认值是"text" 注：该属性不是必需的，但我们认为应该使用它。text 属性指文字字段 password：密码域 radio：单选按钮 checkbox：复选框 button：普通按钮 submit：提交按钮。提交按钮是一种特殊的按钮，不需要设置 onclick 参数，在单击该类按钮时可以实现表单内容的提交 reset：重置按钮。在页面中还有一种特殊的按钮，称为重置按钮。这类按钮可以用来清除用户在页面中输入的信息 image：图像域 hidden：隐藏域 file：文件域
value	value	对于按钮、重置按钮和确认按钮，定义按钮上的文本 对于图像按钮，定义传递向某个脚本的此域的符号结果 对于复选框和单选按钮，定义 input 元素被单击时的结果 对于隐藏域、密码域以及文本域，定义元素的默认值 注：不能与 type="file"一同使用。与 type="checkbox"和 type="radio"一同使用时此元素是必需的

例如：

```
<form id="form" action="form.php" method="post" enctype="multipart/form-data">
<fieldset>
<legend>用户</legend>
<input id="hiddenField" name="hiddenField" type="hidden" value="hiddenvalue" />
<label for="username">用户:</label>
<input type="text" id="username" name="username" value="" size="15" maxlength="25" />
<br />
<label for="pass">密码:</label>
<input type="password" id="pass" name="pass" size="15" maxlength="25" />
</fieldset>
<fieldset>
<legend>性别</legend>
<label for="sex">男</label>
<input type="radio" value="1" id="sex" name="sex" />
<label for="sex">女</label>
<input type="radio" value="2" id="sex" name="sex" />
<label for="sex">保密</label>
<input type="radio" value="3" id="sex" name="sex" />
</fieldset>
<fieldset>
<legend>爱好</legend>
<label for="fav">读书</label>
<input type="checkbox" value="1" id="fav" name="fav" />
<label for="fav">旅游</label>
```

```
<input type="checkbox" value="2" id="fav" name="fav" />
<label for="fav">购物</label>
<input type="checkbox" value="3" id="fav" name="fav" />
<label for="fav2">游戏</label>
<input type="checkbox" value="3" id="fav2" name="fav2" />
</fieldset>
<fieldset>
<legend>照片</legend>
<label for="myimage">照片上传</label>
<input type="file" id="myimage" name="myimage" size="35" maxlength="255" />
</fieldset>
<fieldset>
<legend>提交</legend>
<input type="submit" value="提交" id="submit" name="submit" />
<input type="reset" value="重置" id="reset" name="reset" />
</fieldset>
</form>
```

发布后如图 1-8 所示。

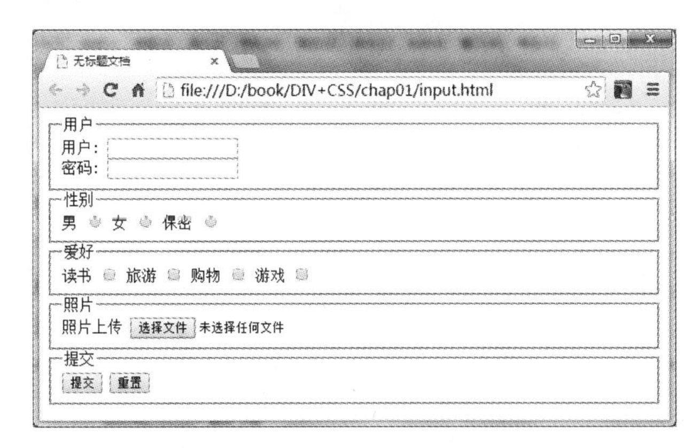

图 1-8 <input>标签应用效果

6. <select>标签

在 form 中使用<select>标签创建下拉列表供用户选择，其属性如表 1-8 所示。

表 1-8 <select>标签属性

属 性	值	描 述
autofocus	true false	在页面加载时使这个 select 字段获得焦点
data	url	供自动插入数据
disabled	true false	当该属性为 true 时会禁用该菜单
form	true false	定义 select 字段所属的一个或多个表单
multiple	true false	当该属性为 true 时规定可一次选定多个项目
name	unique_name	定义下拉列表的唯一标识符

例如：

```
<form id="form" action="#" method="post">
<fieldset>
<legend>投票</legend>
<label for="select">选项：</label>
<br />
<select multiple="true" id="select" name="select">
<option>非常认真 100 分</option>
<option>比较认真 80 分</option>
<option>很是一般 60 分</option>
<option>真是差劲 40 分</option>
</select>
</fieldset>
</form>
```

发布后如图 1-9 所示。

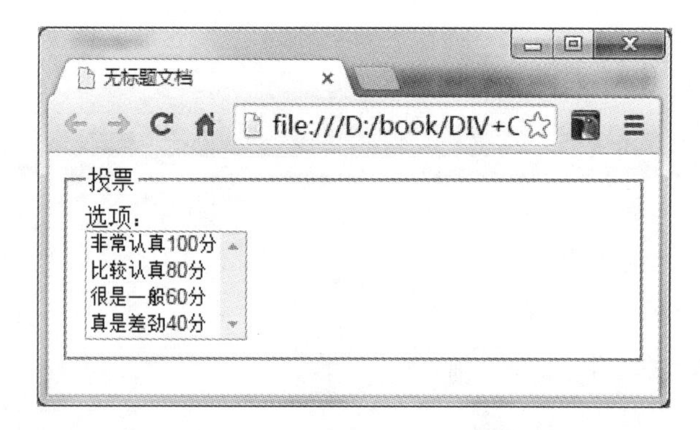

图 1-9　<select>标签应用效果

7．<option>标签

<option>标签定义下拉列表中的一个选项，其属性如表 1-9 所示。在 HTML5 中，<option>标签也用于新元素<datalist>中。<option>标签能够在不带任何属性的情况下使用，但是通常需要 value 属性，该属性定义了发送到服务器的数据，与<select>或<datalist>标签结合使用。在其他地方<option>标签是无意义的。

表 1-9　<option>标签属性

属　性	值	描　述
disabled	disabled	规定此选项应在首次加载时被禁用
label	text	定义当使用<optgroup>时所使用的标注
selected	selected	规定选项（首次显示在列表中时）表现为选中状态
value	text	定义送往服务器的选项值

例如：

```
<form id="form" action="#" method="post">
```

```
<fieldset>
<legend>网站的栏目</legend>
<label for="multipleselect">下拉列表栏目：</label>
<br />
<select id="multipleselect" name="multipleselect">
<option>公司首页</option>
<option>产品展示</option>
<option>在线服务</option>
<option>在线留言</option>
<option>售后服务</option>
<option>产品订单</option>
<option>联系我们</option>
<option>企业文化</option>
</select>
</fieldset>
</form>
```

发布后如图 1-10 所示。

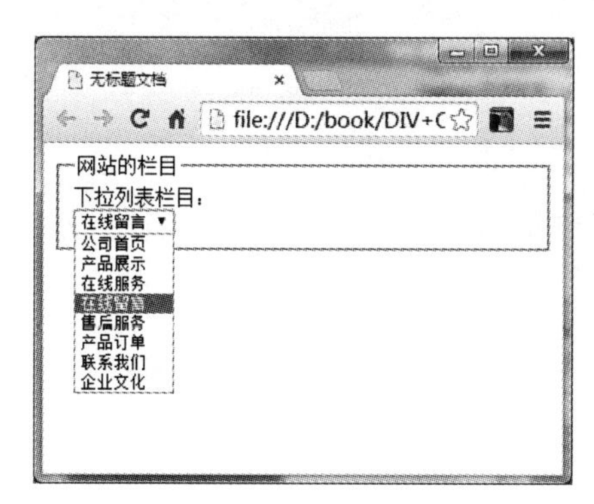

图 1-10 <option>标签应用效果

8．<optgroup>标签

<optgroup>标签定义选项组，其属性如表 1-10 所示。此元素允许组合选项，当使用一个长的选项列表时对相关选项进行组合会使处理更加容易。

表 1-10 <optgroup>标签属性

属　性	值	描　述
label	text_label	定义选项组的标注
disabled	disabled	在其首次加载时禁用该选项组

例如：

```
<form action="#" method="post" id="form">
<fieldset>
<legend>选择您的课程</legend>
<label for="object">选择课程</label>
<br />
```

```
<select multiple="multiple"id="object" name="object">
<optgroup label="文科">
<option value="语文">语文</option>
<option value="政治">政治</option>
<option value="英语">英语</option>
<option value="哲学">哲学</option>
</optgroup>
<optgroup label="理科">
<option value="数学">数学</option>
<option value="物理">物理</option>
<option value="化学">化学</option>
</optgroup>
</select>
</fieldset>
</form>
```

发布后如图 1-11 所示。

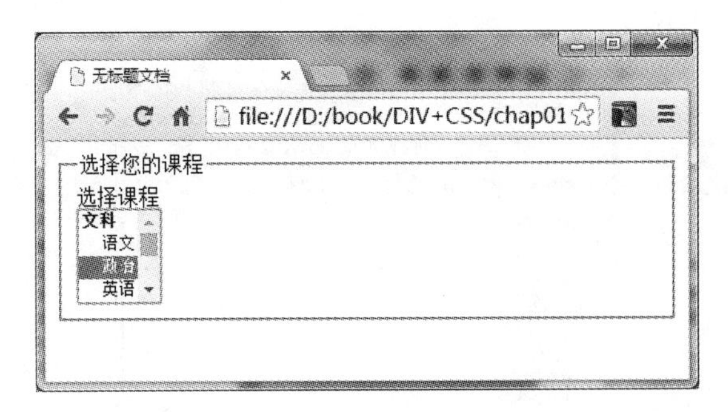

图 1-11 <optgroup>标签应用效果

9．<textarea>标签

<textarea>标签用于定义一个文本区域（textarea，一个多行的文本输入区域），其属性如表 1-11 所示。用户可在此文本区域中写文本。在一个文本区中可输入无限数量的文本，文本区中的默认字体是等宽字体（fixed pitch）。

表 1-11 <textarea>标签属性

属 性	值	描 述
autofocus	true、false	在页面加载时使这个 textarea 获得焦点
cols	number	规定文本区内可见的列数
disabled	true、false	当此文本区首次加载时禁用此文本区
form	true、false	定义该 textarea 所属的一个或多个表单
inputmode	inputmode	定义该 textarea 所期望的输入类型
name	name_of_textarea	为此文本区规定的一个名称
readonly	true、false	指示用户无法修改文本区内的内容
required	true、false	定义为了提交该表单，该 textarea 的值是否为必需的
rows	number	规定文本区内可见的行数

例如：

```
<form id="form" action="#" method="post">
<fieldset>
<legend>请您留言</legend>
<label for="contactus">留言内容：</label>
<br />
<textarea cols="80" rows="10" id="contant" name="contant">
</textarea>
</fieldset>
<input type="submit" value="提交" id="submit" name="submit" />
<input type="reset" value="重置" id="reset" name="reset" />
</form>
```

发布后如图 1-12 所示。

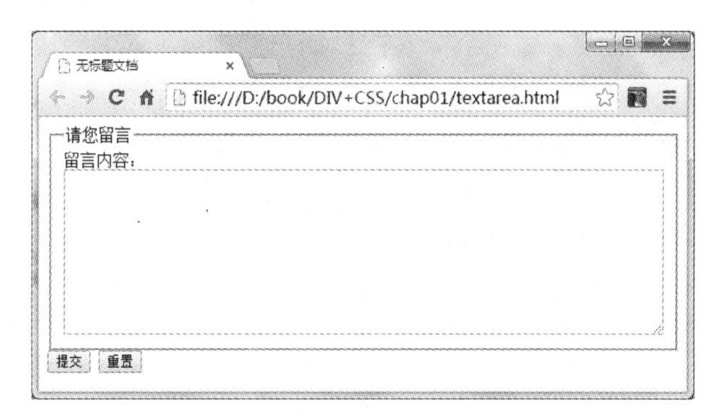

图 1-12 <textarea>标签应用效果

10. <button>标签

<button>标签定义按钮，可以在 button 元素中放置内容，例如文本或图像，这是该元素与通过 input 元素创建的按钮的不同之处。其属性如表 1-12 所示。

通常始终为按钮规定 type 属性。不同的浏览器根据 type 属性使用不同的默认值。如果在 HTML 表单中使用 button 元素，不同的浏览器会提交不同的按钮值。一般使用 input 元素在 HTML 表单中创建按钮。

表 1-12 <button>标签属性

属 性	值	描 述
autofocusNew	autofocus	如果设置，则当页面加载后使按钮获得焦点
disabled	disabled	禁用按钮
formNew	form_name	规定按钮属于哪个表单
formactionNew	url	规定当提交表单时向何处提交表单数据，以及覆盖表单的 action 属性
formenctypeNew		规定在表单数据发送到服务器之前如何进行编码，以及覆盖表单的 enctype 属性
formmethodNew	delete get post put	规定如何发送表单数据，以及覆盖表单的 method 属性

（续）

属　性	值	描　述
formnovalidateNew	formnovalidate	如果设置，指示是否在提交时验证表单，以及覆盖表单的 novalidate 属性
formtargetNew	_blank _self _parent _top framename	规定在何处打开 action 中的 URL，以及覆盖表单的 target 属性
name	button_name	规定按钮的名称
type	button reset submit	定义按钮的类型
value	some_value	规定按钮的初始值，可由脚本进行修改

1.3.4 框架标签

frameset、frame、noframes 这三个标签在早期布局中经常应用到后台管理系统的布局，如表 1-13 所示。但 HTML5 中不再支持 frame 框架，只支持 iframe 框架，或者用服务器方创建的由多个页面组成的符合页面的形式删除以上这三个标签。

表 1-13　框架标签

标　签	功 能 描 述
<frame>	定义框架集的窗口或框架
<frameset>	定义框架集
<noframes>	定义针对不支持框架的用户的替代内容
<iframe>	定义内联框架

1.3.5 图像标签

网页主要由图片和文字组成，对图片的应用标签主要有 img、map、area、canvas、figcation、figure 这 6 个，其中 canvas、figcation、figure 是 HTML5 的新标签，这些标签的功能如表 1-14 所示。

表 1-14　图像标签

标　签	功 能 描 述
<img>	定义图像
<map>	定义图像映射
<area>	定义图像地图内部的区域
<canvas>	定义图形
<figcaption>	定义 figure 元素的标题
<figure>	定义媒介内容的分组以及它们的标题

1．图像<img>

<img>标签用于定义 HTML 页面中的图像。图像并不会插入 HTML 页面中，而是链接到 HTML 页面上。

<img>的属性：

- src：说明图像的 URL。
- alt：规定图像的替代文本。
- width：图像的宽度。
- height：图像的高度。

请注意：不要通过 height 和 width 属性来缩放图像。

例如：

```
<img src="image/logo.jpg" width="200" height="200" alt="网站 logo" title="网站 logo" />
图像可作为链接
<ahref="http://www.baidu.com" target="_blank"><img src="image/logo.jpg" width="200" height="200"
alt="网站 logo" /></a>
```

2．图像映射<map>、<area>

- <map>定义图像映射，图像映射（image-map）指带有可单击区域的一幅图像。
- <area>定义图像映射中的区域。area 元素永远嵌套在 map 元素内部，area 元素可定义图像映射中的区域。

例如：

```
<img src="image/banner.jpg" width="800" height="200" border="0" usemap="#Map">
<map name="Map">
  <area shape="rect" coords="203,22,377,52" href="1.html">
  <area shape="rect" coords="142,76,321,105" href="2.html">
  <area shape="rect" coords="121,126,216,157" href="3.html">
  <area shape="rect" coords="12,152,92,183" href="4.html">
  <area shape ="circle" coords ="35,60,40" href ="5.html">
</map>
```

3．<figure>、 <figcaption>标签

- <figure>定义媒介内容的分组以及它们的标题。标签规定独立的流内容（图像、图表、照片、代码等），元素的内容应该与主内容相关，但如果被删除，则不应对文档流产生影响。
- <figcaption>标签定义 figure 元素的标题。figcaption 应该被置于 figure 元素的第 1 个或最后一个子元素的位置。

例如：

```
<figure>
  <figcaption>主要浏览器的图标</figcaption>
  <img src="image/chrome.png" alt="chrome" />
  <img src="image/FireFox.png" alt="FireFox" />
  <img src="image/IE.png" alt="IE" />
  <img src="image/Opera.png" alt="Opera" />
  <img src="image/Safari.png" alt="Safari" />
</figure>
```

4．<canvas>标签

<canvas></canvas>是 HTML5 中出现的新标签，和所有的 dom 对象一样它有自己的属性、方法和事件，其中包括绘图的方法，JavaScript 能够调用它来进行绘图 。

大多数 Canvas 绘图 API 都没有定义在<canvas>元素上，而是定义在通过画布的 getContext()方法获得的一个“绘图环境”对象上。Canvas API 也使用了路径的表示法。但路径是由一系列的方法调用来定义的，而不是描述为字母和数字的字符串，例如调用 beginPath()和 arc()方法。一旦定义了路径，其他的方法（如 fill()）都是对此路径进行操作。绘图环境的各种属性（例如 fillStyle）说明了这些操作如何使用。

在使用 canvas 元素绘制图像的时候有下面两种方法。

- context.fill()：填充。
- context.stroke()：绘制边框。

在进行图形的绘制前要设置好绘图的样式。

- context.fillStyle：填充的样式。
- context.strokeStyle：边框样式。
- context.lineWidth：图形边框宽度。

颜色的表示方式如下。

- 直接用颜色名称："red"、"green"、"blue"。
- 十六进制颜色值："#EEEEFF"。
- rgb(1-255,1-255,1-255)。
- rgba(1-255,1-255,1-255,透明度)。

例如：

```
<!doctype html>
<html>
    <head>
        <meta charset="UTF-8">
    </head>
    <style type="text/css">
        canvas{border:dashed 2px #CCC}
    </style>
    <script type="text/javascript">
        function $$(id){
            return document.getElementById(id);
        }
        function pageLoad(){
            var can = $$('can');
            var cans = can.getContext('2d');
            cans.beginPath();
            cans.arc(200,150,100,0,Math.PI/2,true);
            cans.closePath();
            cans.fillStyle = 'blue';
            cans.fill();
        }
```

```
    </script>
    <body onload="pageLoad();">
        <canvas id="can" width="400px" height="300px">4</canvas>
    </body>
</html>
```

发布后如图 1-13 所示。

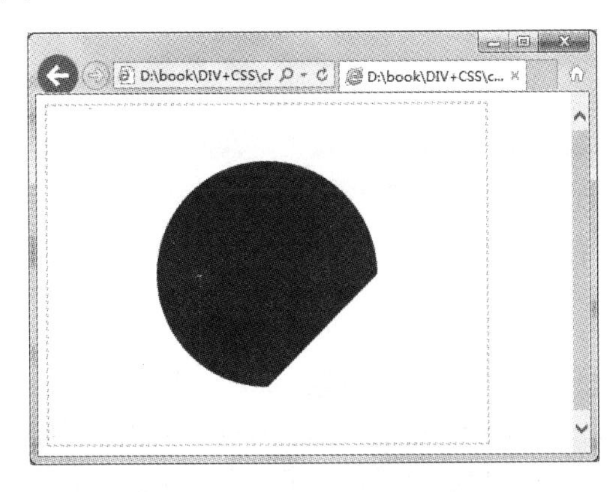

图 1-13　<canvas>标签绘图效果

1.3.6　音/视频标签

HTML 早期的版本需要使用<embed>和<object>标签，为了它们能正确播放必须赋予一大堆的参数，媒体标签将会非常复杂。现在的视频和音频可以通过 HTML5 标签<video>和<audio>来访问资源。而且 HTML5 视频和音频标签基本上将它们视为图片，即<video src=""/>。其他参数（例如宽度、高度或者自动播放）只需要像其他 HTML 标签一样定义。常用的音/视频标签如表 1-15 所示。

表 1-15　音/视频标签

标　签	功能描述
<audio>	定义声音内容
<source>	定义媒介源
<track>	定义用在媒体播放器中的文本轨道
<video>	定义视频

1．<audio>标签

HTML5 中 audio 标签支持 3 种格式的音频，分别是 WAV、MP3 和 Ogg 格式。在 HTML5 标准网页里面可以运用 audio 标签来完成对声音的调用及播放，以下是最经常见到的运用 HTML5 的 3 种基本格式。

1）最少的代码：

```
<audio src="song.ogg" controls="controls"></audio>
```

2）带有不兼容提醒的代码：

```
<audio src="song.ogg" controls="controls">
你的浏览器不支持这种格式的播放。
</audio>
```

3）尽量兼容浏览器的写法：

```
<audio controls="controls">
<source src="song.ogg" type="audio/ogg">
<source src="song.mp3" type="audio/mpeg">
你的浏览器不支持这种格式的播放。
</audio>
```

- autoplay：唯一可选值为 autoplay，当出现 autoplay 属性并准确赋值时音频将会自动播放。
- controls：唯一可选值为 controls，当出现 controls 属性并准确赋值时音频播放控件将会显示，控件包括播放、暂停、定位、音量、全屏切换、字幕（如果可用）、音轨（如果可用）。
- loop：唯一可选值为 loop，当出现 loop 属性并准确赋值时音频将会循环播放。
- preload：可选值有 auto（当页面加载后载入整个音频）、meta（当页面加载后只载入元数据）和 none（当页面加载后不载入音频），如果设置了前面的 autoplay 属性，那么 preload 将会被忽略。
- src：指定音频 URL 地址，可以是相对的 URL 也可以是绝对的 URL，还可用 source 标签来指定源。

2．<video>标签

HTML5 能在完全脱离插件的情况下播放音/视频，但不是所有的格式都支持。HTML5 支持的视频格式如下。

- Ogg：带有 Theora 视频编码+Vorbis 音频编码的 Ogg 文件；
- MEPG4：带有 H.264 视频编码+AAC 音频编码的 MPEG4 文件；
- WebM：带有 VP8 视频编码+Vorbis 音频编码的 WebM 格式。

标签的使用：

```
<video src="文件地址" controls="controls"></video>
```

只有 IE9 以上才支持 HTML5，对于不支持的浏览器应该有友好的提示：

```
<video src="文件地址" controls="controls">
您的浏览器暂不支持 video 标签。
</ video >
```

例如：

```
<!doctype html>
```

```
<html>
<head>
<meta charset="utf-8">
<title>无标题文档</title>
</head>
<body>
<video controls id="video">
  <source src="testvideo.mp4" type="video/mp4">
</video>
<br />
     <button onClick="bofang()">播放</button>
     <button onClick="zanting()">暂停</button>
      <button onClick="kuaijin()">快进</button>
      <button onClick="kuaitui()">快退</button>
      <button onClick="jingyin(this)">静音</button>
      <button onClick="jiansu()">减速</button>
      <button onClick="jiasu()">加速</button>
      <button onClick="normal()">正常播放</button>
        <button onClick="up()">增大音量</button>
         <button onClick="down()">减小音量</button>
<script>
          //获取对应的 video 标签
          var video = document.getElementById('video');

          //播放方法
          function bofang(){
               video.play();
          }

          //暂停方法
          function zanting(){
               video.pause();
          }

          //快进按钮
          function kuaijin(){
               video.currentTime+=10;//currentTime 属性获取当前播放的时间，加上 10 是指快进 10
秒
          }
          //快退
          function kuaitui(){
               video.currentTime-=10;
          }

          //静音
          function jingyin(obj){
```

```
                if(video.muted){
                    obj.innerHTML='静音';
                    video.muted=false;
                }else{
                    obj.innerHTML='关闭静音';
                    video.muted=true;
                }
            }

            //减速播放
            function jiansu(){
                video.playbackRate = 1/3;
            }
            //加速播放
            function jiasu(){
                video.playbackRate=3;
            }
            //正常播放
            function normal(){
                video.playbackRate=1;
            }

            //调大音量，音量值的范围是 0 到 1
            function up(){
                video.volume+=0.2;
            }
            //调小声音
            function down(){
                video.volume-=0.2;
            }
        </script>
    </body>
    </html>
```

发布后如图 1-14 所示。

图 1-14　<video>标签应用效果

1.3.7 链接标签

网页的超链接可以是一个字、一个词或者一组词，也可以是一幅图像，用户可以单击这些内容跳转到新的文档或者当前文档中的某个部分。当把鼠标指针移动到网页中的某个链接上时箭头会变为一只小手的形状，一般通过使用<a>标签在 HTML 中创建链接。<link>标签定义两个链接文档之间的关系。<nav>标签定义导航链接的部分，<nav>标签是 HTML5 中的新标签，如表 1-16 所示。

表 1-16　链接标签

标　签	功能描述
<a>	定义锚
<link>	定义文档与外部资源的关系
<nav>	定义导航链接

1. 链接标签<a>

<a>标签定义超链接，用于从一张页面链接到另一张页面。

<a>元素最重要的属性是 href 属性，它指示链接的目标。

- href 属性：表示链接的目标 URL。
- target 属性：表示打开链接的窗口，当值为_blank 时表示打开新窗口。

在所有浏览器中链接的默认外观如下：

- 未被访问的链接带有下划线而且是蓝色的；
- 已被访问的链接带有下划线而且是紫色的；
- 活动链接带有下划线而且是红色的。

例如：

```
<a href="http://www.baidu.com" target="_blank">百度链接</a>
```

当然，也可以链接到本网页的其他位置。

例如：

```
<a href="#abc">第 1 章</a>
<a id="abc">第 1 章</a>
```

2. 链接文档标签<link>

link 标签通常放置在一个网页的头部标签 head 内，用于链接外部 CSS 文件、链接收藏夹图标（favicon.ico），<link> 标签最常见的用途是链接外部样式表、外部资源。

例如：

```
<link rel="icon" href="favicon.ico" type="image/x-icon" />
```

对 link 标签的内容解释如下：

- href 值为外部资源地址，这里是收藏夹图标地址；

- rel 定义当前文档与被链接文档之间的关系，这里是外部 icon 图标属性；
- type 规定被链接文档的 MIME 类，这里是值为 image/x-icon。

3．导航链接标签<nav>

HTML5 中的新元素标签<nav>用来将具有导航性质的链接划分在一起，使代码结构在语义化方面更加准确，同时对于屏幕阅读器等设备的支持更好。一直以来，我们习惯于使用形如<div id="nav">或<ul id="nav">的代码来写页面的导航，在 HTML5 中可以直接将导航链接列表放到<nav>标签中。

nav 元素是一个可以用来作为页面导航的链接组，其中的导航元素链接到其他页面或当前页面的其他部分，并不是所有的链接组都要放进<nav>元素。例如，在页脚中通常会有一组链接，包括服务条款、首页、版权声明等，这时使用<footer>元素是最恰当的，而不需要使用<nav>元素。

例如：

```
<nav>
<ul>
<li><a href="index.html">首页</a></li>
<li><a href="/about/">关于我们</a></li>
<li><a href="/blog/">博客论坛</a></li>
</ul>
</nav>
```

1.3.8 列表标签

网页的列表标签分为<ol>有序列表和<ul>无序列表两大类，其中的<menu>和<menuitem>是 HTML5 的新标签，可以配对使用，用来定义菜单/列表，所有的列表标签如表 1-17 所示。

表 1-17 列表标签

标 签	功 能 描 述
<ul>	定义无序列表
<ol>	定义有序列表
<li>	定义列表的项目
<dir>	不赞成使用。定义目录列表
<dl>	定义定义列表
<dt>	定义定义列表中的项目
<dd>	定义定义列表中项目的描述
<menu>	定义命令的菜单/列表
<menuitem>	定义用户可以从弹出菜单中调用的命令/菜单项目
<command>	定义命令按钮

1．有序列表<ol>…<li>

<ol>定义有序列表。在 HTML4.01 中 ol 元素的"compact"、"start"以及"type"属性是不推

荐使用的。

<li>定义列表的项目。在 HTML4.01 中 li 元素的"type"和"value"属性是不推荐使用的。

例如：

```
<ol>
    <li>第一频道</li>
    <li>第二频道</li>
    <li>第三频道</li>
    <li>第四频道</li>
</ol>
```

对于 ol 元素，有以下两个属性。

- start 属性：规定起始数字，如 start = "5"；
- type 属性：属性值为 1、a、A、i、I，表示序号的样式，在 HTML5 中取消了这个属性。

HTML5 新增的属性 reversed 表示将序号反转，即按降序显示序号。

例如：

```
<ol type="a" start=3>
    <li>第一频道</li>
    <li>第二频道</li>
    <li>第三频道</li>
    <li>第四频道</li>
</ol>
```

2．无序列表<ul>…<li>

<ul>定义无序列表。经常被用于网站的导航菜单列表。在 HTML4.01 中 ul 元素的"compact"和"type"属性是不推荐使用的。

例如：

```
<ul>
    <li>网站首页</li>
    <li>产品展示</li>
    <li>售后服务</li>
    <li>联系我们</li>
</ul>
```

3．定义列表<dl>…<dt>…<dd>

<dl>标签定义一个定义列表。

<dl>标签用于结合<dt>（定义列表中的项目）和<dd>（描述列表中的项目）。

例如：

```
<dl>
  <dt>第一章</dt>
    <dd>第一节内容</dd>
```

```
    <dd>第二节内容</dd>
  <dt>第二章</dt>
    <dd>第一节内容</dd>
    <dd>第二节内容</dd>
</dl>
```

1.3.9 表格标签

在早期的网页布局中，主要是使用表格进行布局的。在使用 DIV+CSS 之后表格布局网页已经退出了历史舞台，但在网页制作过程中会经常涉及表格的制作与设计，这里我们学习一下常用的表格标签，如表 1-18 所示。

表 1-18 列表标签

标　签	功 能 描 述
<table>	定义表格
<caption>	定义表格标题
<th>	定义表格中的表头单元格
<tr>	定义表格中的行
<td>	定义表格中的单元
<thead>	定义表格中的表头内容
<tbody>	定义表格中的主体内容
<tfoot>	定义表格中的表注内容（脚注）
<col>	定义表格中一个或多个列的属性值
<colgroup>	定义表格中供格式化的列组

1．表格<table>…<tr>…<td>

table 的属性如下。

- border：在 HTML4.01 中 border 表示表格边框的宽度。在 HTML5 中 border 属性仅用于指示表格是否用于布局，且只允许属性值 "" 或 "1"。
- cellspacing：规定单元格之间的空白。HTML5 中不支持。
- cellpadding：规定单元边沿与其内容之间的空白。HTML5 中不支持。
- align：设置表格的居中显示。HTML4.01 中不推荐使用，HTML5 中不支持。
- bgcolor：设置表格的背景颜色。HTML4.01 中不推荐使用，HTML5 中不支持。
- width：表格的宽度。HTML5 中不支持。

<tr>定义表格中的行。

tr 的属性如下。

- align：定义表格行的内容对齐方式。HTML5 中不支持。
- valign：规定表格行中内容的垂直对齐方式。HTML5 中不支持。
- bgcolor：设置表格行的背景颜色。HTML4.01 中不推荐使用，HTML5 中不支持。

<td>定义表格单元。

td 的属性如下。

- align：规定单元格内容的水平对齐方式。HTML5 中不支持。
- bgcolor：规定单元格的背景颜色。HTML4.01 中不推荐使用，HTML5 中不支持。
- height：规定表格单元格的高度。HTML4.01 中不推荐使用，HTML5 中不支持。
- width：规定表格单元格的宽度。HTML4.01 中不推荐使用，HTML5 中不支持。
- valign：规定单元格内容的垂直排列方式。HTML5 中不支持。
- colspan：规定此单元格可横跨的列数。
- rowspan：规定此单元格可横跨的行数。

2．表格中的<th>、<caption>标签

<th>定义表格中的表头单元格。

th 基本上和 td 一样。

- th 元素中的文本呈现为粗体并且居中。
- td 元素中的文本是普通的左对齐文本。

<caption>标签定义表格的标题。

<caption>标签必须直接放到<table>标签之后。每个表格只能规定一个标题，通常标题会居中显示在表格上方。

3. 表格的分组<thead>、<tbody>、<tfoot>

- <tbody>定义表格的主体。
- <thead>定义表格的表头。
- <tfoot>定义表格的脚注。

thead 元素应该与 tbody 和 tfoot 元素结合起来使用。

4. 表格中的按列分组<colgroup>、<col>

<colgroup>标签用于对表格中的列进行组合，以便对其进行格式化。

<col>标签为表格中的一个或多个列定义属性值。

属性 span 定义<colgroup>或<col>应当横跨的列数。

通过使用<colgroup>和<col>标签可以向整个列应用样式，而不需要重复为每个单元格或每一行设置样式。如果用户希望为多个表格列规定不同的属性值，可以使用<col>元素。

1.3.10 样式/节标签

样式/节标签是网页布局中经常使用的基础标签，如表 1-19 所示。其中<div>标签更是经常使用的，这里先介绍一下各标签的基础用法，具体的 DIV+CSS 将在第 3 章中介绍。

表 1-19 样式/节标签

标　签	功能描述
<style>	定义文档的样式信息
<div>	定义文档中的节
<span>	定义文档中的节
<header>	定义 section 或 page 的页眉

（续）

标　签	功 能 描 述
<footer>	定义 section 或 page 的页脚
<section>	定义 section
<article>	定义文章
<aside>	定义页面内容之外的内容
<details>	定义元素的细节
<dialog>	定义对话框或窗口
<summary>	为<details>元素定义可见的标题

1．<div>标签

<div>可定义文档中的分区或节（division/section）。<div>标签可以把文档分割为独立的、不同的部分。它可以用作严格的组织工具，并且不使用任何格式与其关联。

如果用 id 或 class 来标记<div>，那么该标签的作用会变得更加有效。

<div>是一个块级元素，这意味着它的内容自动地开始一个新行。实际上，换行是<div>固有的唯一格式表现，可以通过<div>的 class 或 id 应用额外的样式。用户没有必要为每一个<div>都加上类或 id，虽然这样做也有一定的好处。

用户可以对同一个<div>元素应用 class 或 id 属性，更常见的情况是只应用其中一种。这两者的主要差异是 class 用于元素组（类似的元素，可以理解为某一类元素），而 id 用于标识单独的、唯一的元素。

2．HTML5 文档结构组成标签<header>、<article>、<aside>、<footer>

HTML5 可以让很多更语义化的结构化代码标签代替大量的、无意义的 div 标签。这种语义化的特性不仅提升了网页的质量和语义，并且减少了以前用于 CSS 调用的 class 和 id 属性。

HTML5 常用的结构标签如下：

```
Header、nav、body、article、section、aside、hgroup、figure、figcaption、footer
```

- <article>标签定义外部的内容，可以是一篇新的文章。
- <aside>标签定义 article 以外的内容，aside 的内容可用作文章的侧边栏。
- <figcaption>标签定义 figure 元素的标题。
- <figure>标签用于对元素进行组合，可以使用 figcaption 元素为元素组添加标题。
- <footer>标签定义 section 或文档的页脚。
- <header>标签定义文档的页眉。
- <hgroup>标签用于对 section 或网页的标题进行组合，可以使用 figcaption 元素为元素组添加标题。
- <nav>标签定义导航链接的部分。
- <section>标签定义文档中的节（section、区段），例如章节、页眉、页脚或文档中的其他部分。

<time>标签定义日期或时间，或者定义两者。

例如：

```
<!doctype html>
<html>
<head>
<meta charset = "utf-8">
<title>HTMl5 结构标签让页面布局更语义化</title>
<style>
body,div{margin:0px;padding:0px;}
.clear:after{visibility:hidden;    display:block;font-size:0;    content:".";    clear:both;    height:0;}    *
html .clear{zoom:1;clear:both;}
*:first-child+html .clear{zoom:1;clear:both;}
.clear{ zoom:1; clear:both;}
header{
border:1px solid green;
margin:5px auto;
width:80%;
height:100px;
background:#abcdef;}
header nav{
border:1px solid black;
height:100px;
line-height:100px
;text-align:center;
font-size:30px;
color:green;}
.container{border:1px solid green;
width:80%;
height:auto;
margin:5px auto;
background:#abcdef;}
.container section{width:65%;border:1px solid black;
height:450px;text-align:center;font-size:30px;
color:green;line-height:450px;
float:left;
background:#abcdef;}
.container aside{width:32%;border:1px solid black;
height:450px;line-height:450px;text-align:center;
font-size:30px;color:green;
float:right;
background:#abcdef;}
footer{border:1px solid green;width:80%;
height:100px;line-height:100px;
text-align:center;font-size:30px;color:green;
margin:5px auto;
background:#abcdef;}
</style>
</head>
<body>
<header>
```

```
<nav>header</nav>
</header>
<div class="container clear">
<section>section</section>
<aside>aside</aside>
</div>
<footer> footer</footer>
</body>
</html>
```

发布后如图 1-15 所示。

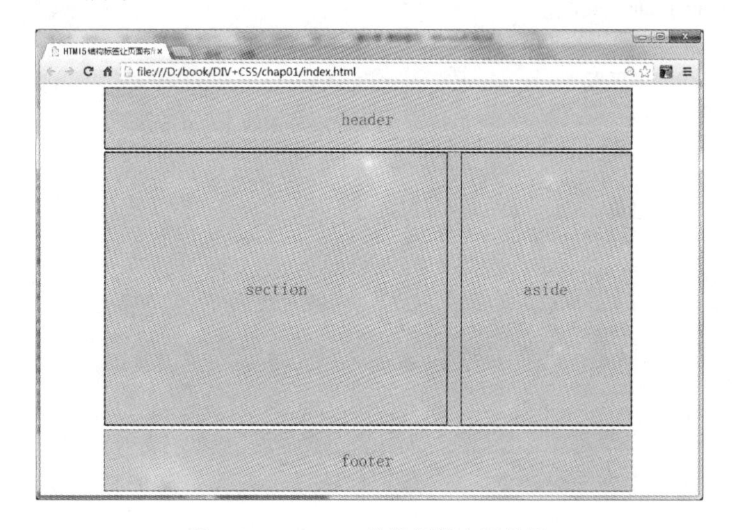

图 1-15　HTML5 结构标签布局效果

1.3.11 元信息标签

除了前面介绍的 title 元素外，在 head 元素内还可以定义其他元素，例如 meta、head、base 等元信息标签，如表 1-20 所示。这些元素所发挥的作用虽然不常通过浏览器被看到，但是对于正确地浏览网页却十分重要，而且可以轻松地实现特定的功能，因此需要对其有一定的了解。

表 1-20　元信息标签

标　签	功能描述
<head>	定义关于文档的信息
<meta>	定义关于 HTML 文档的元信息
<base>	定义页面中所有链接的默认地址或默认目标
<basefont>	不推荐使用。定义页面中文本的默认字体、颜色或尺寸

1. <head>和<meta>标签

meta（元数据）用来描述 HTML 文档的信息。它使用 meta 元素完成此工作，meta 元素位于<head></head>标签对内。

元数据使用关键字来描述，每一个关键字表示一个元数据字段，关键字的值用来描述元数据字段，从而形成“关键字/值”成对出现。

如果要描述该 HTML 文档的作者是谁，可以这样写：

```
<head>
    <meta name="Author" content="chenyicai"
</head>
```

通过为 meta 元素定义属性 name 来说明元数据信息的关键字（Author），属性 content 用来定义该关键字的值（chenyicai），“关键字/值”对就是“Author/chenyicai”，从而描述了这篇 HTML 文档的作者。

name 属性值是不区分大小写的。

http-equiv 属性用来定义一些实用的元数据。HTML5 规范定义了表 1-21 中 5 个实用的元数据。

表 1-21　5 个实用的元数据

元　数　据	功　　能
contenr-language	设置网页内容语言
content-type	网页内容类型和字符集
default-style	设置默认样式表
refresh	设置定时跳转
set-cookie	设置网页 Cookie

除了上述定义，用户还可以定义扩展的元数据。下面介绍一些常用的元数据。

（1）设置网页内容类型的字符集

当 http-equiv 属性的值为 content-type 时可以设置网页的内容类型和所使用的字符集，例如：

```
<meta http-equiv="content-type" content="text/html; charset=gb2312 ">
```

这与 charest 属性实现的功能相似，只是除了声明编码字符集外还声明了文档类型。

（2）设置网页所使用的语言

当 http-equiv 属性的值为 content-language 时可以设置网页所使用的语言，例如：

```
<meta http-equiv="content-language" content="zh-CN ">
```

描述本网页使用的语言，浏览器根据此项就可以选择正确的语言渲染特点。zh-CN 是指简体中文，台湾地区使用繁体中文，用 zh-TW 表示。

（3）设置网页定时跳转

当 http-equiv 属性的值为 refresh 时可以设置网页定时跳转或者刷新自身，例如：

```
<meta http-equiv="refresh" content="n; url=http://yourlink ">
```

定时让网页在指定的时间 n 内跳转到页面“http://yourlink”。例如下面的定义：

```
<meta http-equiv="refresh" content="60; url=new.htm ">
```

浏览器将在 60 秒后自动转到 new.htm。用户可以利用这个功能制作一个封面，在若干时间后自动带读者来到目录页。如果要使浏览器在完成载入后立即刷新页面，可以将延迟时间定为 0。

如果对 url 项没有定义，那么浏览器会刷新本页。WWW 聊天室定期刷新的功能就可以使用这种方法实现。

（4）设置网页 Cookie 存活时间

当 http-equiv 属性的值为 set-cookie 时可以设置 Cookie 的过期时间，如果过期，存盘的 Cookie 将被删除。需要注意的是必须使用 GMT 时间格式：

```
<meta http-equiv="set-cookie" content="tue; 20 Aug 2014 11:20:20 GMT ">
```

Cookie 是浏览网页时服务器保存在本地计算机上的一些文字，用来存储某些信息。

（5）设置网页默认样式表

当 http-equiv 属性的值为 defauit-style 时可以设置网页默认的 CSS 样式表。例如下面的代码设置默认样式表为 styles/default.css 文件：

```
<meta http-equiv="default-style" content="styles/default.css ">
```

2．<base>和<basefont>标签

<base>标签为页面上的所有链接规定默认地址或默认目标。

通常情况下，浏览器会从当前文档的 URL 中提取相应的元素来填写相对 URL 中的空白。

使用<base>标签可以改变这一点。浏览器随后将不再使用当前文档的 URL，而是使用指定的基本 URL 来解析所有的相对 URL，其中包括<a>、<img>、<link>、<form>标签中的 URL。

<basefont>标签定义基准字体。该标签可以为文档中的所有文本定义默认文字颜色、文字大小和字体系列。注意，只有 Internet Explorer 支持<basefont>标签，大家应该避免使用该标签。

1.3.12 编程标签

编程标签是指在 HTML5 页面中嵌入第三方的其他编程程序，如嵌入 JavaScript，则使用<script>标签进行嵌入应用，<embed>为外部程序定义容器，这里重点介绍一下<script>标签，在本书的布局动态化应用中主要使用该标签，编程标签如表 1-22 所示。

表 1-22 编程标签

标　签	功能描述
<script>	定义客户端脚本
<noscript>	定义针对不支持客户端脚本的用户的替代内容
<applet>	不推荐使用。定义嵌入的 applet
<embed>	为外部应用程序（非 HTML）定义容器
<object>	定义嵌入的对象
<param>	定义对象的参数

<script>标签用于定义客户端脚本，例如 JavaScript。script 元素既可以包含脚本语句，又可以通过 src 属性指向外部脚本文件。必需的 type 属性规定脚本的 MIME 类型。

JavaScript 的常见应用是图像操作、表单验证以及动态内容更新。

在 HTML 文档中有以下 3 种方式使用 JavaScript。

1）脚本代码可以使用 script 元素定义，其间的脚本代码在文档加载后顺序执行，并且执行一次。例如下面的 HTML 代码片段：

```
<script>
//这里放置 JavaScript 代码
Gunction popuMsg(msg){
        Alert(msg);
}
</script>
```

2）可以定义在内建事件属性值中，当该时间被触发时就会执行属性值中的脚本代码。例如下面的 HTML 代码片段在 onlick 属性值中定义 JavaScript 代码：

```
<button onclick="JavaScript:popuMsg(msg); ">click</button>
```

3）可以位于一个单独的文件中，当位于一个单独的文件中时，在 HTML 文档中可以使用语句将它动态加载进 HTML 文档中，例如下面的 HTML 代码片段加载 func.js 文件：

```
<script src="js/func.js"></script>
```

如果客户端浏览器不能处理脚本代码，那么就会执行 noscript 元素中的内容。

第 2 章 CSS 基本语法和应用

网页布局设计可使用表格、层、样式表等布局方法实现网页的设计，其中 DIV+CSS 在布局方面占有很大的优势。相对于代码条理混乱、样式杂乱的表格布局，CSS 将带来全新的布局方法，从而让网页设计师更轻松、更自由。本章将详细介绍 CSS 的基本语法和应用，并对 CSS 的“盒模型”做详细的阐述。

从入门到精通

本章学习重点：

- CSS 的作用、类型与冲突
- CSS 选择器的应用
- 样式的继承与注释
- CSS 盒模型概念
- 外边距 margin 的控制
- 边框 border 的样式设置
- 内边距 padding 的设置

Section
2.1 CSS 层叠样式表

对于设计者来说 CSS（层叠样式表）是一种非常灵活的工具，不必再把繁杂的样式定义编写在文档中，可以将所有有关文档的样式指定内容全部脱离出来，在行、标题中定义，甚至作为外部样式文件供 HTML 调用。同时，在定义时也不必考虑各种浏览器的兼容性。

2.1.1 CSS 的作用、类型与冲突

用户在应用 CSS 的时候，首先要了解 CSS 的作用、分类及应用会产生的冲突。

1．CSS 的作用

通过灵活多变的定义后，CSS 所能够指定的样式类型除了通用的颜色、字体、背景等样式外，还可以控制字符间距、填充距离、大小写等 50 个左右的样式，显示出强大的定义能力。

浏览者想要看的是网页上的内容结构，为了让浏览者更好地看到这些信息，需要通过格式控制来帮忙。以前，内容结构和格式控制在网页上的分布是交错结合的，查看修改很不方便，而现在把两者分开可以大大方便网页的设计者。内容结构和格式控制相分离，使得网页可以只由内容构成，而将所有网页的格式控制指向某个 CSS 样式表文件。其好处表现在以下两个方面：

第一，简化了网页的格式代码，外部的样式表还会被浏览器保存在缓存里，加快了下载显示的速度，也减少了需要上传的代码数量（因为重复设置的格式将只被保存一次）。

第二，只要修改保存着网站格式的 CSS 样式表文件，就可以改变整个站点的风格特色，在修改页面数量庞大的站点时显得格外有用。这避免了一个一个地修改网页，大大减少了重复劳动的工作量。

DreamweaverCC2015 提供了对 CSS 样式创作的完美支持，利用 DreamweaverCC2015，用户不需要了解 CSS 复杂烦琐的语法就可以创建出具有专业风格的 CSS 样式。不仅如此，DreamweaverCC2015 还能够识别现存文档中定义的 CSS 样式，这更方便用户对现有文档进行修改。本节将使用循序渐进的方法带领读者领略 CSS 风采，书中大量的例子是制作优秀网页的最佳模板。CSS 也是一种标记性语言，建议读者在阅读本章时一定要注意多上机实践操作，以达到良好的学习效果。

2．CSS 的类型

层叠样式表的类型有 3 种，它们分别如下：

（1）HTML 标记样式

HTML 标记样式实际上是对现有 HTML 标记的一种重新定义。当创建或改变这类样式时，文档中所有应用该标记的文本格式都会自动被更新。例如可以利用 CSS 重新定义标题。标记<h2>代表的格式，当修改其格式定义时，文档中所有使用<h2>标记的文本格式都会自动变化。

（2）自定义 CSS 样式

自定义 CSS 样式和某些字处理程序（如 Word）中使用的样式概念类似，只是不再有字符样式和段落样式的区别。用户可以在任何文本上应用自定义的 CSS 样式，无论该文本是

一个完整的文本块（例如一个完整的段落或是一个无序列表），还是一个局部的文本范围（例如在段落中选中的文本）。如果在一个文本块上应用自定义的 CSS 样式，DreamweaverCC2015 会自动在文本块的块标记中添加 class 属性（例如，当为一个段落应用名为 mystyle 的样式时可能产生如下代码：<p class="mystyle">)。如果在一个文本范围内应用 CSS 样式，则一个包含了 class 属性的 span 标记会被插入到文档中，并包围选中的文本。

（3）CSS 选择器样式

它对某些特定的标记组合进行重新定义，也可以对所有包含了特定 id 属性的标记进行重新定义。例如，通过定义 h2 和 em 样式可以使文档中所有出现在 h2 标记中的带有被<em>和</em>标记包容的文字自动应用该样式。用户也可以定义一个#mystyle 样式，它可以应用到所有带有 ID="mystyle"属性的文本上。对文本的常规格式化操作，会覆盖 CSS 样式。因此，如果用户希望用 CSS 样式控制段落的格式，必须删除所有常规设置的 HTML 格式或 HTML 样式。

3．CSS 的冲突

在同一文本中应用两种或两种以上的样式，这些样式会相互冲突，从而产生不可预料的效果。浏览器根据以下规则显示样式属性：

1）如果在同一文本中应用两种样式，浏览器会显示出两种样式中除了冲突的属性之外的所有属性。

2）如果在同一文本中应用的两种样式是相互冲突的，浏览器显示出最里面的样式属性。

3）如果存在直接冲突，自定义样式的属性（应用 class 属性的样式）将覆盖 HTML 标记样式的属性。

2.1.2 编辑 CSS 层叠样式表

自定义 CSS 样式是最常用的一种创建方式，它将一系列格式组合起来，并以适当的形式命名。创建自定义 CSS 样式的操作步骤如下：

1）在 Dreamweaver CC2015 软件中选择菜单栏中的“窗口”-“CSS 设计器”命令，打开“CSS 设计器”面板，如图 2-1 所示。

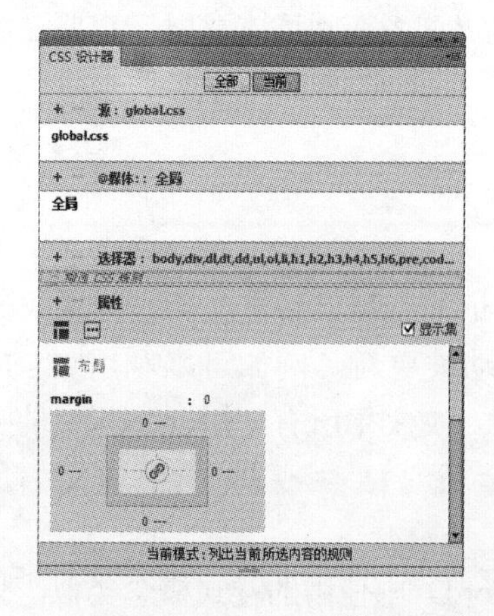

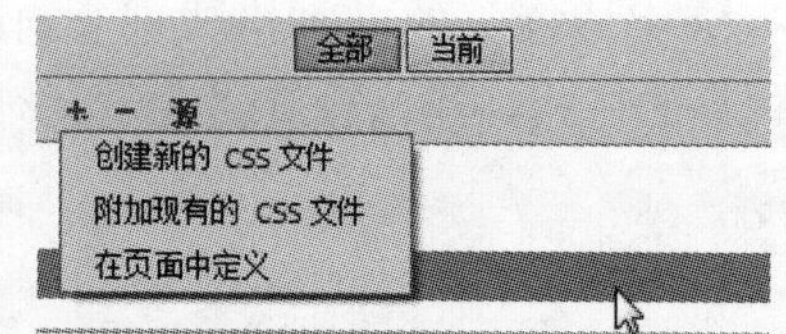

图 2-1 “CSS 设计器”面板

2）在“CSS 设计器”面板中用鼠标单击面板左上角的“添加 CSS 源”图标，在弹出的菜单中选择“创建新的 CSS 文件”命令，打开“创建新的 CSS 文件”对话框，如图 2-2 所示。

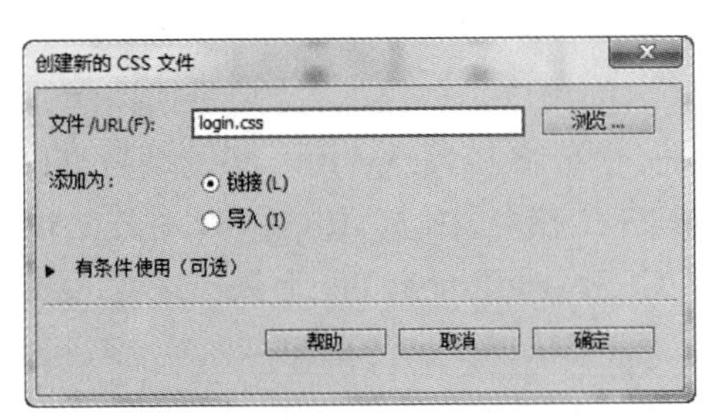

图 2-2 “创建新的 CSS 文件”对话框

3）在“文件/URL(F)”文本框中输入新建的 CSS 文件名，单击“确定”按钮即可创建一个样式表文件。如果已经建好其他的样式表，可以单击“浏览”按钮直接链接文件。它用来建立一种自己定制的样式表，由用户自己规定样式表元素名称，外部样式表文件必须以“.css”为扩展名，并且可以在整个 HTML 中被调用。

在成功创建链接文件之后，切换到源代码，加入如下一行调用样式表的命令：

```
<link href="css/login.css" type="text/css" rel="stylesheet"/>
```

4）在定义好样式名称后单击“确定”按钮进行确认，“选择器”即会被激活，通过自定义样式名称对象，在“属性”面板中进行相应的属性设置即可实现样式的编辑与应用，如图 2-3 所示。

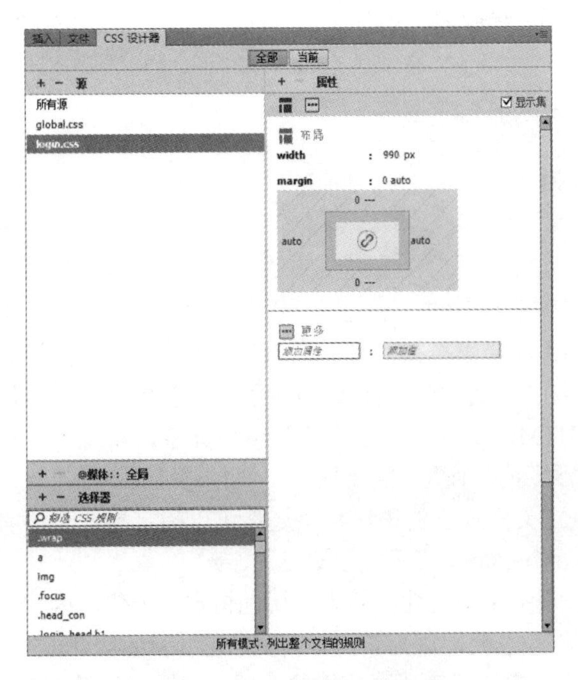

图 2-3 CSS 样式表的属性设置

CSS 样式表的属性设置与应用将在后面的实例中学习、应用。

2.1.3 在 HTML 文档中应用 CSS 的方法

尽管 CSS 功能强大、涵盖面极广，但仍然有较强的规律可循，比较简单、易学。用户一旦掌握了其精髓，就可以轻松地将其为己所用，即便是与 HTML 结合使用也不例外。不过，当将 CSS 实际运用于 HTML 文档中时，CSS 的使用方法也有所不同。总结起来，在 HTML 中常用 3 种方式定义 CSS，即 Embedding（嵌入式）、Linking（外部引用式，或者称为引用式）和 Inline（内联式）。

1. 嵌入式

使用 HTML 中的 style 元素可以在 HTML 网页内定义 CSS 样式，这也是嵌入式 CSS 的定义。style 元素的定义位于 HTML 文档头部，它位于 head 元素内。

CSS 样式定义的内容位于 style 元素之间，例如下面的代码：

```
<head>
<style>
  ...内嵌式 CSS 样式定义...
</style>
</head>
```

在 HTML4 中通过 HTML 注释标签（<!--和-->）隐藏 style 元素的内容，虽然被隐藏，浏览器也可以读取隐藏的内容并应用于呈现元素的 style 属性，但是允许不支持此类型的浏览器忽略样式表。

例如下面的代码使用注释隐藏了 style 元素的内容，但是其定义仍然可以被浏览器使用：

```
<style type="text/css">
<!--下面是内嵌式 CSS 样式定义
    h1{color: blue}
    P   {color: red}
-->
</style>
```

这样做主要是为了使那些旧的、不支持样式表的浏览器不呈现 style 元素的内容。

但是对于 HTML5，注释不再被允许，因为符合 HTML5 标准的浏览器都可以识别 style 元素并正确地执行。现在旧式的浏览器已经很少了，所以我们不再推荐使用注释。

用户可以在一个 HTML 文档头部定义多个 style 元素，实现多个样式表。除了全局属性以外，style 元素还包括以下几个重要的属性。

1）style 属性用来定义样式表的语言，该属性可以指定样式表语言的类型，必须是正确的 MIME 类型，如 type="text/css"表示使用 CSS。

在 HTML4 中，必须定义该属性，并为该属性指定一个值，因为该属性没有默认值。在 HTML5 中，该属性可以被忽略，因为该属性有默认值"text/css"。

2）media 属性用来指定样式表所要应用的介质。属性值可以是单个介质描述符，也可以是用逗号隔开的多个介质描述符，这样就可以应用于多种介质。

如果忽略该属性，那么默认值就是“all”，表示适用于多种介质。

3）scoped 属性是一个逻辑值，表示样式应用的范围。如果一个 style 元素定义该属性，那么当前 style 元素定义的样式仅应用到它的直接父元素的内容（子节点）。如果不指定 scoped 属性，该 style 元素定义的样式可以应用到整个文档。

4）全局属性中的 title 属性对于 style 元素有特殊的含义，如果定义 title 属性，则可以声明一个“可替换样式表”，用户使用浏览器就可以从多个“可替换样式表”中选一个，将仅应用选择的“可替换样式表”，而不应用其他样式表。

特定的样式表语言有不同的实现规则，对于 CSS，可以在 style 元素中实现多种样式的定义，这会使用到选择符，用户可以定义多种类型的选择符。

这些选择符总体上可以分为以下几类：

1）为某个特定的元素名定义样式，这样网页中所有的该元素都可以应用该样式。

2）为某个特定的 class 属性名定义样式，网页中所有的 class 属性值为该属性名的元素都可以应用该样式。

3）为某个特定的元素定义样式，该元素使用 id 属性来标识，样式也同样使用 id 属性值来定义。

4）为某些特定用途定义的使用以上 3 类无法实现的选择符，包括伪类和伪元素选择符等。

如下面的代码分别应用了这几种定义，并且由于为 h1 元素定义了多种样式源，所以样式可以叠加。

```
<head>
<style>
  h1{border-width: 1; border: solid;}
  h1.iclass { border-width:1;border: solid;}
  h1#newid {border-width: 1;border: solid;}
  h1: :first-letter {border-width: 1;border: solid;}
</style>
</head>
<body>
<h1>应用元素名定义</h1>
<h1 class="iclass">应用类定义和元素名定义</h1>
<h1 id="newid">应用 id 定义和元素名定义</h1>
</body>
```

2. 外部引用式

当样式需要被应用到很多页面的时候，外部样式表将是理想的选择。使用外部样式表可以通过更改一个文件来改变整个站点的外观。外部引用就是指 HTML 文档本身不含有 CSS 样式定义，而是通过动态引用外部 CSS 文件来定义 HTML 文档的表现形式。通过将样式表使用单独的文件来定义，就可以将样式表与 HTML 文档分离。将样式表与 HTML 文档分离有以下几个优点：

1）在多个文档间共享样式表，对于较大规模的网站，将 CSS 样式定义成一个一个独立的文档，也可以有效地提高效率，并有利于对网站风格的维护。

2）改变样式表，而无须更改 HTML 文档，这和 HTML 语言内容与形式分开的原则相一致。

3）根据介质有选择地加载样式表。

有很多种方法可以实现 CSS 文件的外部引用。

（1）使用处理指令

在 HTML 文档的开头部分写一个关于样式表的处理指令语句，例如：

```
<?xml-stylesheet type="text/css" href=" style.css"?>
<html>
    ...
</html>
```

按照这条处理指令语句的指令，该文档在浏览器上的表现方式由 CSS 样式文件 style.css 决定。因此，CSS 样式文件 style.css 将会被导入当前 HTML 文档，最终形成“内嵌的”模式，就像在该文档中定义的一样。

大多数浏览器仅当该文档被保存为.xhtml 或.xml 扩展名时（也就是使用 XHTML 或者以 XML 语法编写 HTML 时）才会有效，所以不推荐这样做。

（2）使用@import 指令

用户也可以在 style 元素之间使用@import 指令导入外部的 CSS 样式表文件，例如下面的代码：

```
<style>
/*下面两行导入外部样式表代码的效果是相同的*/
@import "style.css";
@import url{"style.css"};
</style>
```

任何@import 规则必须出现在样式表中的所有规则之前。@import 指令的参数是一个 CSS 样式表文件的 URL 地址，表示 URL 地址的字符串也可以包含在 url()函数内。上面两个@import 规则实现的效果是相同的。

在一个单独的 CSS 样式表文件中，也可以使用@import 指令将另一个 CSS 样式文件导入到当前文件中。

（1）使用 link 元素

在 HTML 代码中使用 link 元素也可以引用外部样式表，使用 href 属性指定样式表文件所在的 URL，并且指定 rel="styesheet"、type="text/css"，前者表示引用的是样式表，后者表示引用的是 CSS 样式表。例如：

```
<link href="style.css"> rel="stylesheet" type="text/css">
```

（2）使用 HTTP 消息报头链接到样式表

用户可以使用 HTTP 消息报头的 link 字段链接一个外部样式表，link 字段的功能和

HTML 中 link 元素的功能相同，有相同的属性设置，例如下面的字段：

```
link:< style.css>; rel=stylesheet
```

等同于：

```
<link href="style.css"> rel="stylesheet" type="text/css">
```

当把 HTML 文档作为电子邮件正文发送时，这个也可以发生作用，但是一些电子邮件管理程序可能会改变报头字段的顺序，为了保证样式表的顺序不被更改，应该将报头字段串联起来，将相同报头字段融合到一个字段。

属性值无须使用引号，除非属性值包含空格。对于 HTTP 或者电子邮件消息报头中不被允许的字符，可以使用字符实体交换。在 HTTP 报头中可以使用多个 link 字段，从而可以使用 link 字段链接多个外部样式表，并且 HTTP 报头中的 link 字段比 HTML 文档中的 link 元素具有的优先级高。

3．内联式

当特殊的样式需要应用到个别元素时，可以使用内联样式。使用内联样式的方法是在相关的标签中使用样式属性，样式属性可以包含任何 CSS 属性。每一个 HTML 元素都包含一个 style 属性，使用该属性可以直接指定样式，该样式仅能作用于该元素的内容，对于另一个同名的元素则不起作用。

例如下面的 HTML 代码片段：

```
<p style="color:#000;font-weight:bold; ">请单击<a herf="index.html">首页的链接</a></p>
```

这种方式虽然比较直接，但不适合模块化管理，并且仅能用于一个元素，如果出现另一个同名元素，则必须重新定义。

Section 2.2 CSS 的基本语法

层叠样式表是一个完全的纯文本文件，通常以“.css”为扩展名作为单独的文件来使用，它的内容包含了一组告诉浏览器如何安排与显示特定的 html 标签中内容的规则，CSS 定义规则由 3 个部分构成，即选择符（selector）、属性（properties）和属性的取值（value）。其语法如下：

selector { property: value }

说明：选择符 { 属性: 值 }

1．选择符

选择符是要定义样式的 html 标签，将 html 标签作为选择符定义后，在 HTML 页面中该标签下的内容会按照 CSS 定义的规则发生改变。

2．属性

CSS 属性指的是在选择符中要改变的内容，常见的有字体属性、颜色属性、文本属性等。下面就是定义的一个样式表。

```
@charset"gb2312";
body {
font-family: "宋体";
font-size: 25px;
color: #FF0000;
}
p {
font-family: "宋体";
font-size: 20px;
color: #000;
}
```

在这个样式表中：

1）@charset"gb2312"表示使用中文国标字符集。

2）body 和 p 是 HTML 中的两个标签，对这两个标签设置了下面 3 种样式。

- font-family：指定字体的字型。
- font-size：指定字体的大小。
- color：指定字体的颜色。

2.2.1 CSS 的 3 种选择器

用户通过选择器对不同的 HTML 标签赋予各种样式声明，即可实现各种效果。主要包括标记选择器、类别选择器以及 ID 选择器。

1．标记选择器

HTML 页面由很多不同的标记组成，CSS 标记选择器用于声明哪些标记采用哪种 CSS 样式。例如 p 选择器用于声明页面中所有<p>标记的样式风格。同样可以使用 h1 选择器来声明页面中所有的<h1>标记的 CSS 风格，例如：

```
<style>
h1{ color : blue; font-size : 24px;}
</style>
```

以上 CSS 代码声明了 HTML 页面中所有的<h1>标记，文字的颜色都采用蓝色，大小都为 24px。每一个 CSS 选择器都包含选择器本身、属性和值，其中属性和值可以设置多个，从而实现对同一个标记声明多种样式风格，如图 2-4 所示。

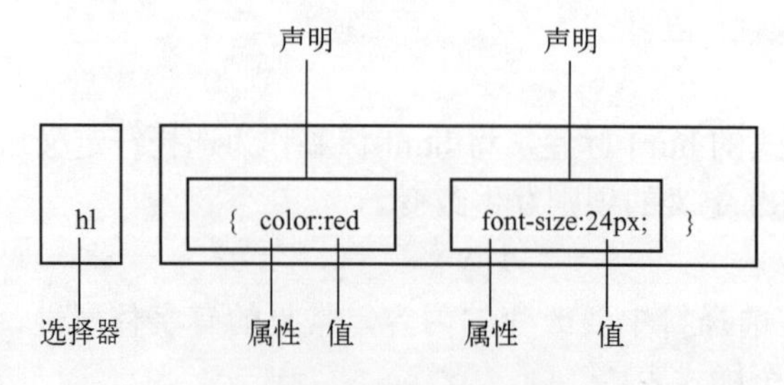

图 2-4　CSS 标记选择器模型

如果希望所有的<h1>标记不再采用蓝色，而是采用红色，只需要将属性 color 的值修改为 red 即可全部生效。

2．类别选择器

标记选择器一旦声明，那么页面中所有的该标记都会相应地产生变化。例如声明了<p>标记为红色时，同页面中所有的<p>标记都将显示为红色。如果希望其中的某一个<p>标记不是红色，而是蓝色，这时仅依靠标记选择器是远远不够的，可以使用类别选择器，如图 2-5 所示。

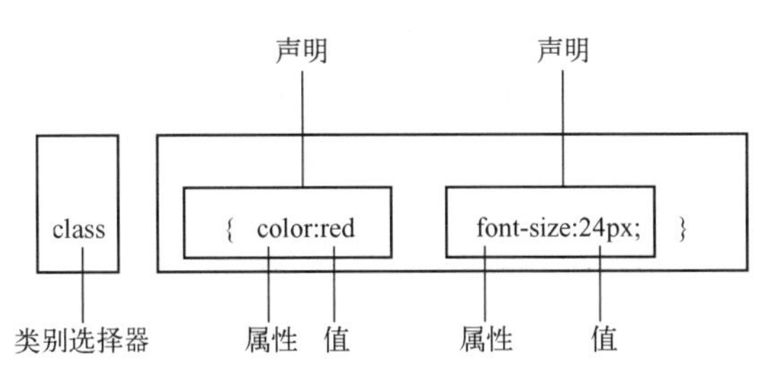

图 2-5　类别选择器模型

当页面中同时出现 3 个<p>标记，并且希望它们的颜色各不相同时，可以通过设置不同的 class 选择器来实现。

例如：

```
<html>
<head>
<meta charset="utf-8">
<title>类别选择器</title>
<style tpye="text/css">
  .one{color:red;font-size:20px}
  .two{color:green;font-size:24px;}
  .three{color:cyan;font-size:26px;}
</style>
</head>
<body>
  <p class="one">类别选择器 1</p>
  <p class="two">类别选择器 2</p>
  <p class="three">类别选择器 3</p>
  <h3 class="two">标记 h3 同样适用</h3>
</body>
</html>
```

其显示效果如图 2-6 所示。

可以看到 3 个<p>标记分别呈现出不同的颜色以及字的大小，而且任何一个 class 选择器适用于所有 HTML 标记，只需要用 HTML 标记的 class 属性声明即可。最后一行<h3>标记显示效果为粗体字，而使用了.two 选择器的第 2 个<p>标记却没有变成粗体。这是因为在.two 类别中没有定义字的粗细属性，因此各个 HTML 标记采用了其自身默认的显示方式。

图 2-6　类别选择器应用效果

当页面中几乎所有的<p>标记都使用了相同的样式风格，只有一两个特殊的<p>标记需要使用不同的风格来突出时，可以通过类选择器与标记选择器配合使用。

例如：

```
<style type="text/css">
   p{color:blue;font-size:20px;}            /* 标记选择器 */
   .myclass{color:red;font-size:24px;}      /* 类别选择器 */
</style>
<body>
   <p>class 选择器与标记选择器 1</p>
   <p class="myclass">class 选择器与标记选择器 2</p>
   <p>class 选择器与标记选择器 3</p>
</body>
```

实例代码首先通过标记选择器定义<p>标记的全局显示方案，然后通过一个 class 选择器对需要突出的<p>标记进行单独设置，这样大大提高了代码的编写效率。

另外，类别选择器还有一种很直观的使用方法，就是直接在标记声明后接类别名称，以此来区别该标记，如图 2-7 所示。

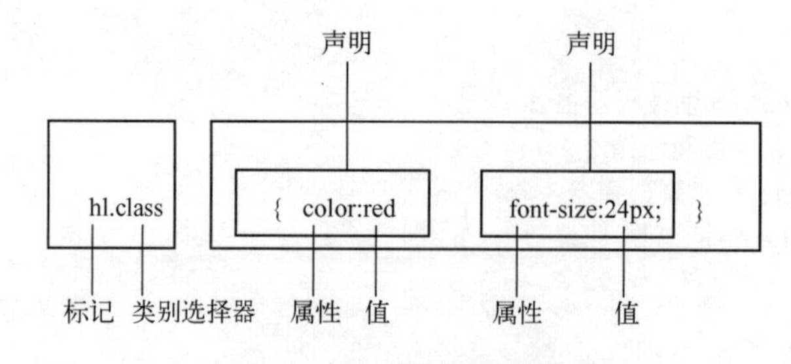

图 2-7　标记类别选择器模型

在 HTML 标记中还可以同时给一个标记运用多个 class 类别选择器，从而将两个类别的样式风格同时运用到一个标记中。这在实际制作网站时往往很有用。

例如：

```
<style type="text/css">
```

```
    .one{color:blue;}              /* 颜色 */
    .two{font-size:20px;}           /* 字的大小 */
</style>
<body>
    <h4>不使用类别选择器</h4>
    <h4 class="one">只使用第 1 种</h4>
    <h4 class="two">只使用第 2 种</h4>
    <h4 class="one two">同时使用两种类别选择器</h4>
</body>
```

显示效果如图 2-8 所示，可以看到使用第 1 种 class 的第 2 行显示为蓝色，而第 3 行仍为黑色，但由于使用了.two，字体变大了。第 4 行通过 class="one two"将两个样式同时加入，得到蓝色大字体。第 1 行和第 5 行没有使用任何样式，仅作为对比时的参考。

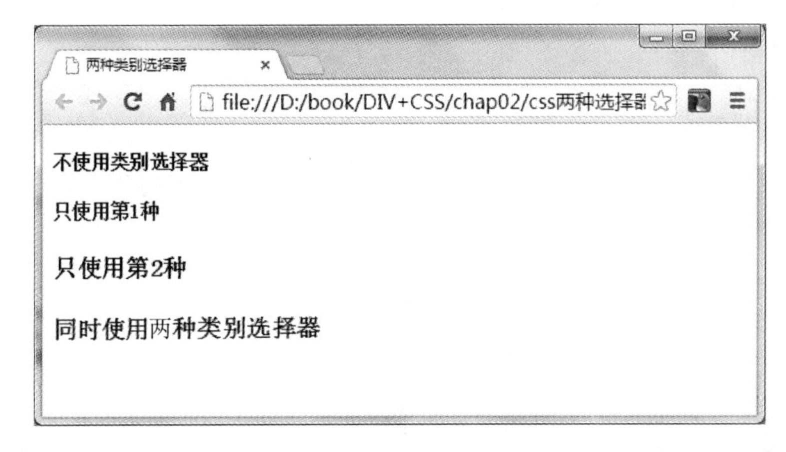

图 2-8　两种样式表应用效果

3．ID 选择器

ID 选择器的使用方法和 class 选择器基本相同，不同之处在于 ID 选择器只能在 HTML 页面中使用一次，因此其针对性更强。在 HTML 的标记中只需要利用 id 属性就可以直接调用 CSS 中的 ID 选择器，其格式如图 2-9 所示。

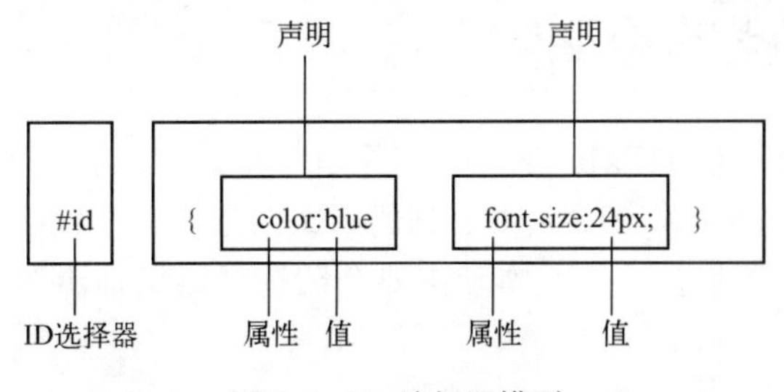

图 2-9　ID 选择器模型

例如：

```
<style type="text/css">
#one{font-weight:bold;}
```

```
#two{font-size:25px;color:red;}
</style>
<body>
<p id="one">ID 选择器一</p>
<p id="two">ID 选择器二</p>
<p id="one two">ID 选择器三</p>
</body>
```

显示效果如图 2-10 所示。

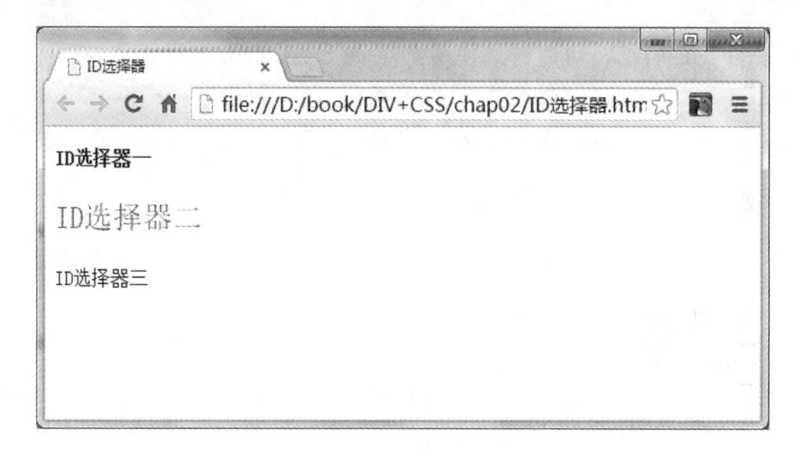

图 2-10　ID 选择器应用效果

最后一行没有任何 CSS 样式风格显示，这意味着 ID 选择器不支持像 class 选择器那样的多风格同时使用。类似“one two”是完全错误的语法。还需要指出的是，将 ID 选择器用于多个标记是错误的，因为每个标记定义的 ID 不只是 CSS 可以调用，JavaScript 等其他脚本语言同样可以调用。如果一个 HTML 中有两个相同的 ID 的标记，则会导致 JavaScript 在查找 ID 时出错。正因为 JavaScript 等脚本语言也能调用在 HTML 中设置的 ID，所以 ID 选择器一直被广泛使用。在编写 CSS 代码时，用户应该养成良好的编写习惯，一个 ID 最多只能赋予一个 HTML 标记。

2.2.2 选择器的声明

在利用 CSS 选择器控制 HTML 标记时，除了每个选择器的属性可以一次声明多个以外，选择器本身也可以同时声明多个，并且任何形式的选择器（包括标记选择器、class 类别选择器、ID 选择器等）都是合法的。本节主要介绍选择器集体声明的各种方法以及选择器之间的嵌套关系。

1. 集体声明

在声明各种 CSS 选择器时，如果某些选择器的风格是完全相同的或者部分相同，这时可以利用集体声明的方法将风格相同的 CSS 选择器同时声明。

例如：

```
<style type="text/css">
```

```
h1,h2,p{color:purple;font-size:20px;}                /* 集体声明 */
.newclass,#one{text-decoration:underline;}           /* 集体声明 */
</style>
<body>
    <h1>集体声明 h1</h1>
    <h2 class="newclass ">集体声明 h2</h2>
    <p>集体声明 p1</p>
    <p class="newclass ">集体声明 p2</p>
    <p id="one">集体声明 p3</p>
</body>
```

其显示效果如图 2-11 所示。

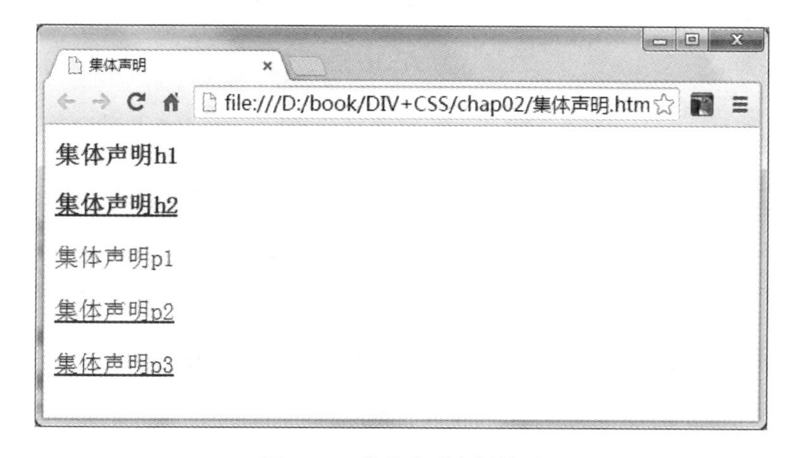

图 2-11　集体声明应用效果

实例中所有行的颜色都是紫色，而且文字大小均为 20px。集体声明的效果与单独声明的效果完全相同，.newclass 和#one 的声明并不影响前一个集体声明，第 2 行和最后两行在紫色和大小为 20px 的前提下使用了下划线。

对于实际网站中的一些小型页面，例如弹出的小对话框和上传附件的小窗口等，如果希望这些页面中所有的标记都使用同一种 CSS 样式，但又不希望逐个加入集体声明列表，这时可以利用全局声明符号“*”。

例如：

```
<style type="text/css">
<!--
  *{color: purple;font-size:15px;}                /* 全局声明 */
  .myclass, #one{text-decoration:underline;}      /* 集体声明 */
-->
</style>
<body>
  <h1>全局声明 h1</h1>
  <h2 class="myclass">全局声明 h2</h2>
  <p>全局声明 p1</p>
  <p class="myclass">全局声明 p2</p>
```

```
    <p id="one">全局声明 p3</p>
</body>
```

其效果如图 2-12 所示。这种全局声明的方法在一些小页面中特别实用。

图 2-12　全局声明应用效果

2．选择器的嵌套

在 CSS 选择器中还可以通过嵌套的方式对特殊位置的 HTML 标记进行声明，例如当<p>与</p>之间包含<b></b>标记时，就可以使用嵌套选择器进行相应的控制。

例如：

```
.special   i { color : red}                        /*使用了属性 special 标记里面包含的<i>*/
#one   li { padding-left : 12px}                   /*ID 为 one 的标记里面包含的<li>*/
td.top   .top1   strong{ font-size : 16px}         /*多层嵌套，同样实用*/
```

嵌套选择器的使用非常广泛，不只是嵌套的标记本身，类别选择器和 ID 选择器都可以进行嵌套。

2.2.3　CSS 样式继承

CSS 继承指的是子标记会继承父标记的所有样式风格，并可以在父标记样式风格的基础上加以修改，产生新的样式，而子标记的样式风格完全不会影响父标记。层叠性就是继承性，样式表的继承规则是外部的元素样式会保留下来继承给这个元素所包含的其他元素。事实上，所有在元素中嵌套的元素都会继承外层元素指定的属性值，有时会把很多层嵌套的样式叠加在一起，除非用户另外更改。

所有的 CSS 语句都是基于各个标记之间的父子关系的，处于最上端的<html>标记称为“根（root）”，它是所有标记的源头，往下层层包含。在每一个分支中，称上层标记为其下层标记的“父”标记，相应地，下层标记称为上层标记的“子”标记。例如，在下面程序中，<h1>标记是<body>标记的子标记，同时它也是<em>的父标记。这种层层嵌套的关系也正是

CSS 名称的含义。

例如：

```
<!doctype html>
<html>
<head>
<meta charset="utf-8">
<title>嵌套选择器</title>
</head>
<style>
  h1{color:red;text-decoration:underline;}
  h1 em{color:green;font-size:40px;}              /* 嵌套选择器 */
</style>
<body>
  <h1>DIV+CSS<em>布局</em>很简单</h1>
  <p>学习到的技术<em>包括</em>:html5、<strong>div、<em>css</em>、javascript</strong>等等
</p>
</body>
</html>
```

效果如图 2-13 所示。

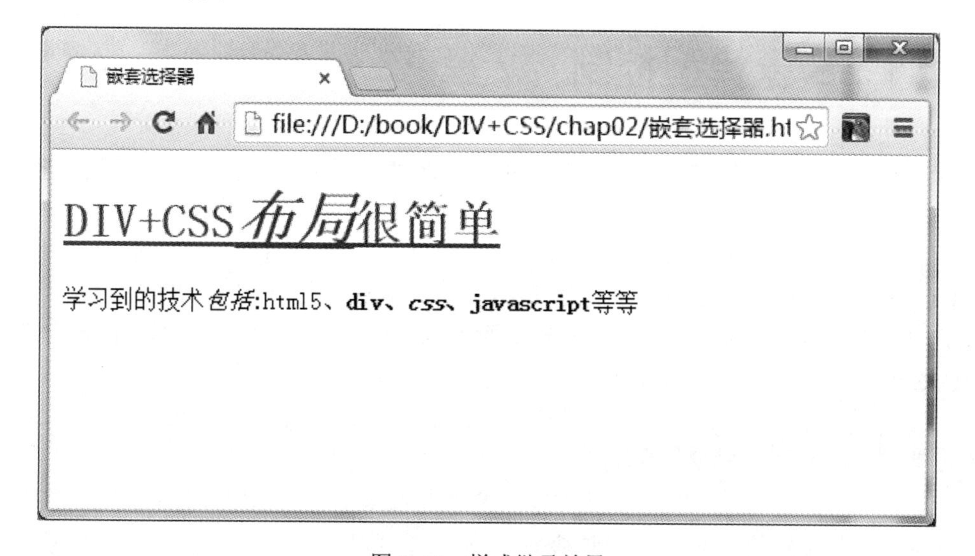

图 2-13　样式继承效果

在使用不同的选择符定义相同的元素时，要考虑不同选择符之间的优先级。对于 ID 选择符、类选择符和 HTML 标记选择符，由于 ID 选择符是最后加到元素上的，所以优先级最高，其次是类选择符。如果想超越这三者之间的关系，可以用!important 提升样式表的优先级。

例如：

```
p { color: #FF0000!important }
.blue { color: #0000FF}
#id1 { color: #FFFF00}
```

以上代码同时对页面中的一个段落加上 3 种样式，它最后会依照被!important 声明的 HTML 标记选择符样式变为红色文字。如果去掉!important，则依照优先级最高的 ID 选择符变为黄色文字。

2.2.4 使用 CSS 注释

用户可以在 CSS 中插入注释来说明代码的意思，注释有利于自己或别人以后编辑和更改代码时理解其含义。在浏览器中，注释是不显示的。CSS 注释以“/*”开头、以“*/”结尾。

例如：

```
/* 定义段落样式表 */
p
{
text-align: center; /* 文本居中排列 */
color: black; /* 文字为黑色 */
font-family: arial /* 字体为 arial */
}
```

Section 2.3 CSS 盒模型控制

CSS 盒模型对于使用 DIV+CSS 布局的方法来说是非常重要的概念，因为盒模型是 CSS 定位布局的核心内容。读者在学习了布局网页基本方法以后，只需要利用 div 元素和列表元素即可完成页面中大部分的布局工作。但是前面学习的知识更注重实践操作，读者并不理解布局的原理，常常在布局页面的过程中遇到无法理解的问题。在学习本节的盒模型的知识以后，读者将拥有较完善的布局观，基本上可以做到使用代码完成 DIV+CSS 的布局操作。

2.3.1 CSS 盒模型概念

HTML 中大部分的元素（特别是块状元素）都可以看作是一个盒子，而网页中元素的定位实际上就是这些大大小小的盒子在页面中的定位。当某个块状元素被 CSS 设置了浮动属性以后，这个盒子就会自动排到上一行。网页布局即关注这些盒子在页面中如何摆放、如何嵌套的问题，而这么多的盒子摆在一起，最需要关注的是对盒子尺寸的计算、是否流动（float）等要素。为什么要把 HTML 元素作为盒模型来研究呢？因为 HTML 元素的特性和一个盒子非常相似，盒子里面的内容到盒子边框之间的距离即填充（padding），盒子本身有边框（border），盒子边框外和其他盒子之间有边界（margin），具体效果如图 2-14 所示。

大多数 HTML 元素的结构类似于图 2-9 所示，除了包含的内容（文本或图片）外，还有内边距、边框和外边距一层层的包裹。读者在布局网页和定位 HTML 元素时要充分地考虑这些要素，这样才可以更加自如地摆弄这些盒子。

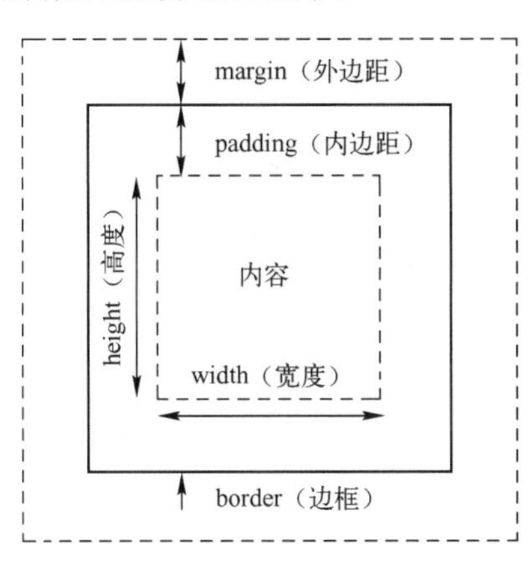

图 2-14　盒模型示意图

外边距属性即 CSS 的 margin 属性，在 CSS 中可拆分为 margin-top（顶部外边距）、margin-bottom（底部外边距）、margin-left（左边外边距）和 margin-right（右边外边距）。CSS 的边框属性（border）和内边距属性（padding）同样可以拆分为 4 边。在 Web 标准中，CSS 的 width 属性即为盒子所包含内容的宽度，而整个盒子的实际宽度为：

盒子宽度=

padding-left+border-left+margin-left+width+padding-right+border- right+margin-right

相应地，CSS 的 height 属性即为盒子所包含内容的高度，而整个盒子的实际高度为：

盒子高度=

margin-top+border-top+padding-top+height+padding-bottom+border-bottom+margin-bottom

在使用盒模型的过程中，用户还要注意以下几点：

1）边界值可以为负值，但随着浏览器的不同，可能显示得不一样。

2）填充值不可以为负值。

3）对于块级元素，未浮动的垂直相邻元素的上边界和下边界会被压缩。

4）对于浮动元素，边界不压缩，并且若浮动元素不声明宽度，则其宽度趋向于 0。

5）如果盒中没有任何内容，不管宽度和高度值设置为多少，都不会被显示。

在 CSS 中，width 和 height 指的是内容区域（element）的宽度和高度。增加内边距、边框和外边距不会影响内容区域的尺寸，但会增加元素框的总尺寸。假设框的每个边上有 10 像素的外边距和 5 像素的内边距，如果希望这个元素框达到 100 像素，就需要将内容的宽度设置为 70 像素。以下是 CSS 代码：

```
#box {
    width: 70px;
    margin: 10px;
    padding: 5px;
     }
```

如图 2-15 所示。

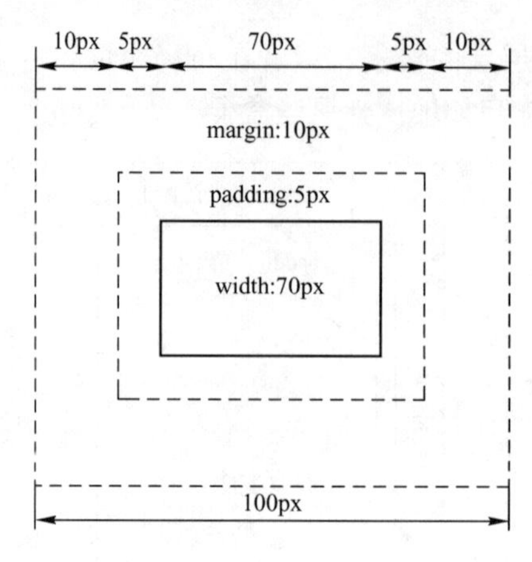

图 2-15　实例示意图

2.3.2 外边距 margin 的控制

在 CSS 中 margin 属性可以统一设置，也可以上、下、左、右分开设置。创建 HTML5 网页文件，命名为 box_margin.html，此文件的代码如下：

```
<!doctype html>
<html>
<head>
<meta charset="utf-8">
<title>外边距设置</title>
<style type="text/css">
*{margin: 0px;}
#all{width:600px;
        height:500px;
        margin:0px auto;
        background-color:#FF9900;}
#a,#b,#c,#d,#e{
                    width:200px;
                     height:100px;
                     text-align:center;
                     line-height:100px;
                     background-color:#FFFF00;}
#a{margin-left:30px;
    margin-bottom:30px;}
#b{margin-left:5px;
    margin-right:5px;
    margin-top:5px;
    margin-bottom:5px;
    float:left;
    }
#c{margin-bottom:5px;
```

```
  float:right;
}
#d{
  float:right;
}
#e{ margin-left:5px;
  float:left;
   }
</style>
</head>
<body>
  <div id="all">
        <div id="a">a 盒子</div>
        <div id="b">b 盒子</div>
        <div id="c">c 盒子</div>
        <div id="d">d 盒子</div>
        <div id="e">e 盒子</div>
        </div>
</body>
</html>
```

为了更方便地看到 div 的表现，这里给外部 div 设置了枯黄色背景色，并给内部 div 设置了黄背景色。这个实例非常典型，特别是 b 盒子、c 盒子、d 盒子和 e 盒子之间的关系，其在浏览器中浏览效果如图 2-16 所示。

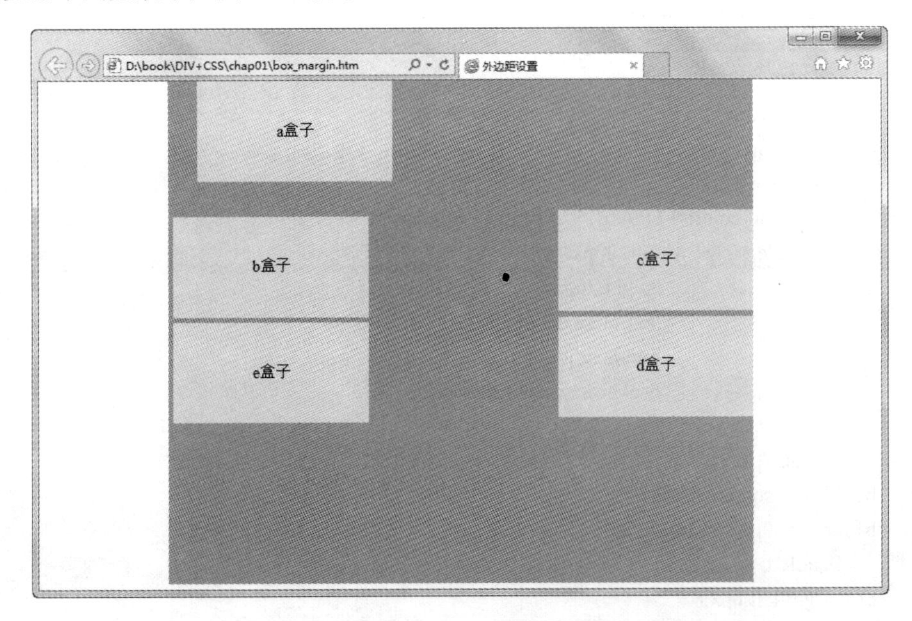

图 2-16　外边距 margin 控制后实现的效果图

1）首先为盒子 all 设置了“margin:0px auto;”属性，所以宽 600px、高 500px，背景色为黄色的盒子自适应浏览器居中，这在布局中经常用到。

2）a 盒子设置了#a{margin-left:30px;margin-bottom:30px;}，即离左边和底边的宽度为30px。

3）由于 b 盒子设置了向左浮动，紧随其后的 c 盒子设置了右浮动，所以自然移上来，和 b 盒子并列在同一行，b 盒子的高度为：

height+margin-top+margin-bottom=110（像素）

而 c 盒子的高度为：

height+margin-bottom=105（像素）

可见，由于各自的高度不一样，虽然设置的盒子高度一样，但显示出来的位置是有偏差的。

4）c 盒子设置了右浮动，e 盒子设置了左浮动，所以两个盒子显示的是左右互换的位置。

2.3.3 边框 border 的样式设置

边框（border）作为盒模型的组成部分之一，其样式非常受用户重视。边框的 CSS 样式设置不仅影响到盒子的尺寸，还影响到盒子的外观。边框（border）属性的值有 3 种，即边框尺寸（像素）、边框类型和边框颜色（十六进制）。创建 HTML5 网页文件，命名为 box_border.html，此文件的代码如下：

```
<!doctype html>
<html>
<head>
<meta charset="utf-8">
<title>边框样式设置</title>
<style type="text/css">
*{margin:0px;}
#all{ width:490px;
    height:400px;
    margin:0px auto;
    background-color:#FF9900;}
#a,#b,#c,#d,#e,#f,#g{ width:180px;
                    height:70px;
                    text-align:center;
                    line-height:60px;
                    background-color:#99FF00;}
#a{ width:400px;
     margin:7px;
  border:1px solid #000000;}
#b{ border:30px solid #996600;
     float:left;}
#c{ margin-left:6px;
     border:30px groove #0099FF;
  float:left;
  }
#d{ margin-left:6px;
     border:2px dashed #000000;
```

```
        float:left;}
    #e{ margin-left:6px;
        border:2px dotted #000000;
        float:left;}
    #f{ margin:6px;
        border-left:2px solid #0000FF;
        border-top:2px solid #0000FF;
        border-right:2px solid #CC3300;
        border-bottom:2px solid #CC3300;
        float:left;}
    #g{ margin-top:6px;
        border-top:2px groove #999999;
     float:left;
     }
    </style>
    </head>
    <body>
              <div id="all">
               <div id="a">a 盒子</div>
               <div id="b">b 盒子（solid 类型）</div>
               <div id="c">c 盒子（groove 类型）</div>
               <div id="d">d 盒子（dashed 类型）</div>
               <div id="e">e 盒子（dotted 类型）</div>
               <div id="f">f 盒子</div>
               <div id="g">g 盒子</div>
              </div>
    </body>
    </html>
```

为了更方便地看到 div 的表现，这里给外部 div 设置了#FF9900 背景色，并给内部 div 设置了#99FF00 背景色。在浏览器中的浏览，效果如图 2-17 所示。

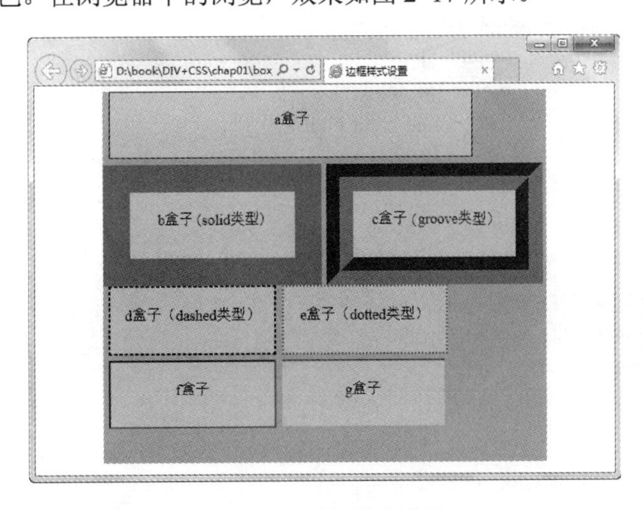

图 2-17　边框样式设置

这个例子使HTML对象看起来更像是个盒子，边框只是盒子包装中的一层，最外层的包装是不可见的外边距。边框的宽度计算非常重要，读者定位元素时要充分考虑边框宽度。边框的常用设置方法如下：

Border: 宽度 类型 颜色；

这是4条边框统一设置的方法，如果要分别设置4条边框，将border改为border-top（顶部边框）、border-bottom（底部边框）、border-left（左边框）和border-right（右边框）。对于“类型”可以修改成不同样式的边框线条，常用的有 solid（实线）、dashed（虚线）、dotted（点状线）、groove（立体线）、double（双线）、outset（浮雕线）等，读者可以逐个尝试。

2.3.4 内边距 padding 的设置

内边距（padding）类似于HTML中表格单元格的填充属性，即盒子边框和内容之间的距离。内边距（padding）和外边距（margin）很相似，都是不可见的盒子组成部分，只不过内边距（padding）和外边距（margin）之间夹着边框。创建HTML5网页文件，命名为box_padding.html，文件的代码如下：

```
<!doctype html>
<html>
<head>
<meta charset="utf-8">
<title>内边距的设置</title>
<style type="text/css">
*{ margin:0px;}
#all{width:460px;
      height:400px;
      margin:0px auto;
      padding:50px;
      background-color:#FF9900;}
#a,#b,#c,#d,#e,#f,#g{width:200px;
                     height:80px;
                     border:1px solid #0000FF;
                     background-color:#00FF00;}
p{width:100px;
  height:50px;
  padding-top:20px;
  background-color:#CC99CC;}
#a{padding-left:70px;}
#b{padding-top:60px;}
#c{padding-right:50px;}
#d{padding-bottom:40px;}
</style>
</head>
<body>
<div id="all">
```

```
            <div id="a">
            <p>a 盒子</p>
            </div>
            <div id="b">
            <p>b 盒子</p>
            </div>
            <div id="c">
            <p>c 盒子</p>
            </div>
            <div id="d">
            <p>d 盒子</p>
            </div>
</div>
</body>
</html>
```

为了更方便地看到 div 的表现，这里给外部 div 设置了#FF9900 背景色，并给内部 div 设置了#00FF00 背景色，而给 p 元素设置了#CC99CC 背景色。在浏览器中的浏览效果如图 2-18 所示。

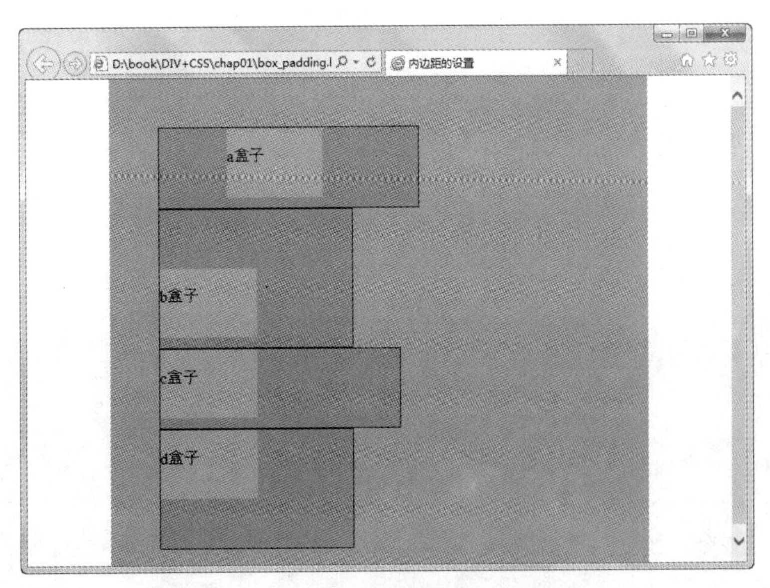

图 2-18 内边距的设置

Dw

第3章 DIV+CSS网页基础布局

网站做出来是给浏览者使用的，要对浏览者具有亲和力，DIV+CSS 在这方面更具优势。由于 CSS 富含丰富的样式，使页面更加灵活，它可以根据不同的浏览器达到显示效果的统一和不变形。使用 DIV+CSS 布局网页可以保持视觉的一致性，使用以往表格嵌套的制作方法，会使页面与页面或者区域与区域之间的显示效果有偏差。使用 DIV+CSS 的制作方法，将所有页面或所有区域统一用 CSS 文件控制，避免了不同区域或不同页面体现出的效果偏差。由于将大部分页面代码写在了 CSS 当中，使得页面体积容量变得更小。相对于表格嵌套的方式，DIV+CSS 将页面独立成更多的区域，在打开页面的时候逐层加载，而不像表格嵌套那样将整个页面圈在一个大表格里，使得加载速度很慢。本章将详细介绍 DIV+CSS 布局网页的基础方法。

从入门到精通

本章学习重点：

- DIV 的定位技术
- 块状元素和内联元素
- DIV+CSS 的布局方法
- DIV 嵌套和浮动设置
- 列表元素布局知识
- 元素的非常规定位方式

Section 3.1 div 元素的基础知识

在学习了 Web 标准的概念以及 DIV 和 CSS 的基本知识之后，还要学习如何在 HTML 中应用 div 标签进行网页的布局，在这里控制布局的工具是 CSS 代码，这样可以使网页更加符合 Web 标准。本节主要介绍 div 元素的基础知识和 HTML 元素的分类与应用。

3.1.1 div 标签控制方法

div 标签在 Web 标准的网页中使用非常频繁，相对于其他 HTML 继承而来的元素，div 有什么特别之处呢？其实 div 标签跟其他应用很类似，一定要说其特性，不过是一种网页编排的元素。正因为 div 没有任何特性，所以需要通过使用 CSS 代码对其进行样式的控制。

Div 标签是双标签，在前面介绍概念时已提到它的以<div></div>的形式存在，其间可以放置任何内容，包括其他的 div 标签。也就是说，div 标签是一个没有任何特性的容器。创建一个标准的 HTML5 文档，命名为 divindex.html。此文件的代码如下：

```
<!doctype html>
<html>
<head>
<meta charset="utf-8">
<title>div 标签</title>
</head>
<body>
<div>第 1 个 div 标签</div>
<div>第 2 个 div 标签</div>
<div>第 3 个 div 标签</div>
<div>第 4 个 div 标签</div>
</body>
</html>
```

建立站点文件夹并设置好 IIS，在浏览器中浏览，效果如图 3-1 所示。

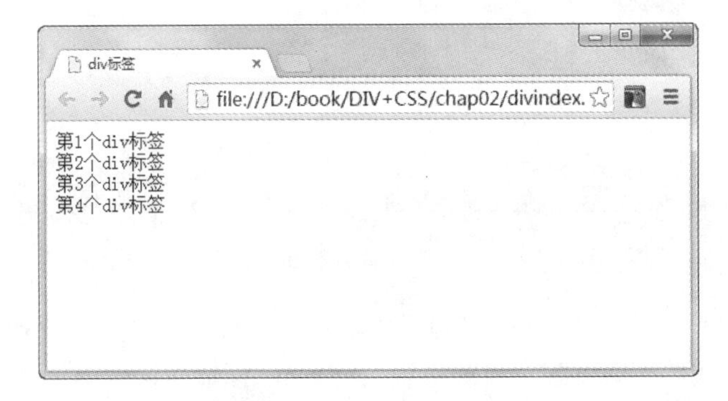

图 3-1　实例运行的效果

在没有 CSS 的帮助下，div 标签没有任何特别之处，只是无论怎么调整浏览器窗口，每个 div 标签都各占据一行。即默认情况下一行只能容纳一个 div 标签。

那么怎么才能实现对 div 的 CSS 控制呢？这里我们对 div 通过 id 选择符加入 CSS 代码，使 div 拥有背景色以及宽度，修改 divindex.html 代码如下：

```
<!doctype html>
<html>
<head>
<meta charset="utf-8">
<title>div 标签</title>
<style type="text/css">
    #no1,#no2{background-color:#eee;
        }
    #no3,#no4{background-color:#999;
        width:300px;
        }
</style>
</head>
<body>
<div id="no1">第 1 个 div 标签</div>
<div id="no2">第 2 个 div 标签</div>
<div id="no3">第 3 个 div 标签</div>
<div id="no4">第 4 个 div 标签</div>
</body>
</html>
```

在浏览器中的浏览，效果如图 3-2 所示。

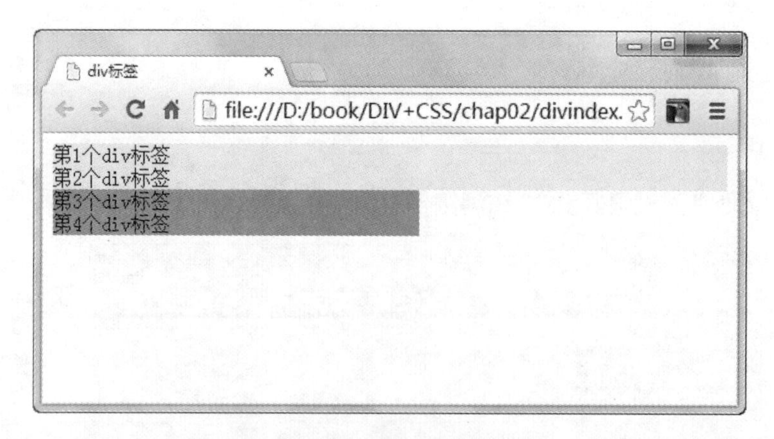

图 3-2　设置背景的 div 标签

通过背景色的设置，可以看出对 div 的 CSS 控制只要对需要控制的 div 命名 id，然后写入相应的 CSS 控制代码，即可配对自动实现控制。div 标签默认占据一行，宽度也为一行。通过宽度设置可以发现，并不是因为 div 的宽度为一行，导致无法容纳后面的 div 标签；无论宽度多小，一行始终只有一个 div 标签，读者需谨记！

div 标签作为网页 CSS 布局的主要元素，其优势已经非常明显。相对于表格布局，div 更加灵活，因为 div 只是一个没有任何特性的容器，CSS 可以非常灵活地对其进行控制，组成网页的每一块区域。在大多数情况下，仅仅通过 div 标签和 CSS 配合即可完成页面的布局。

在用 CSS 控制网页布局时可能会遇到一个问题：在定义一个属性时，是使用 id，还是使用 class 呢？在此作者把自己平时的经验给大家简要介绍一下，希望能够对读者有所帮助。

1）id 的使用原则

id 具有唯一性，其使用原则也是依据这一特性建立的。id 是不能重复的，所以在 HTML 的结构中大结构一定要用 id，例如标志、导航、主体内容、版权。这些根据规范命名为 #logo、#nav、#content、#copyright 等，本着其唯一性的原则，建议定义 id 尽量在网页的外围盒子中使用。

2）class 的使用原则

class 在 CSS 的定义中具有普遍性，即 class 可重复、无限制地使用多次，建议大家尽量在结构内部使用。这样做的好处是有利于网站代码的后期维护与修改，让所有的 class 都成为 id 的子级或是孙级。在写 CSS 的时候可以写成#father.child{…}。另外需要注意尽量不要让 class 包含 id，例如写成.father#child{…}就很不好。当然，这只是对良好书写习惯的一些建议。

综上所述：id 是唯一的并且是父级的，class 是可以重复的并且是子级的。无论怎样，保持一个良好的代码书写习惯对于我们以后的代码维护会有很大的帮助。

3.1.2 HTML 中的元素

HTML 布局的核心标签是 div，div 属于 HTML 中的块级元素。

HTML 的标签默认为两种元素：

1. 块状元素

该元素是矩形的，有自己的高度和宽度。在默认情况下，在父容器中占据一行，同一行无法容纳其他元素及文本。其他的元素将显示在其下一行，简单地说，我们可以将它们看作是被块级元素“挤”下去的。块状元素就是一个矩形容器，边缘非常硬，CSS 设置了高度和宽度后，形状无法被改变。

2. 内联元素

和块状元素相反，内联元素没有固定形状，也无法设置宽度和高度。内联元素形状由其内容决定，所以在宽度足够的情况下一行能容纳多个内联元素。有人说相对于块级元素是一个硬盒子，内联元素是一个软布袋子（形状由内容决定）。

块状元素适合于大块的区域排版，所以常用来布局页面。而内联元素适合于局部元素的样式设置，所以常用于局部的文字样式设置。HTML 中常用的块状元素和内联元素及功能如表 3-1 所示。

表 3-1　块状元素和内联元素表

块状元素	内联元素
Address：地址	a：锚点
Blockquote：块引用	abbr：缩写
center：居中对齐块	acronym：首字
dir：目录列表	b：粗体（不推荐）
div：常用块级元素，也是 CSS layout 的主要标签	bdo：bidi override
dl：定义列表	big：大字体
fieldset：form 控制组	br：换行
form：交互表单	cite：引用
h1：大标题	code：计算机代码（在引用源码的时候需要）
h2：副标题	dfn：定义字段
h3：3 级标题	em：强调
h4：4 级标题	font：字体设定（不推荐）
h5：5 级标题	i：斜体
h6：6 级标题	img：图片
hr：水平分隔线	input：输入框
isindex：input prompt	kbd：定义键盘文本
menu：菜单列表	label：表格标签
noframes：frames 可选内容（对于不支持 frame 的浏览器显示此区块内容）	q：短引用
noscript：可选脚本内容（对于不支持 script 的浏览器显示此内容）	s：中划线（不推荐）
ol：有序表单	samp：定义范例计算机代码
p：段落	select：项目选择
pre：格式化文本	small：小字体文本
table：表格	span：常用内联容器，定义文本内区块
ul：无序列表	strike：中划线
	strong：粗体强调
	sub：下标
	sup：上标
	textarea：多行文本输入框
	tt：电传文本
	u：下划线
	var：定义变量

3.1.3 元素的样式设置

如果要使用 div 元素进行网页布局，首先要学会使用 CSS 灵活地控制 div 元素的样式。本节通过几个常用的实例学习 div 元素的多种样式设置，使读者快速理解 div 元素。作为单个 div 元素，width 属性用于设置其宽度，height 属性设置其高度，常以像素（px）作为固定尺寸的单位。在 HTML 元素中设置样式不需要填写单位，默认为像素。

当单位为百分比时，div 元素的宽度和高度为自适应状态，即宽度和高度根据浏览器窗口尺寸而变化。

在前面创建的站点文件夹内创建名为 divset.html 的文件，此文件的代码如下：

```
<!doctype html>
<html>
<head>
<meta charset="utf-8">
<title>设置 div 样式</title>
<style type="text/css">
```

```
#one {
    background-color: #ccc;
    border:1px solid #000;
    width:200px;
    height:100px;
}
#two {
    background-color: #ccc;
    border:1px solid #000;
    width:50%;
    height:25%;
}
</style></head>
<body>
<div id="one">固定 DIV 的宽度和高度</div>
<hr />
<div id="two">自适应 DIV 的宽度和高度</div>
</body>
</html>
```

浏览效果如图 3-3 所示。

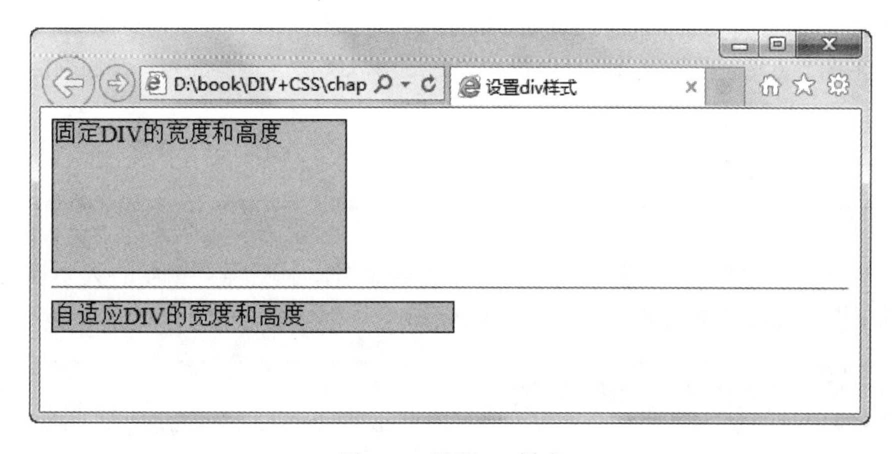

图 3-3　设置 div 样式

实例中第 1 个 div 宽度和高度固定，形成了一个盒子，宽度和高度是不可以改变的。第 2 个 div 由于设置宽度为 50%，其宽度随着浏览器宽度的变化而变化。第 2 个 div 的高度设置为 25%，按理说其高度应该随着浏览器高度的变化而变化，然而在实例中 div 高度仅和文本高度相当，好像高度设置没有起作用。这是因为设置高度自适应有一个前提，即 div 的高度自适应是相对于父容器的高度，实例中 div 父容器为 body 或者 HTML。body 或者 HTML 在本例中没有设置高度，div 的高度自适应没有参照物，因此无法生效。

如果在CSS中设置body和HTML的高度，就可以解决div的高度自适应问题。body和HTML的高度直接设置为100%即可，不会对页面有任何影响。在编码中的CSS部分加入以下代码：

```
HTML,body{height:100%;}
```

为了考虑多种浏览器的兼容性，HTML和body同时设置为 100%宽度。在浏览器中浏览，效果如图3-4所示。

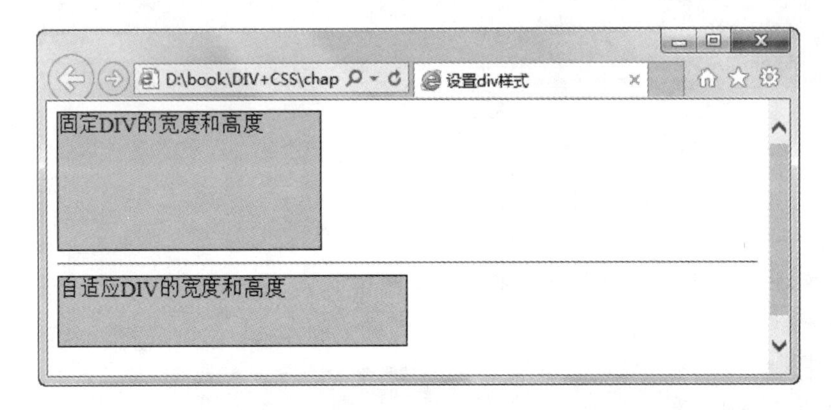

图3-4　设置div标签的高度适应后的效果

在调整浏览器高度之后，第2个div的高度随之变化。各种浏览器对HTML和CSS的解析方式有差异，我们在后面将详细讨论解决办法，以解决浏览器的兼容性问题。

Section 3.2 DIV+CSS基础布局

本节主要介绍使用DIV进行网页布局的基础操作，包括网页宽度的大小设置，网页DIV布局中遇到的一些基础操作，如水平居中、嵌套、浮动等。

3.2.1 网页宽度的设置

由于网页访问者的计算机的显示分辨率各不相同，常见的显示分辨率有（单位为像素）800×600、1024×768、1280×1024等，所以在布局页面时用户要充分考虑页面内容的布局宽度，一旦内容宽度超过了显示宽度，页面将出现水平滚动条。对于页面的高度，尽量保证网页只有垂直滚动条才符合浏览者的习惯，所以对高度不需要考虑，由页面内容决定网页高度。

页面布局宽度一般考虑最小显示分辨率的浏览用户，即过去浏览用户的显示分辨率最小为800×600（15寸CRT显示器），其最小宽度为800像素。浏览器的边框及滚动条部分约占24像素，所以布局宽度为分辨率的水平像素减去24像素。因此，过去网页布局宽度一般为778像素，如果再宽就会使页面产生水平滚动条。由于计算机设备飞速发展，现在使用

800×600 显示分辨率的用户已经很少了，页面布局宽度一般不超过 980～1000 像素（如图 3-5 所示，考虑到最小宽度 1024 像素，即 1024×768 显示分辨率）。

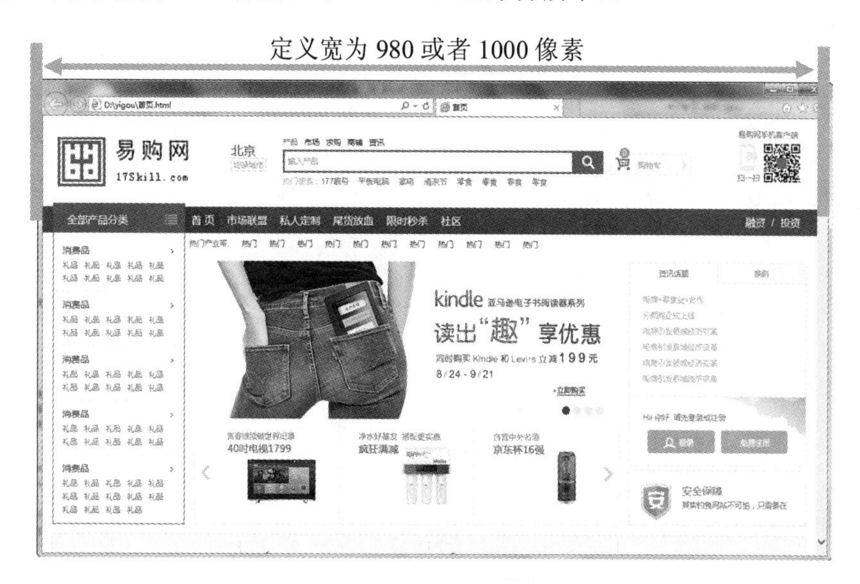

图 3-5　网页的宽度设计

3.2.2 水平居中的设置

在制作网页的时候，通常需要将整个网页的内容在浏览器中居中显示，在使用 HTML 表格布局页面时，只需要设置布局表格的 align 属性为 center 即可。div 居中没有属性可以设置，只能通过 CSS 控制其位置。在布局页面之前，网页设计者一定要把页面的默认边距清除。为方便操作，常用的方法是将所有对象的边距清除，即设置 margin 属性和 padding 属性。margin 属性代表对象的外边距（上、下、左、右），padding 属性代表对象的内边距，也叫填充（上、下、左、右）。margin 属性和 padding 属性类似于表格单元格的 cellspacing 属性和 cellpadding 属性，不过 margin 属性和 padding 属性作用于所有块状元素。

使 div 元素水平居中的方法有多种，常用的方法是用 CSS 设置 div 的左、右边距，即 margin-left 属性和 margin-right 属性。当设置 div 左外边距和右外边距的值为 auto（自动）时，左外边距和右外边距相等，即达到了 div 水平居中的效果。

在站点目录下创建一个标准的 HTML5 文档，命名为 divalign.html，此文件的代码如下：

```
<!doctype html>
<html>
<head>
<meta charset="utf-8">
<title>水平居中</title>
<style type="text/css">
```

```
HTML,body{height:100%;}
*{margin:0px;
 padding:0px;
 }
#web{width:75%;
    height:100%;
   background-color:#ccc;
   border:1px solid #000;
   margin-left:auto;
   margin-right:auto;
   }
</style>
</head>
<body>
   <div id="web">这里是整个网页的内容</div>
</body>
</html>
```

在浏览器中浏览，效果如图 3-6 所示。

图 3-6　设置水平居中的效果

设置外边距的 CSS 代码可以进一步简化，使用 margin 属性，编码方法为：

```
margin:0px auto;
```

说明：

margin 属性值前面的 0 代表上边距和下边距为 0 像素，auto 代表左边距和右边距为 auto，即自动设置。这里 0px 和 auto 之间使用空格符号分隔，不是使用逗号。

3.2.3 div 的嵌套设置

为了实现复杂的布局结构，div 也需要互相嵌套。不过在布局页面时要尽量少嵌套，因为 div 元素多重嵌套将影响浏览器对代码的解析速度。在站点文件夹中创建一个标准的 HTML5 文档，命名为 divindiv.html，此文件的代码如下：

```
<!doctype html>
<html>
<head>
<meta charset="utf-8">
<title>div 嵌套</title>
<style type="text/css">
*{margin:0px;
  padding:0px;
  }
#web{width:778px;
      height:500px;
      background-color:#ccc;
      margin:0px auto;
      }
#banner{width:500px;
      height:250px;
      background-color:#eee;
      border:1px solid #000;
      margin:0px auto;
      }
#foot{width:500px;
        height:250px;
        background-color:#eee;
        border:1px solid #000;
        margin:0px auto;
        }
</style></head>
<body>
<div id="web">
  <div id="banner">banner</div>
  <div id="foot">foot</div>
</div>
</body>
</html>
```

本实例综合了居中的知识，内部的两个 div 水平居中在其父容器（外部 div）中。在浏览器中的浏览，效果如图 3-7 所示。

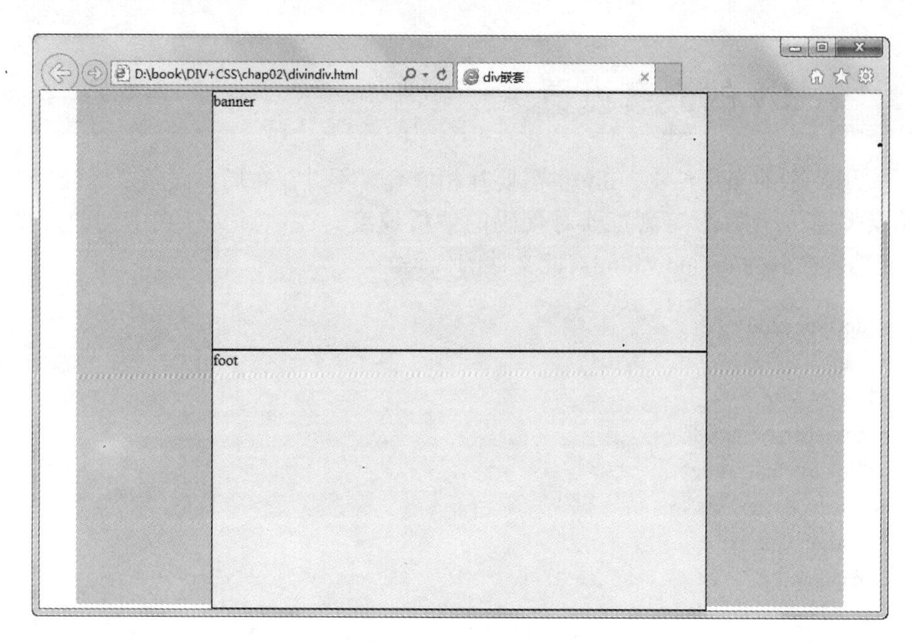

图 3-7 div 嵌套效果

3.2.4 div 的浮动方法

通过 div 布局网页，结果是一个 div 标签占据一行，怎样才能够实现布局中并列的两块区域呢？块状元素有一个很重要的“float”属性，可以使多个块状元素并列于一行。float 属性也被称为浮动属性。在对前面的 div 元素设置浮动属性后，当前面的 div 元素留有足够的空白宽度时，后面的 div 元素将自动浮上来，和前面的 div 元素并列于一行。Float 属性可选的值有 left、right、none 和 inherit。

- 当 float 属性值为 inherit 时，是继承属性，代表继承父容器的属性；
- 当 float 属性值为 none 时，块状元素不会浮动，这也是块状元素的默认值；
- 当 float 属性值为 left 时，块状元素将向左浮动；
- 当 float 属性值为 right 时，块状元素将向右浮动。

在使用的时候要使两个 div 并列于一行的前提是，这一行有足够的宽度容纳两个 div 的宽度。下面以实例的形式来讲解 div 的浮动设置。具体步骤如下：

（1）打开 Dreamweaver CC 2015，建立一个 HTML5 网页文件，命名为 divfloat.html，此文件的代码如下：

```
<!doctype html>
<html>
<head>
<meta charset="utf-8">
<title>设置 div 浮动</title>
<style type="text/css">
*{margin:0px;
```

```
  padding:0px;
  }
#first{width:150px;
      height:100px;
      background-color:#ccc;
      border:1px solid #000;
      float:left;
      }
#second{width:180px;
      height:100px;
      background-color:#eee;
      border:1px solid #000;
     float:left;
     }
</style></head>
<body>
<div id="first">第 1 个 div</div>
<div id="second">第 2 个 div</div>
</body>
</html>
```

（2）实例中设置了两个 div 不同的宽度和背景色，在浏览器中浏览，效果如图 3-8 所示。

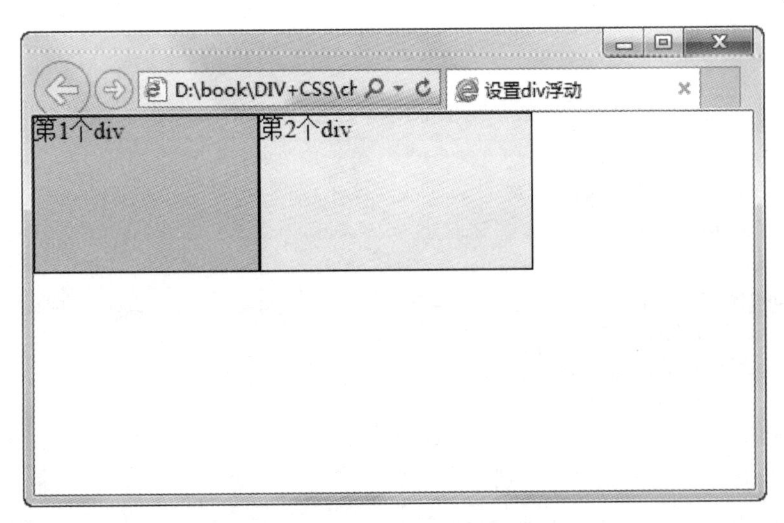

图 3-8 设置 div 左浮动的效果

（3）这里只设置了两个 div 元素向左浮动，第 2 个 div 元素“流”上来了，并紧挨着第 1 个 div 元素。接下来设置第 2 个 div 向右浮动，代码如下：

```
#second{width:180px;
      height:100px;
      background-color:#eee;
      border:1px solid #000;
```

```
float:right
    }
```

（4）在浏览器中浏览，效果如图 3-9 所示。

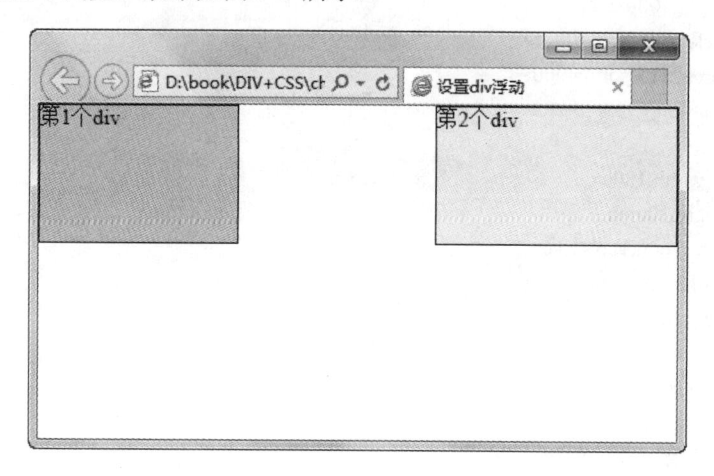

图 3-9　div 左浮动和右浮动

（5）修改后第 2 个 div 紧挨着其父容器（浏览器）的右边框，这两个 div 元素也可以交换位置。即设置 CSS 代码如下：

```
*{margin:0px;
  padding:0px;
  }
#first{width:150px;
       height:100px;
       background-color:#ccc;
       border:1px solid #000;
       float:right;
       }
#second{width:180px;
       height:100px;
       background-color:#eee;
       border:1px solid #000;
 float:left
     }
```

（6）在浏览器中浏览，效果如图 3-10 所示。

浮动属性是 CSS 布局的最佳利器，用户可以通过不同的浮动属性值灵活地定位 div 元素，以达到灵活布局网页的目的。块状元素（包括 div）浮动的范围由其被包含的父容器决定，以上实例 div 元素的父容器就是 body 或 html。

为了更加灵活地定位 div 元素，CSS 提供了 clear 属性。clear 属性的值有 none、left、right 和 both，默认值为 none。当多个块状元素由于第 1 个设置浮动属性而并列时，如果某个元素不需要被“流”上去，可设置相应的 clear 属性。

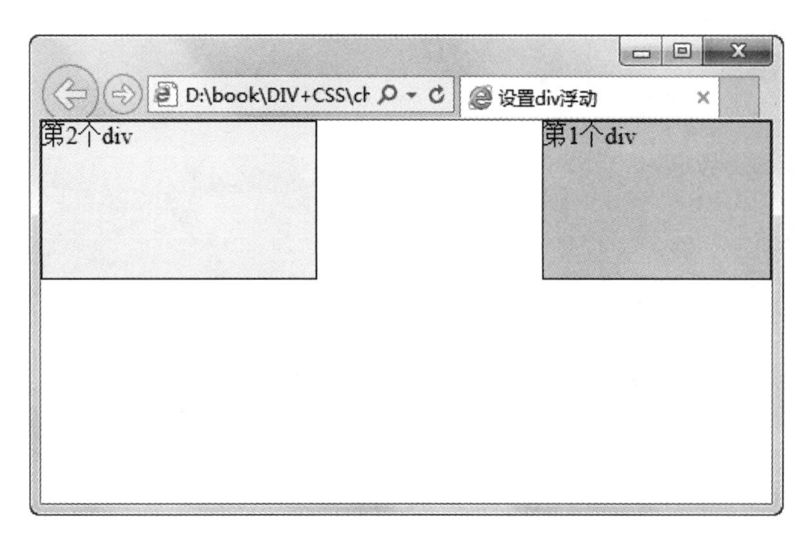

图 3-10　交换 div 浮动方向

（1）在站点文件夹内创建 HTML5 文件，命名为 divclear.html，文件代码如下：

```
<!doctype html>
<html>
<head>
<meta charset="utf-8">
<title>div 的清除属性</title>
<style type="text/css">
*{margin:0px;
  padding:0px;
  }
.web{width:500px;
      height:100px;
      background-color:#ccc;
      margin:0px auto;
      }
.one,.two,#three1,#three2,#three3,#three4{width:150px;
      height:35px;
      background-color:#eee;
      border:1px solid #000;
      }
.one{float:left;}
.two{float:right;}
#three1{clear:none;
float:left;
}
#three2{clear:right;}
#three3{clear:left;}
#three4{clear:both;}
```

```
</style></head>
<body>
<div class="web">
   <div class="one">第 1 个 div</div>
   <div class="two">第 2 个 div</div>
   <div id="three1">第 3 个 div（clear:none;）</div>
</div>
<div class="web">
   <div class="one">第 1 个 div</div>
   <div class="two">第 2 个 div</div>
   <div id="three2">第 3 个 div（clear:right;）</div>
</div>
<div class="web">
   <div class="one">第 1 个 div</div>
     <div id="three3">第 3 个 div（clear:left;）</div>
   <div class="two">第 2 个 div</div>
</div>
<div class="web">
   <div class="one">第 1 个 div</div>
   <div id="three4">第 3 个 div（clear:both;）</div>
   <div class="two">第 2 个 div</div>
</div>
</body>
</html>
```

（2）在 IE 浏览器中浏览，效果如图 3-11 所示。

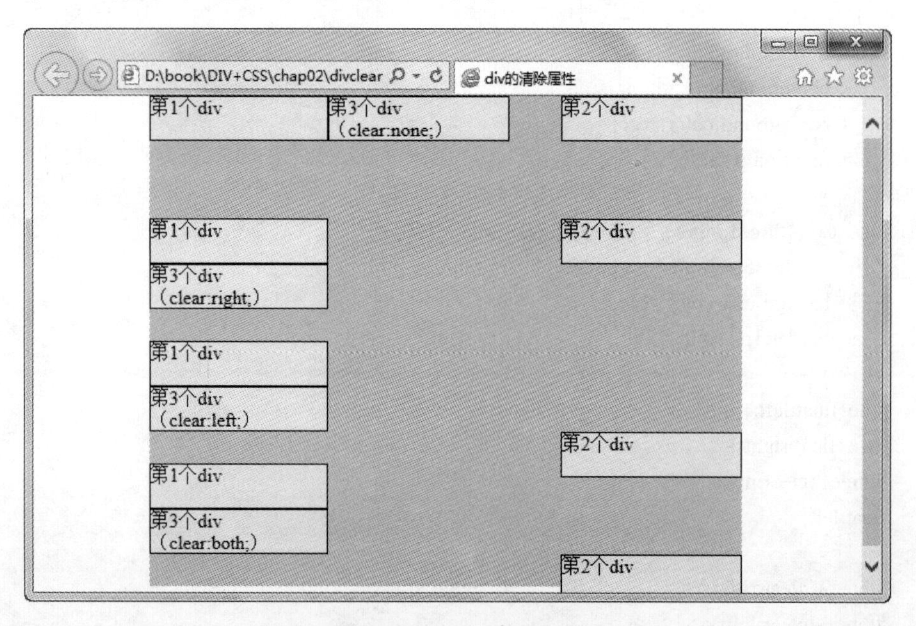

图 3-11　div 清除属性

3.2.5 网页布局的实例

通过前面综合学习布局知识，读者已经掌握了 DIV+CSS 布局的基础知识，本节将制作一个比较典型的网页布局实例，首先分析这个例子中布局的要求。

这个例子要求页面有上下 4 行区域，分别用作广告区、导航区、主体区和版权信息区。主体区又分为左、右两个大区，左区域用于文章列表，右区域用于 8 个主体内容区。看上去布局区域比较多，用表格布局需要很多行代码才能完成，而利用 DIV 和 CSS 可以很好地完成，并且代码比较简洁。

根据实例要求作图，并分析布局的结构，从而方便编写 DIV 布局的结构代码，如图 3-12 所示为网页布局结构分析图，并在每个区域做了 id 命名（#符号开头），以方便 DIV 的编写。

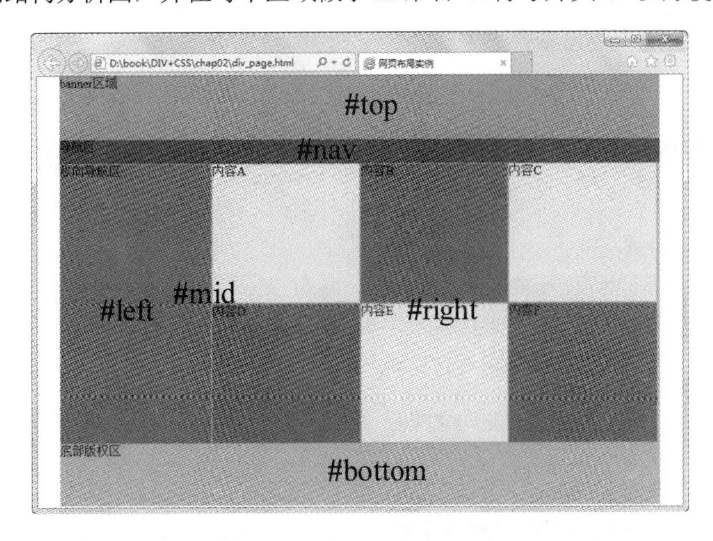

图 3-12 网页布局结构分析

从分析图可以看出整个页面的结构，其中#top 代表广告区、#nav 代表导航区、#mid 代表主体区、#left 代表#mid 所包含的左区域、#right 代表#mid 所包含的右区域、#bottom 代表版权信息区。

#right 区域包含 6 个具体内容区，由于这些内容区的尺寸相同，所以在实例中使用 class 选择符作为统一样式，对这个 6 个区域进行 CSS 样式指定。根据结构分析图可以编写如下的 HTML 部分的结构代码：

```
<div id="top">banner 区域</div>
<div id="nav">导航区</div>
<div id="mid">
  <div id="left">纵向左导航区</div>
  <div id="right">
    <div class="content">内容 A</div>
     <div class="content">内容 B</div>
     <div class="content">内容 C</div>
```

```
        <div class="content">内容 D</div>
        <div class="content">内容 E</div>
        <div class="content">内容 F</div>
    </div>
</div>
<div id="bottom">底部版权区</div>
```

这里，在 6 个具体内容区域用了同一个 class 名称的选择符，用于在 CSS 中指定统一的样式。创建网页文件 HTML5，命名为 div_page.html，此文件的代码如下：

```
<!doctype html>
<html>
<head>
<meta charset="utf-8">
<title>网页布局实例</title>
<style type="text/css">
*{
        margin:0px;
    padding:0px;
 }
#top,#nav,#mid,#bottom{
                width:778px;
            margin:0px auto;}
#top{
              height:80px;
                background-color:#00FF00;}
        #nav{
                height:30px;
                 background-color:#3333FF;}
        #mid{
              height:350px;}
        #left{
               width:194px;
                    height:350px;
                    border:1px solid #999;
                    float:left;
                    background-color:#FF3333;}
        #right{
               height:350px;
                    background-color:#CCCC00;}
        .content{
               width:191px;
                    height:174px;
                    background-color:#FFFF00;
                    border:1px solid #999;
                    float:left;}
        #content2{background-color:#FF00FF;}
```

```
        #bottom{ height:80px;
                background-color:#00FFFF;}
</style>
</head>
<body>
        <div id="top">banner 区域</div>
        <div id="nav">导航区</div>
        <div id="mid">
        <div id="left">纵向导航区</div>
        <div id="right">
          <div class="content">内容 A</div>
          <div class="content" id="content2">内容 B</div>
          <div class="content">内容 C</div>
          <div class="content" id="content2">内容 D</div>
          <div class="content">内容 E</div>
          <div class="content" id="content2">内容 F</div>
          </div>
          </div>
          <div id="bottom">底部版权区</div>
</body>
</html>
```

这里稍微修改了 HTML 部分的代码，选择了 4 个具体内容区域，加上了 id 名称为 content2 的属性，这是为了使这 4 个区域有不同的背景色。在浏览器中浏览，效果如图 3-13 所示。

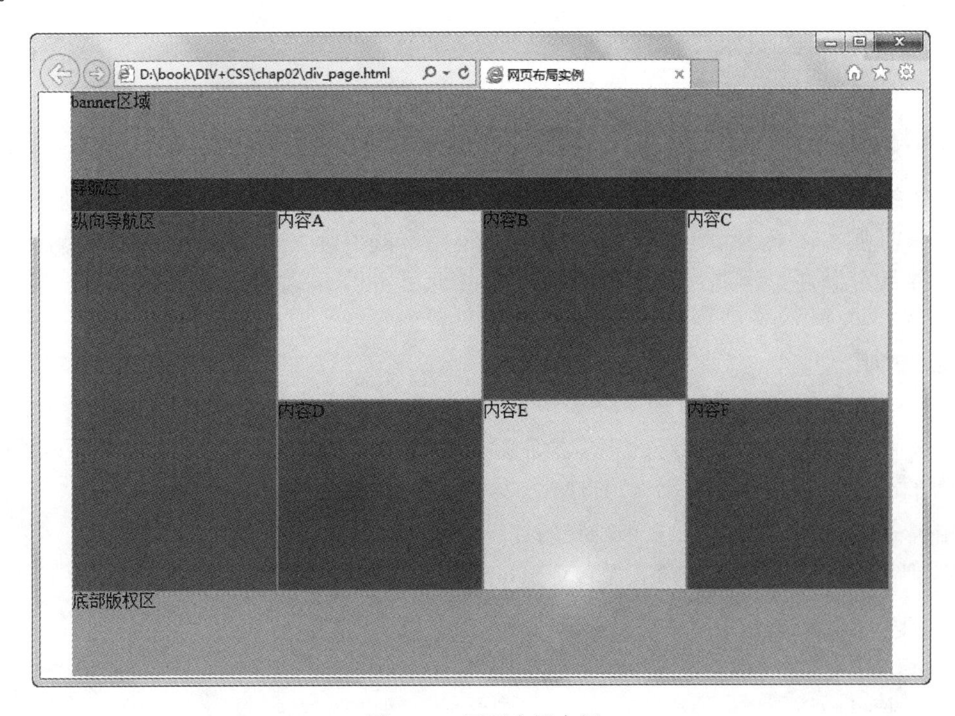

图 3-13 网页布局实例

本例综合了前面的布局知识，例如居中等。不过，由CSS代码可得，主体内容区（id名称为mid）的宽度是778像素、高度是350像素。

主体内容区（id 名称为mid）的宽度与高度为什么会和内含的div宽度有偏差呢？这涉及浏览器解析CSS时对宽度和高度的计算方法，IE7.0浏览器和FireFox浏览器解析div的宽度和高度设置值并不包括边框。由CSS 代码可得，纵向导航区（id名称为left）和具体内容区（class名称为content）的边框为1像素粗。

宽度和高度计算是合理布局页面的重要基础，一旦计算有误将导致页面布局混乱。不同浏览器有不同的计算办法，本书实例使用IE11浏览器，本书后面章节将学习不同浏览器的兼容性解决办法。

注意：

在宽度和高度的计算中，IE6.0 以前版本的浏览器解析div的宽度和高度设置值包括边框，如果读者使用的是IE6.0以前版本的浏览器，请尝试修改宽度值，以达到图3-13所示的效果。

Section 3.3 列表元素布局

在学习DIV+CSS的网页整体结构布局之后，读者还需要掌握列表元素的使用方法。Web标准的HTML的一个很重要的原则就是使用合适的标签组成页面结构。合适的标签指标签有语义，并且条理清晰、可读性好。所以，页面大块区域的布局一般使用div元素，但在某些区域（如导航条）可以考虑使用其他元素，如使用比较广泛的列表元素。

3.3.1 列表元素布局导航

在传统的HTML页面制作中，列表元素的使用并不多，而在CSS的帮助下列表元素变得空前强大，甚至用于小区域布局。列表元素的li是块状元素，所以有宽度和高度设置，并且可以通过浮动属性的设置使多个li元素并排。这种结构非常适合于网页的导航条布局。

特别说明：

在HTML5版本以后新增加了许多标签，和列表元素相关的就有<menu>标签，<menu>可以定义菜单列表，当希望列出表单控件时使用该标签。本书对于HTML5的应用测重于DIV的自定义应用，对于新增加的HTML5标签也不影响使用。

由于在页面布局时列表元素不需要编号，所以列表元素更多地使用ul标签。

创建网页文件HTML5，命名为nav_ul.html，此文件的代码如下：

```
<!doctype html>
<html>
<head>
<meta charset="utf-8">
```

```
<title>导航条制作</title>
<style type="text/css">
*{margin:0px;
  padding:0px;}
#nav{
        width:500px;
    height:20px;
    margin:0px auto;
    background-color:#FF9900;}
li{ width:123px;
   height:20px;
   border:1px solid #0000FF;
   text-align:center;
   float:left;}
</style>
</head>
<body>
        <ul id="nav">
        <li>首页</li>
        <li>新闻</li>
        <li>联系我们</li>
        <li>留言板</li>
        </ul>
</body>
</html>
```

为了更方便地看到导航条的表现，在这里编者给 ul 设置了橘黄色背景，并给 li 设置了蓝色边框，在浏览器中浏览，效果如图 3-14 所示。

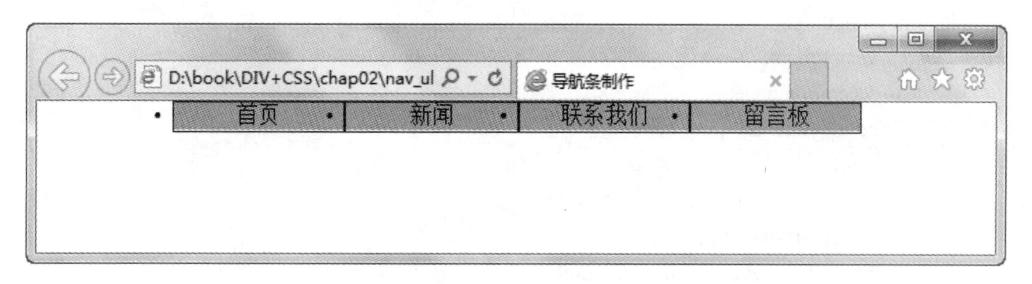

图 3-14　导航条布局

3.3.2 导航条的超链接

在实际操作中，为了增加导航条的互动，列表元素常常配合超链接元素一起使用。超链接有伪类选择符，可以呈现链接文字和用户互动的 4 个状态，即未访问前、鼠标滑过、鼠标单击时和被访问后。其实在 Web 标准中不仅超链接有这些伪类选择符，li 等其他元素同样有:hover 和:active 这两个伪类选择符，只是 IE 浏览器只支持超链接元素的伪类选择符。为了兼容 IE 浏览器，只得配合超链接制作互动导航条。

说明：

FireFox 浏览器比 IE 浏览器更接近 Web 标准的代码解析，所以 FireFox 浏览器支持其他元素的伪类选择符。

虽然超链接元素是内联元素，但在本例中用 CSS 代码将其转换为块状元素，然后设置其宽度和高度。这样就不需要设置 li 元素的样式了，只要设置 li 元素的浮动属性，使 li 元素并列摆放即可。创建网页文件 HTML5，命名为 nav_ul_a.html，此文件的代码如下：

```
<!doctype html>
<html>
<head>
<meta charset="utf-8">
<title>导航条制作</title>
<style type="text/css">
*{margin:0px;
  padding:0px;}
ul{list-style:none;}
#nav{width:500px;
      height:20px;
  margin:0px auto;
  background-color:#FF9900;}
li{float:left;}
li a{display:block;
      width:117px;
  height:20px;
  border:1px solid #0000FF;
  margin-left:5px;
  font-weight:bold;
  text-decoration:none;
      text-align:center; }
   li a:link{
               background-color:#990000;
          color:#9900FF;}
   li a:hover{background-color:#00CC00;
                  color:#FFFF00;}
   li a:active{background-color:#FF0000;}
   li a:visited{background-color:#00FF00;}
</style>
</head>
<body>
          <ul id="nav">
          <li>
             <a href="#" title="这是网站首页">首页</a>
```

```
            </li>
            <li>
                <a href="#" title="这是新闻的链接">新闻</a>
            </li>
            <li>
                <a href="#" title="这是沟通的渠道">联系我们</a>
            </li>
            <li>
                <a href="#" title="这是留言的链接">留言板</a>
            </li>
            </ul>
        </body>
</html>
```

为了更方便地看到导航条的表现，这里给 ul 设置了橘黄色背景色，并给超链接元素设置了蓝色边框。在不同状态下，超链接以及内含文本有不同的颜色。在浏览器中的浏览效果如图 3-15 所示。

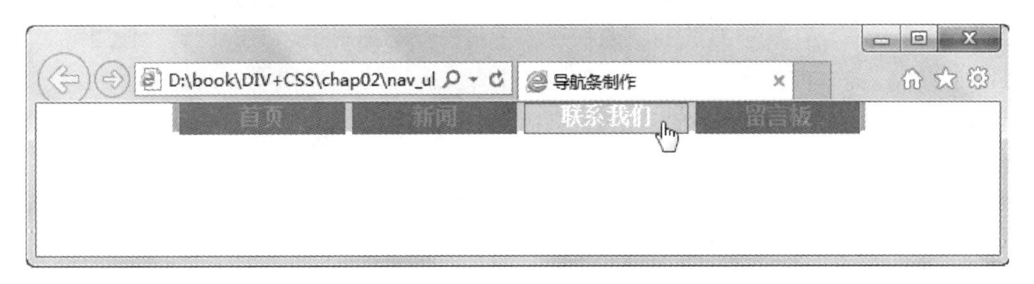

图 3-15　制作互动导航条

3.3.3 导航条的互动设计

读者可能有疑惑，既然超链接转换为块状元素了，为什么 4 个超链接区域块可以并列于一行。虽然超链接块没有设置浮动属性，但其直属的父容器（即 li 元素）设置了浮动属性，所以实际上是 4 个 li 元素并列。通过引入超链接的伪类选择符，导航条有了互动性。根据用户不同的操作，超链接呈现不同的样式，如背景色的改变、文本颜色的改变。为了使超链接的文本更突出，本例使用了 font-weight 属性，设置其值为 bold（即使文本加粗）。通过将 text-decoration 属性设置为 none，去除了超链接默认的下划线。

为了使导航条的各项不至于过于拥挤，本例中使用了 margin-left 属性，即左边距，使每个超链接块都有了 5 像素的左边距。考虑到边距、超链接块的宽度和边框粗细，将 ul 元素的宽度设置为 425 像素，即为图 3-15 中黄色的部分。

注意：

通常网页设计中很少使用 ul 元素的列表符号，所以把 ul 标签选择符的 list-style 属性设置为 none，表示页面中任何 ul 列表结构都没有列表符号。

Section
3.4 元素的非常规定位方式

本章学习了大量的 HTML 元素定位的方法，由于盒模型的限制，导致元素无法在页面中随心所欲地摆放。但是网页内容需要一些能随意摆放的元素，CSS 提供了绝对定位模式和相对定位模式解决，这两种定位模式需要设置 CSS 的 position 属性。

position 的原意为位置、安置、状态。在 CSS 布局中，position 属性非常重要，很多特殊容器定位必须用 position 来完成。Position 属性有 4 个值，分别是 static、absolute、fixed、relative，其中 static 是默认值，代表无定位（一般用于取消特殊定位的继承，恢复默认设置）。

3.4.1 CSS 绝对定位

当容器的 position 属性值为 absolute 时，这个容器即被绝对定位了。绝对定位在几种定位方法中使用最广泛，这种方法能够很精确地将元素移动到用户想要的位置。使用绝对定位的容器前面的或者后面的容器会认为这个层并不存在，即这个容器浮于其他容器上，它是独立出来的，类似于 Photoshop 软件中的图层，所以 position:absolute 将一个元素放到固定的位置非常方便。

当有多个绝对定位容器放在同一个位置时，显示哪个容器的内容呢？类似于 Photoshop 的图层有上下关系，绝对定位的容器也有上下关系，在同一个位置只会显示最上面的容器。在计算机显示中把垂直于显示屏幕平面的方向称为 z 方向，CSS 绝对定位的容器的 z-index 属性对应这个方向，z-index 属性的值越大，容器越靠上。即同一个位置上的两个绝对定位的容器只会显示 z-index 属性值较大的。

注意：

当容器都没有设置 z-index 属性值时，默认靠后的容器的 z 值大于前面的绝对定位的容器。

如果对容器设置了绝对定位，在默认情况下，容器将紧挨着其父容器对象的左边和顶边，即父容器对象的左上角。定位的方法为在 CSS 中设置容器的 top（顶部）、bottom（底部）、left（左边）和 right（右边）的值，这 4 个值的参照对象是浏览器的 4 条边。创建网页文件 HTML5，命名为 pos_ab.html，此文件的代码如下：

```
<!doctype html>
<html>
<head>
<meta charset="utf-8">
<title>CSS 的绝对定位</title>
<style type="text/css">
*{margin: 0px;
  padding:0px;}
```

```
#all{height:500px;
     width:700px;
     margin-left:100px;
     background-color:#FFCC99;}
#box1,#box2,#box3,#box4,#box5{width:200px;
       height:60px;
       border:5px double  #0000FF;
       position:absolute;}
#box1{ top:10px;
       left:90px;
       background-color:#CC9900;}
#box2{ top:20px;
       left:120px;
       background-color:#99CC00;}
#box3{ bottom:150px;
       left:70px;
       background-color:#99CC00;}
#box4{ top:10px;
       right:120px;
       z-index:10;
       background-color:#99CC00;}
#box5{ top:20px;
       right:180px;
       z-index:9;
       background-color:#CC9900;}
#a,#b,#c{width:350px;
         height:100px;
         border:1px solid #CC3300;
         background-color:#9966CC;}
</style></head>
<body>
<div id="all">
   <div id="box1">第 1 个固定的 div 容器</div>
   <div id="box2">第 2 个固定的 div 容器</div>
   <div id="box3">第 3 个固定的 div 容器</div>
   <div id="box4">第 4 个固定的 div 容器</div>
   <div id="box5">第 5 个固定的 div 容器</div>
   <div id="a">第 1 个无定位的 div 容器</div>
   <div id="b">第 2 个无定位的 div 容器</div>
   <div id="c">第 3 个无定位的 div 容器</div>
</div>
</body>
</html>
```

这里给外部 div 设置了#FFCC99 背景色，并给内部无定位的 div 设置了#9966CC 背景色，而给绝对定位的 div 容器分别设置了#CC9900 和#99CC00 背景色，并设置了 double 类型的边框。在浏览器中的浏览效果如图 3-16 所示。

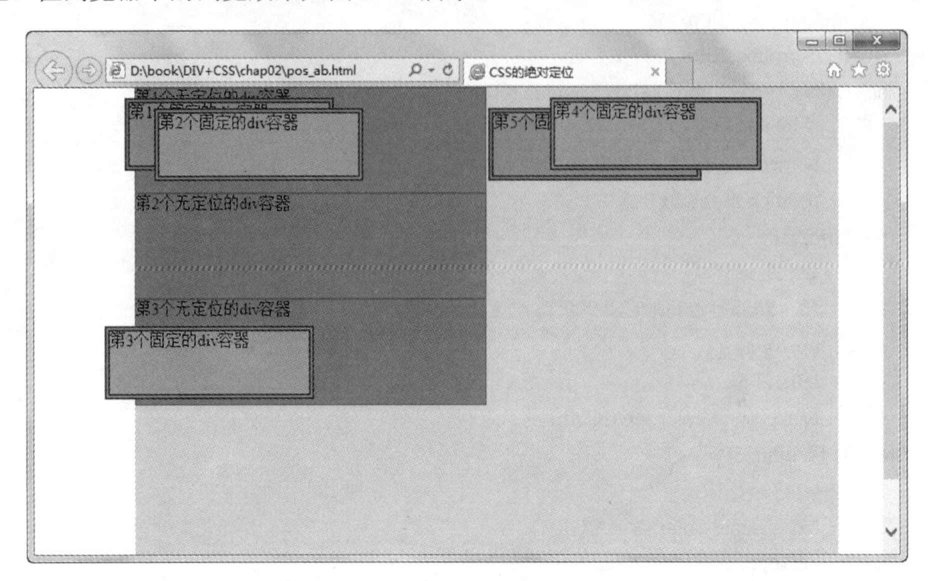

图 3-16　CSS 绝对定位

从本例中可以看到，设置 top、bottom、left 和 right 中的至少一种属性后，5 个绝对定位的 div 容器彻底摆脱了其父容器（id 名称为 all）的束缚，独立地漂浮在上面。而在未设置 z-index 属性值时，第 2 个绝对定位的容器显示在第 1 个绝对定位的容器上方（即后面的容器的 z-index 属性值较大）。相应地，第 5 个绝对定位的容器虽然在第 4 个绝对定位的容器后面，但由于第 4 个绝对定位的容器的 z-index 值为 10，第 5 个绝对定位的容器的 z-index 值为 9，所以第 4 个绝对定位的容器显示在第 5 个绝对定位的容器的上方。

说明：

读者可以随意拖动浏览器的窗口大小，观察绝对定位的 div 容器的位置变化。这里还需要注意在 IE 6.0 和 IE 7.0 中浏览的效果也是不一样的。

3.4.2 CSS 固定定位

当容器的 position 属性值为 fixed 时，这个容器即被固定定位了。固定定位和绝对定位非常类似，不过被定位的容器不会随着滚动条的拖动而变化位置。在视野中，固定定位的容器的位置是不会改变的。创建网页文件，命名为 pos_fix.html，此文件的代码如下：

```
<!doctype html>
<html>
<head>
<meta charset="utf-8">
<title>CSS 固定定位</title>
<style type="text/css">
*{margin:0px;
```

```
  padding:0px;}
#all{width:500px;
      height:900px;
      background-color:#FF9900;}
#fixed{width:110px;
        height:90px;
        border:16px outset #993300;
        background-color:#00FF00;
        position:absolute;
        top:30px;
        left:20px;}
#a{width:250px;
    height:350px;
    margin-left:30px;
    background-color:#0099FF;
    border:2px outset #000;}
</style></head>
<body>
<div id="all">
    <div id="fixed">固定的容器</div>
    <div id="a">无定位的 div 容器</div>
</div>
</body>
</html>
```

这里给外部 div 设置了#FF9900 背景色，并给内部无定位的 div 设置了#0099FF 背景色，而给固定定位的 div 容器设置了#00FF00 背景色，并设置了 outset 类型的边框。在浏览器中的浏览效果如图 3-17 所示。

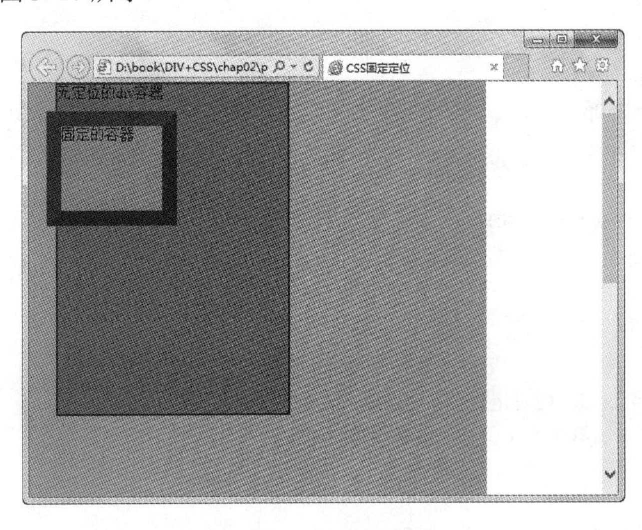

图 3-17　CSS 固定定位

读者可以尝试拖动浏览器的垂直滚动条，固定容器不会有任何位置改变。不过 IE6.0 以下版本的浏览器不支持 fixed 值的 position 属性，所以网上类似的效果都是采用 JavaScript 脚本编程完成的。

3.4.3 CSS 相对定位

当容器的 position 属性值为 relative 时，这个容器即被相对定位了。相对定位和其他定位相似，也是独立出来浮在上面。不过相对定位的容器的 top（顶部）、bottom（底部）、left（左边）和 right（右边）属性的参照对象是其父容器的 4 条边，而不是浏览器窗口，并且相对定位的容器浮上来后，其所占的位置仍然留有空位，后面的无定位容器仍然不会“挤”上来。创建网页文件，命名为 pos_rel.html，此文件的代码如下：

```
<!doctype html>
<html>
<head>
<meta charset="utf-8">
<style type="text/css">
*{margin: 0px;
  padding:0px;}
#all{width:500px;
       height:500px;
       background-color:#FF9900;}
#fixed{width:130px;
         height:90px;
         border:15px ridge #0000FF;
         background-color:#99FF00;
         position:relative;
         top:15px;
         left:15px;}
#a,#b{width:250px;
    height:150px;
    background-color:#FFCCFF;
    border:2px outset #000;}
</style></head>
<body>
<div id="all">
   <div id="a">第 1 个无定位的 div 容器</div>
   <div id="fixed">相对定位的容器</div>
   <div id="b">第 2 个无定位的 div 容器</div>
</div>
</body>
</html>
```

这里给外部 div 设置了#FF9900 背景色，并给内部无定位的 div 设置了#FFCCFF 背景色，而给相对定位的 div 容器设置了#99FF00 背景色，并设置了 inset 类型的边框。在浏览器中的浏览效果如图 3-18 所示。

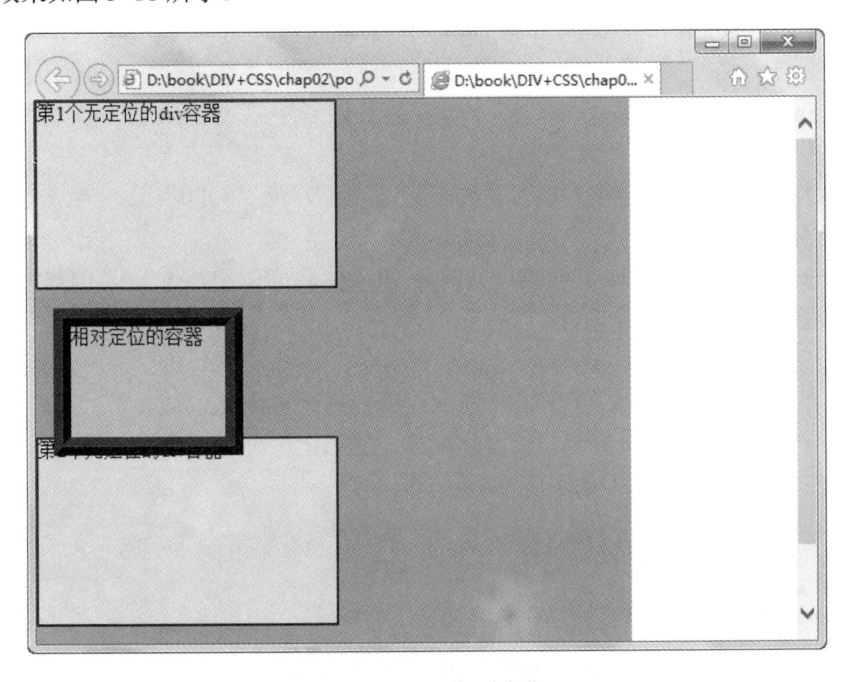

图 3-18 CSS 相对定位

相对定位的容器其实并未完全独立，浮动范围仍然在父容器内，并且其所占的空白位置仍然有效地存在于前、后两个容器之间。

3.4.4 CSS 程序的简化

虽然 CSS 文件或者嵌入的 CSS 都是纯文本文件，对其进行整理和缩写对于减少代码有很大的帮助，当 CSS 定义的代码量比较多时，更加突显了整理及缩写的重要性。

本节将介绍 CSS 程序简化的注意事项，对于具体缩写方法将结合后面的实例详细讲解。

1. 缩写属性

使用 Dreamweaver 定义 CSS 虽然很方便，但是程序生成的代码比较啰嗦，根据 div 的 CSS 规则定义的方框属性中定义的填充（padding）属性，系统会自动将上、下、左、右 4 个属性分开定义，而实际情况可以缩写在同一行内。

类似的情况还有背景（background）、字体（font）、边框（border）、列表（list-style）、填充（padding）、边界（margin）等属性。

（1）上右下左

填充、边框和边界都有 4 个边，可以合并成一行，按照“上右下左”（顺时针）的顺序来定义，中间以空格来分隔，例如“margin:5px 10px 15px 20px;”。

如果“上≠下”，但是“左=右”，可以简写成 3 个值（上、左右、下），例如

“margin:5px 10px 15px;”，等同于“margin:5px 10px 15px 10px;”。

如果“上=下”且“左=右”，可以简写成两个值（上下、左右），例如“margin:10px 20px;”，等同于“margin:10px 20px 10px 20px;”。

如果上、下、左、右都相等，就可以合并成一个值，例如“margin:5px;”，等同于“margin:5px 5px 5px 5px;”。

（2）缩写颜色

类似于“#00FF00”，这样两位重复的颜色值可以缩写为“#0F0”。

（3）压缩属性

有些关于属性的定义可以压缩到一行中，各属性之间以空格分隔，例如“font”的大小、颜色、粗细等。

2．利用通配符

在CSS的最开始部分定义通用CSS规则，通用规则对所有的选择符号都起作用，这样就可以统一声明绝大部分的标签都会涉及的属性，例如边框、边界和填充等。

用通配符“*”进行声明，如下所示：

```
*{
 margin:0;
 padding:0;
 }
```

此时，所有的元素的边界和填充都为0。在其后可以再进行其他的规则声明，后面声明的规则会替换掉前面的通配属性定义。这是为了避免一些未声明的元素，因为浏览器默认样式而造成的错位情况。

3．继承

子元素自动继承父元素的属性值，例如字体、颜色等，所以对于可以继承的CSS规则不需要重复定义。

4．组合

某些有相同属性的选择符可以统一定义。有相同属性的选择符中间以逗号“,”分隔，例如“body,#main,table{border:0;}”，等同于分别定义这3个选择符的边框为0。

5．0px与0

无论用什么单位，0就是0，因此0px=0in=0px=0。

在后面的章节中将以实例的形式详细介绍CSS缩写的方法。到这里，我们已经简单地介绍完了DIV+CSS的网页布局，相信读者已经掌握了DIV+CSS大体的布局方法，以及列表的布局元素和元素的概念等，在后面的章节中我们将学习如何应用CSS实现网页的布局设计。

第4章 JavaScript编程应用基础

JavaScript 是一种应用于网页中的直译式脚本语言，是一种动态类型、弱类型、基于原型的语言，内置支持类型。它的解释器被称为 JavaScript 引擎，为浏览器的一部分，广泛用于客户端的脚本语言。JavaScript 最早在 HTML 网页上使用，用来给 HTML 网页增加动态功能，最常见的应用就是表单的验证、Banner 图片轮播等设置。本章学习网页交互实现语言 JavaScript 应用的基础知识。

从入门到精通

本章学习重点：

- 掌握嵌入网页的动画技术
- JavaScript 的特点
- 在网页中嵌入 JavaScript 的方法
- 使用 DIV+CSS 布局网页
- 使用 JavaScript 实现图片轮播的技术

Section 4.1 成功网站的特点和嵌入网页的动画技术

网站的建设技术（从传统的文字网页，文字图片混排网页，以及包含数据库的动态网页，到如今包含文字、图片、声音、多媒体动画、数据库的完全复合型的网站）经历了一个不断磨合、丰富、实用的过程。下面讲解网页动画在网站建设中的重要性。

4.1.1 成功网站所具备的特点

目前，网站已经成为互联网最重要的组成部分，是企业或者个人通往成功的关键。因此，创建网站不仅是网络行销的基础，更是每一个参与网络行销活动的企业或个人的第一步，也是极为重要的一步。图 4-1 所示为成功的网站应该具备的特点。

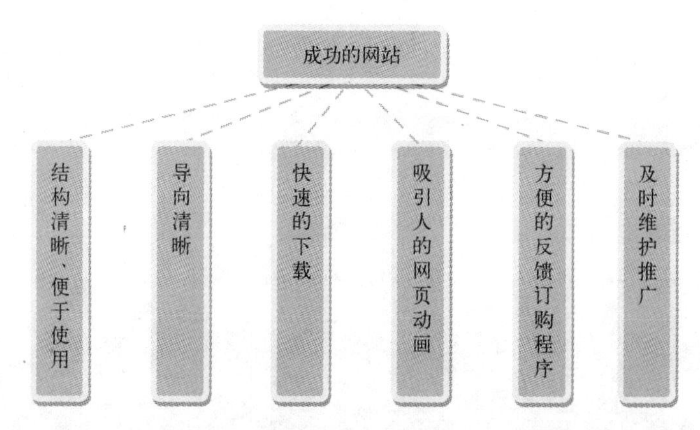

图 4-1　成功网站应具备的特点

第一，结构清晰、便于使用。

如果人们看不明白或很难看明白你的网站结构，那怎么会吸引住别人的眼球呢？所以一个成功的网站必须拥有一个清晰而且便于使用的结构，这样才能吸引更多的用户来访问。

第二，导向清晰。

使用超文本链接或图片链接，使人们能够在你的网站上自由前进或后退，而不要让用户使用浏览器上的前进或后退按钮，这样就会让用户感觉到方便、快捷。另外，还要记住在所有的图片上使用“alt”标识符注明图片名称或解释，以便那些不愿意自动加载图片的用户能够了解图片的含义。

第三，快速的下载。

并不是每个上网用户使用的都是宽带业务，大多数浏览者不会进入一个需要等待 5 分钟下载时间才能进入的网站。请记住在互联网上 30 秒的等待时间与我们平常生活中 10 分钟的等待时间给人的感觉是相同的，因此要尽量避免使用过多的图片以及体积过大的图片和动画。

第四，吸引人的网页动画。

许多网站的设计者使用了动态 GIF 图片和 Flash 动画，以使网站上的图片或文字产生动态效果。这虽然增加了一定的网页下载时间，但它会吸引用户对网站其他信息的注意。由于在互联网上的浏览者大多数是一些寻找信息的人，而整个 Web 所提供的信息量可以用海量来形容。在条件允许的情况下，加入网页动画是获得高访问量的一个必杀技。

第五，方便的反馈订购程序。

这是一个通常被网站设计者忽略的问题。让客户明确你所能提供的产品或服务，并让他们非常方便、快捷地订购，是你获得成功的重要因素。如果客户在你的网站上产生了购买产品或服务的欲望，你必须能够让他们尽快地实现。

第六，及时维护推广。

一个成功的网站除了新颖的产品、随时更新的新闻、良好的售后服务等因素之外，宣传与推广也是极其重要的。简单地说，网站如果不宣传，那么它就像是一个孤立的小岛，永远无人问津。不论你的结构多么清晰，内容有多好，东西有多便宜，都很难让更多的客户知道。所以要想成功就必须大力宣传自己的网站。

4.1.2 嵌入网页的动画技术

目前在 Internet 网上创建网站的技术语言有很多种，能支持网页动画的主流技术就是嵌入技术。所谓嵌入技术是指使用第三方软件或者其他的编程方法，在 HTML 标准语言中插入不同的编程对象，从而达到在 IE 浏览器中实现动画的效果。当然，让网页动起来的方法有很多种，下面介绍几种常见的嵌入技术。

1. GIF 图片动画

GIF（Graphics Interchange Format）是一种图片格式，它的原意是“图像互换格式”，它是 CompuServe 公司在 1987 年开发的图像文件格式。GIF 文件的数据是一种基于 LZW 算法的连续色调的无损压缩格式，其压缩率一般在 50%左右，它不属于任何应用程序。目前几乎所有相关软件都支持它，公共领域中有大量的软件在使用 GIF 图像文件。GIF 图像文件的数据是经过压缩的，而且采用了可变长度等压缩算法。所以 GIF 的图像深度从 lbit 到 8bit，GIF 最多支持 256 种色彩的图像。GIF 格式的另一个特点是其在一个 GIF 文件中可以存多幅彩色图像，如果把存于一个文件中的多幅图像数据逐幅读出并显示到屏幕上，就可以构成一种最简单的动画。图 4-2 所示为一个简单的打斗动作，从小狗跳起到打完狼 1 秒钟的 GIF 动画就需要 8 张不同的图片。

GIF 分为静态 GIF 和动画 GIF 两种，支持透明背景图像，适用于多种操作系统，体积很小，网上很多小动画都是 GIF 格式。其实 GIF 是将多幅图像保存为一个图像文件，从而形成动画，所以归根到底 GIF 仍然是图片文件格式。GIF 图片动画在网站中的应用也是比较多的，由于它的体积较小，一些比较简单的形象动画（例如网站变化的 Logo）经常使用 GIF 动画制作。

图 4-2　GIF 动画动作分解

2．CSS 样式动画

CSS 样式表中涉及到动画的部分，主要是指鼠标触发动画功能，包括链接的变化动画、鼠标显示替换动画等。这类小动画在网页设计中的应用非常多，可以这么认为，使用标准的 DIV+CSS 布局网页 CSS 样式动画是一定要用的。由于本节的具体知识已在第 1 章和第 2 章中详细介绍，这里不做具体阐述。

3．JavaScript 特效动画

为了获得交互功能，网页设计者开始在网页中加入 JavaScript、VBScript 这样的脚本语言以及 Java 小程序来接受用户的信息，并给出具体响应。比如，当用户把鼠标指针拖到一个地方时，网页中将给出友好的动画文本提示。这种效果令人兴奋，它大大区别于以前的网页，具有了人性化的交互功能。但是，组织制作这么一个 Web 页是十分困难的，设计者必须掌握 Java、JavaScript 这样的编程语言，这种要求使得许多 Web 动画设计者望而却步。即使能够熟练地使用这些语言，为了获得类似的效果，需要耗费大量的时间和精力，从而使 Web 网页的制作周期大大加长。解决的方案一般是从网上查找相应的 JavaScript 脚本，直接引用嵌入使用的比较多。这里我们简单介绍一下 JavaScript 的基础知识。

下面是一些较常用的简单功能，用于实现动态效果和交互。

1）当文档被加载到客户端执行的，文档中的脚本可以动态计算，从而可以动态地修改文档的内容。

2）脚本可以用来获取表单控件中的输入数据。一般情况下，开发人员会使用这一功能来验证用户输入数据的有效性，例如一个密码至少需要 6 位长度，而且使用脚本来检测用户输入是否符合这一要求。

3）脚本可以响应某些事件，这些事件包括加载、卸载、处理焦点、移动鼠标等。

4）脚本可以和表单控件关联到一起，从而可以创建图形用户界面元素。

4．Flash 动画

在现阶段的网站建设中，Flash 的应用已经非常广泛，甚至整个网站使用 Flash 开发也已成为主要的发展方向，例如图 4-3 所示为应用 Flash 开发和维护的某品牌网站的效果它具有美观、动感十足的特点。

图 4-3　使用 Flash 技术开发的网站效果

Flash 是美国 Macromedia 公司于 1999 年 6 月推出的优秀的网络动画设计软件。它是一种交互式动画设计工具，使用它可以将音乐、音效、图像、图形、动画及视频有机结合，制作出扩展名为.swf 的文件，实现高品质的动态效果。众所周知，HTML 语言的功能十分有限，无法达到人们的预期设计，以实现令人耳目一新的动态效果。在这种情况下，各种脚本语言应运而生，使得网页设计更加多样化。然而，程序设计总是不能很好地普及，因为它要求设计人员具有一定的编程能力，人们更需要一种既简单直观又功能强大的动画设计工具，Flash 的出现正好满足了这种需求。Flash 具有很强的交互性，用 Flash 制作的动画既可以嵌入到网页中，也可以作为独立的网页，同时还可以用 Flash 实现其他多媒体应用。

Flash 作为一款优秀的网络动画设计软件，其拥有许多与众不同的特点，也正是因为这些特点才使得它一直备受人们青睐。Flash 软件具有以下优点：

1）采用矢量图和流式播放技术。与位图不同的是，矢量图可以任意缩放尺寸而不影响图形的质量；流式播放技术使得动画可以边播放边下载，从而缓解了网页浏览者焦急等待的情绪。

2）使用关键帧和元件使得所生成的动画文件（SWF 格式）非常小，通常几 KB 大小的动画文件已经可以实现许多令人眼花缭乱的动画效果。将这样的动画文件用在网页设计上不仅可以使网页更加丰富多彩，而且小巧玲珑便于下载，使得动画可以在打开网页时在很短的时间内得以播放。

3）将音乐、动画、音效等多种交互方式有机结合，使得越来越多的用户把 Flash 作为网页动画设计的首选工具，创作出了许多令人叹为观止的动画效果。而且从 Flash 4.0 版本就已经开始支持 MP3 的音乐格式，这使得加入音乐的动画文件也能保持较小的体积。

4）强大的动画编辑功能，使得设计者可以随心所欲地设计出高品质的动画，通过 ActionScript 可以实现很强的交互性，使 Flash 具有更大的设计自由度。另外，Flash 与当今最流行的网页设计工具 Dreamweaver 完美结合，Flash 动画可以直接嵌入到网页的任意位置，非常方便。

那么当前 Flash 在网页中应用最多的地方是在哪些方面呢？我们可以归纳为以下几个核心功能的应用：

1）Flash 引导页的动画开发；

2）Flash 特效菜单（导航）的制作；

3）Flash 广告（Banner）的应用；

4）局部内容特殊效果的动画制作。

如果想开发出完全动感的网页动画，大量使用 Flash 确实是一个非常不错的选择。

Section 4.2 JavaScript 应用基础

JavaScript 是一种解释性的、基于对象（Object）的脚本语言。使用它可以开发 Internet 客户端的应用程序，JavaScript 主要是基于客户端运行的，用户单击带有 JavaScript 的网页，网页里的 JavaScript 就传到浏览器，再由浏览器对此作处理。JavaScript 就是为了适应动态网页制作的需要而诞生的一种新的编程语言。它的出现使得网页和用户之间实现了一种实时性的、动态的、交互性的关系，使网页包含更多活跃的元素和更加精彩的内容。

使用它的目的是与 HTML 超文本标记语言、Java 脚本语言（Java 小程序）一起实现在一个 Web 页面中链接多个对象，与 Web 客户交互作用，从而可以开发客户端的应用程序等。它是通过嵌入或调入标准的 HTML 语言中实现的，它的出现弥补了 HTML 语言的缺陷，是 Java 与 HTML 折中的选择。

4.2.1 JavaScript 的特点

JavaScript 的主要特点如下：

1. 它是一种脚本编写语言

JavaScript 是一种脚本语言，它采用小程序段的方式实现编程。和其他脚本语言一样，

JavaScript 同样是一种解释性语言，它提供了一个简易的开发过程。它的基本结构形式与C、C++、VB、Delphi 十分类似。但它不像这些语言需要先编译，而是在程序运行过程中被逐行解释。它与 HTML 标识结合在一起，从而方便用户的使用操作。

2. 基于对象的语言

JavaScript 是一种基于对象的语言，同时也可以看作是一种面向对象的语言，这意味着它能运用自己已经创建的对象。因此，许多功能可以来自于脚本环境中对象的方法与脚本的相互作用。

3. 简单性

JavaScript 的简单性主要体现在它是一种基于 Java 基本语句以及控制流之上的简单而紧凑的设计，从而对学习 Java 是一种非常好的过渡，其次它的变量类型是采用弱类型，并未使用严格的数据类型。

4. 安全性

JavaScript 是一种安全性语言，它不允许访问本地的硬盘，并不能将数据存入到服务器上，不允许对网络文档进行修改和删除，只能通过浏览器实现信息浏览或动态交互，从而有效地防止数据的丢失。

5. 动态性

JavaScript 是动态的，它可以直接对用户或客户的输入做出响应，无须经过 Web 服务程序。它对用户反映的响应是以事件驱动的方式进行的。所谓事件驱动是指在主页中执行了某种操作所产生的动作，称为“事件”。例如按下鼠标、移动窗口、选择菜单等都可以视为事件。当事件发生后可能会引起相应的事件响应。

6. 跨平台性

JavaScript 依赖于浏览器本身，与操作环境无关，只要是能运行浏览器的计算机，并支持 JavaScript 的浏览器都可以正确执行。

综上所述，JavaScript 是一种新的描述语言，它可以被嵌入到 HTML 的文件之中。JavaScript 语言可以做到回应使用者的需求事件，而不用任何的网络来回传输资料，所以当一位使用者输入一项资料时，它不用经过传给服务器处理再传回来的过程，而直接可以被客户端的应用程序所处理。

4.2.2 在网页中嵌入 JavaScript

JavaScript 可以出现在 HTML 的任意地方，在<html>之前插入也不成问题，它使用标记<script>…</script>进行声明，不过要在声明的框架网页中插入就一定要在<frameset>标记之前插入，否则不运行。

下面通过一个例子编写第 1 个 JavaScript 程序，通过它可以说明 JavaScript 的脚本是怎样被嵌入到 HTML 文档中的。创建网页 XHTML1.0 文件，命名为 javascript.html，此文件的代码如下：

```
<!DOCTYPE html PUBLIC "-//W3C//DTD XHTML 1.0 Transitional//EN" "http://www.w3.org/TR/xhtml1/DTD/xhtml1-transitional.dtd">
<html xmlns="http://www.w3.org/1999/xhtml">
```

```
<head>
<script language ="javascript">
<!--从这里开始输入需要编写的 JavaScript 代码-->
alert("这是第一个 JavaScript 例子!");
alert("欢迎你进入 JavaScript 世界!");
alert("今后我们将共同学习 JavaScript 知识！");
</script>
<meta http-equiv="Content-Type" content="text/html; charset=utf-8" />
<title>javascript</title>
</head>
<body>
</body>
</html>
```

在 IE 浏览器中运行后的结果如图 4-4 所示。

图 4-4　程序运行的结果

说明：

此处制作的实例是 HTML 文档，其标识格式为标准的 HTML 格式。同 HTML 标识语言一样，JavaScript 程序代码是一些可用文字处理软件浏览的文本，它在描述页面的 HTML 相关区域出现。JavaScript 代码由<script language ="javascript">...</script>说明。在标识<script language ="javascript">...</script>之间可以加入 JavaScript 脚本。

alert()是 JavaScript 的窗口对象方法，其功能是弹出一个具有“确定”的对话框并显示()中的字符串。通过<!--...//-->标识说明：若不认识 JavaScript 代码的浏览器，则所有在其中的标识均被忽略；若认识，则执行其结果。使用注释是一个好的编程习惯，它会使其他人可以读懂你的编程内容。JavaScript 以</script>标签结束。

从上面的实例分析中可以看出，编写一个 JavaScript 程序的确是非常容易的。

Section 4.3 JavaScript 的图片轮播应用

本节主要介绍一个家具品牌企业网站的前端布局，该实例中使用了两个动画技术来突出网站的特点，一个是使用 Flash 制作了滑动导航菜单，另一个是使用 JavaScript 制作了网页中宠物狗的轮播切换动画，重点介绍 JavaScript 的图片轮播应用。

家具网站包含的栏目可以根据所经营网站的主要项目（如实例中的“三维展厅”、“家私导购”、“最新动态”等品牌）策划一、二级栏目。具体规划效果如图 4-5 所示。

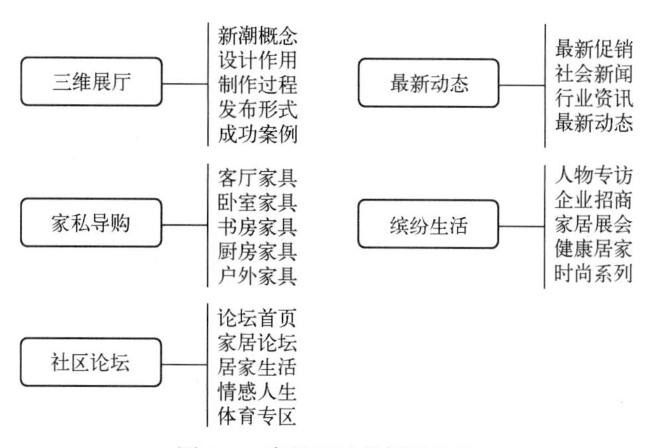

图 4-5　家具网站的栏目设计

4.3.1 设计首页的版面

由策划的栏目出发，经过初步网页的布局创意后设计的布局草样效果如图 4-6 所示。

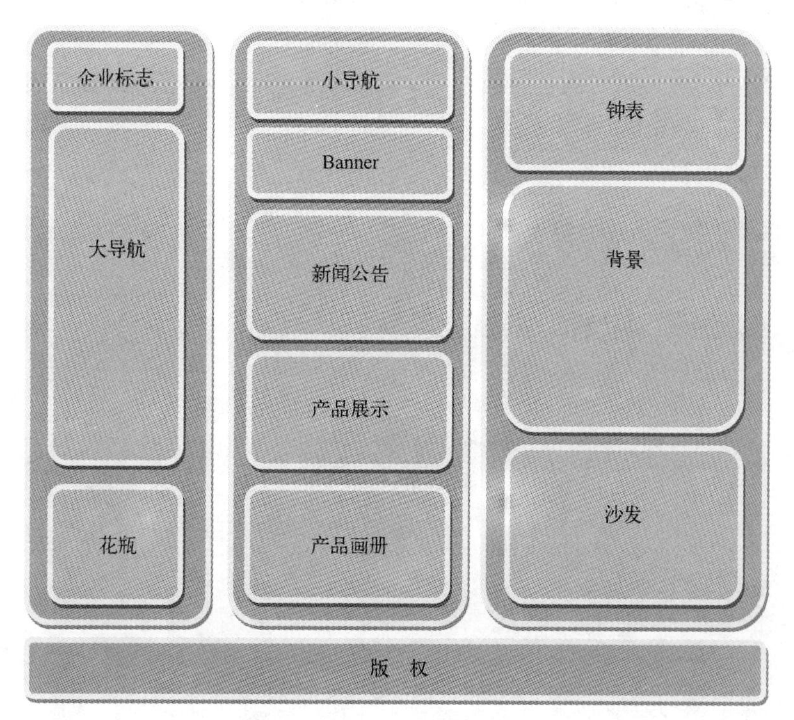

图 4-6　初布设计的网站草图

在实例的首页中使用带有花纹墙壁的形式作为背景，并使用了一些很鲜明的家具摆设作为辅助，整个首页体现出网站经营者的职业特征、审美趣味和文化素养。该网页使用的配色方案是浅色系列，是一个成功的配色方案。图 4-7 所示为所涉及的首页效果。

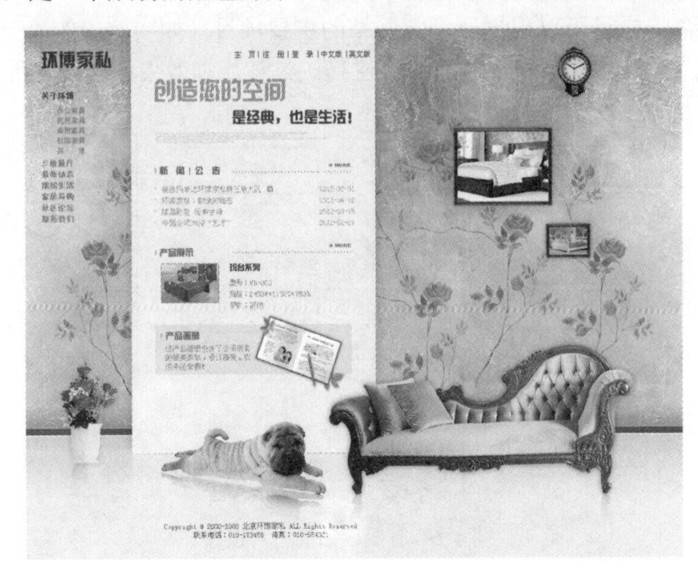

图 4-7　设计的首页效果

设计分析：

网站的主色为淡黄色（色值为#f7f2eb），使用浅灰色（色值为#efece8）和灰蓝色（色值为＃486671）为辅色，配色采集如图 4-8 所示。读者在设计时可以作为参考。

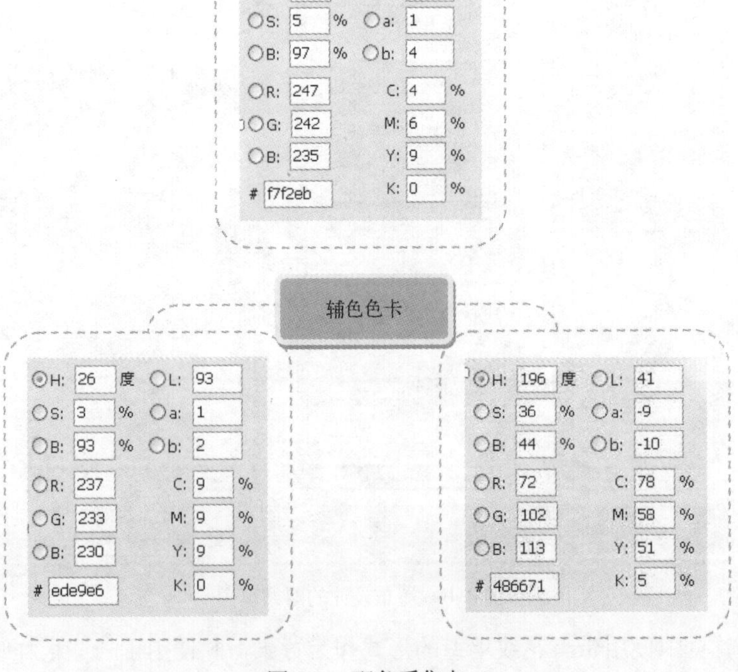

图 4-8　配色采集卡

配色说明：

本例中的主页色彩处理得非常好，可以锦上添花，达到事半功倍的效果。黄色是健康的、阳光的色彩，具有活泼与轻快的特点，给人十分向上的感觉，象征光明、希望、高贵、愉快。浅黄色的光较弱，但和其他颜色配合反而显得很活泼，具有浪漫、温馨的特点。

4.3.2 创建和编辑站点

在使用 Dreamweaver CC 2015 进行网页布局设计时，首先需要用定义站点向导定义站点。操作步骤如下：

1）打开 Dreamweaver CC 2015，选择菜单栏中的“站点”→“管理站点”命令，弹出“管理站点”对话框。

2）该对话框的上边是站点列表框，显示了所有已经定义的站点。单击下边的“新建站点”按钮，打开“站点设置对象”对话框，进行以下参数设置。

- “站点名称”：jsdiv。
- “本地站点文件夹”：D:\book\DIV+CSS\chap04\。

如图 4-9 所示。

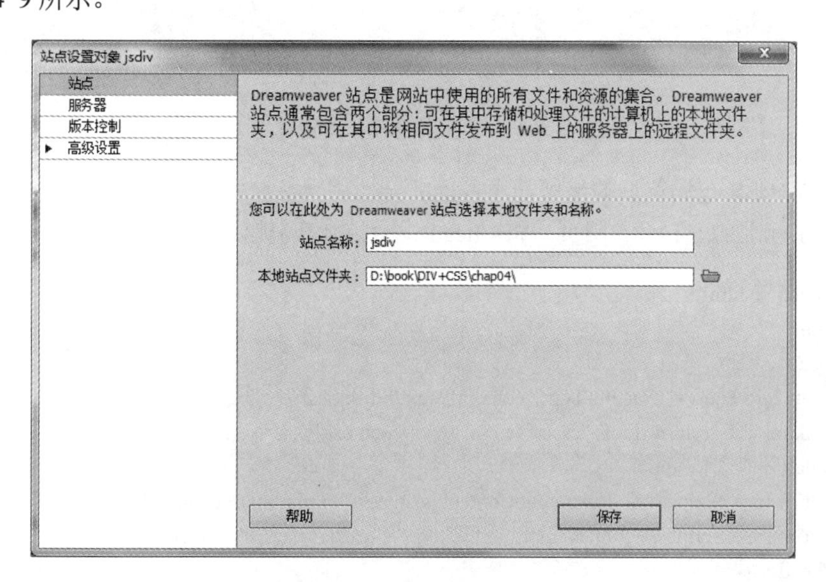

图 4-9 建立 jsdiv 站点

3）单击“保存”按钮，返回“服务器”设置对话框，然后选择“测试”复选框，单击“保存”按钮，完成站点的定义设置。在 Dreamweaver CC 2015 中已经拥有了刚才设置的站点 jsdiv。

4.3.3 使用 DIV+CSS 布局网页

整体页面的布局规划设计如图 4-10 所示。

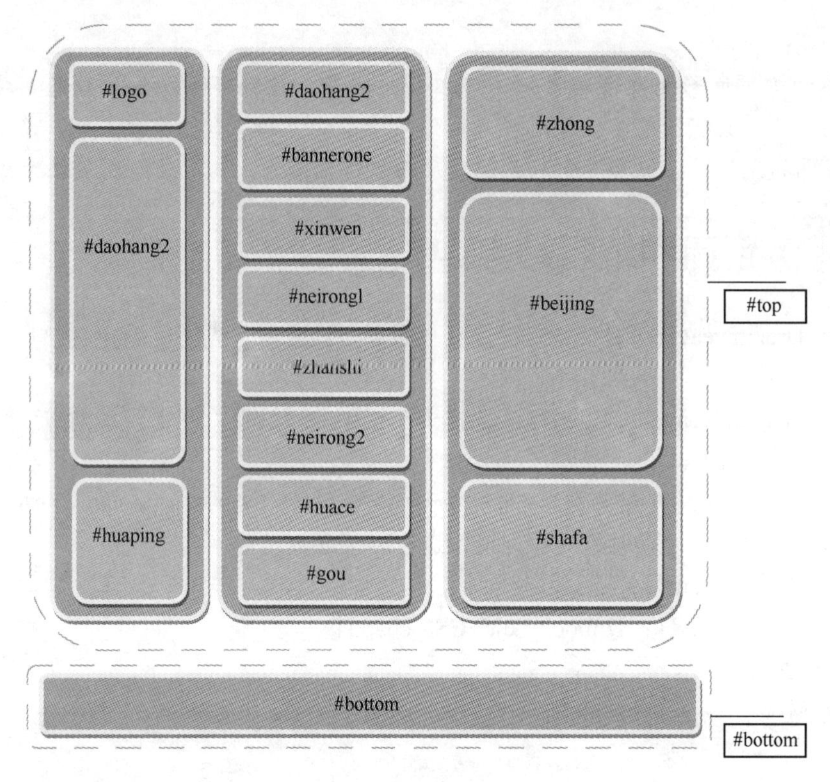

图 4-10　整体布局框架设计

使用 DIV+CSS 布局首页的步骤如下：

（1）创建标准的 HTML5 网页，将</head>以上的代码优化为：

```
<!doctype html>
<html>
<head>
<meta http-equiv="Content-Type" content="text/html; charset=gb2312" />
<link rel="stylesheet" href="css/style.css" type="text/css" />
<title>环博家私</title>
<script src="Scripts/AC_RunActiveContent.js" type="text/javascript"></script>
<script src="Scripts/swfobject_modified.js" type="text/javascript"></script>
</head>
```

（2）其他 DIV 的布局代码如下：

```
<div id="top">
<div id="left1">
<div id="logo"><img src="images/index_01.gif"></div>
<div id="daohang2">
  <object id="FlashID" classid="clsid:D27CDB6E-AE6D-11cf-96B8-444553540000" width="180" height="383">
      <param name="movie" value="flash/nav.swf" />
      <param name="quality" value="high" />
```

```
        <param name="wmode" value="opaque" />
        <param name="swfversion" value="6.0.65.0" />
        <!-- 此 param 标签提示使用 Flash Player 6.0 r65 和更高版本的用户下载最新版本的 Flash
Player。如果您不想让用户看到该提示，请将其删除。 -->
        <param name="expressinstall" value="Scripts/expressInstall.swf" />
        <!-- 下一个对象标签用于非 IE 浏览器，所以使用 IECC 将其从 IE 隐藏。 -->
        <!--[if !IE]>-->
        <object type="application/x-shockwave-flash" data="flash/nav.swf" width="180" height="383">
          <!--<![endif]-->
          <param name="quality" value="high" />
          <param name="wmode" value="opaque" />
          <param name="swfversion" value="6.0.65.0" />
          <param name="expressinstall" value="Scripts/expressInstall.swf" />
          <!-- 浏览器将以下替代内容显示给使用 Flash Player 6.0 和更低版本的用户。 -->
          <div>
            <h4>此页面上的内容需要较新版本的 Adobe Flash Player。</h4>
            <p><ahref="http://www.adobe.com/go/getflashplayer"><img
src="http://www.adobe.com/images/shared/download_buttons/get_flash_player.gif" alt="获取 Adobe
Flash Player" width="112" height="33" /></a></p>
          </div>
          <!--[if !IE]>-->
        </object>
        <!--<![endif]-->
      </object>
</div>
<div id="huaping"><img src="images/index_11.gif"></div>
</div>
<div id="left2">
<div id="daohang1">
<div class="word1">
<ul>
                    <li class="navflow"><a href="#">首 页</a></li>
                    <li class="navflow"><a href="#">产品介绍</a></li>
                    <li class="navflow"><a href="#">新品上市</a></li>
                    <li class="navflow"><a href="#">联系我们</a></li>


            </ul>
</div>
</div>
<div id="bannerone"><img src="images/index_05.gif" /></div>
<div id="xinwen"><img src="images/index_07.gif" /></div>
<div id="neirong1">
    <div class="word2">
  <p><a href="#">搜房网专访环博家私珠三角大区</a>              2015-05-01      </p>
  <p><a href="#">环博家私：制造的秘密</a>                      2015-04-12      </p>
  <p><a href="#">臻品卧室 经典生活</a>                         2015-03-15      </p>
```

```
    <p><a href="#">中国公司对冲“艺术”</a>                    2015-02-01 </p>
      </div>
   </div>
   <div id="zhanshi"><img src="images/index_09.gif" /></div>
   <div id="neirong2"></div>
   <div id="huace">
   <div class="word3">
     <p><a href="#">型号：VB-005</a> </p>
     <p><a href="#">规格：2400W*1150D*760H      </a></p>
     <p><a href="#">颜色：可选 </a></p>
   </div>
   </div>
   <div id="gou">
   <div id="banner">
       <div id="banner_bg"></div>   <!--标题背景-->
       <a href="#" id="banner_info"></a> <!--标题-->
        <ul id="list"></ul>
       <div id="banner_list">
   <a href="#" target="_blank"><img src="imgs/p1.jpg" title="第一只小狗" alt="可爱的小狗" /></a>
   <a href="#" target="_blank"><img src="imgs/p2.jpg" title="第二只小狗" alt="可爱的小狗" /></a>
   <a href="#" target="_blank"><img src="imgs/p3.jpg" title="第三只小狗" alt="可爱的小狗" /></a>
   <a href="#" target="_blank"><img src="imgs/p4.jpg" title="第四只小狗" alt="可爱的小狗" /></a>
       </div>
   </div>
   </div>
   </div>
   <div id="right">
   <div id="zhong"><img src="images/index_03.gif" /></div>
   <div id="beijing"><img src="images/index_06.gif" /></div>
   <div id="shafa"><img src="images/index_13.gif" /></div>
   </div>
   </div>
   <div id="bottom"><img src="images/index_15.gif" /></div>
   <script type="text/javascript">
   swfobject.registerObject("FlashID");
   </script>
   </body>
```

（3）在站点中建立 css 文件夹，并建立一个 style.css 样式文件，对首页的样式控制代码如下：

```
   /*整体页面 CSS*/
   *{ margin:0px;
       padding:0px;
     }
   /*控制整体*/
   body{ width:100%;
```

```
        height:100%;
    font:12px "宋体", Helvetica, sans-serif;
    background: #fff;
  }
/*设置所有图片的边框为 0*/
img {
  border:0;
      }
/*设置最外层居中显示，实现让整个页面居中显示*/
#top,#bottom{
      margin: auto;
  width: 1104px;
}
/*设置左浮动的标签*/
#left1,#left2,#right,.navflow{
float:left;
}
/*设置图片嵌入不留空白*/
#left1,#right{
font-size:0;
}
/*设置字行高为 1.6*/
p{ line-height:1.6;
}
/*页面链接*/
a:link {
  color: #000;
  text-decoration: none;
}
a:visited {
  text-decoration: none;
  color:#333;
}
a:hover {
  text-decoration: underline;
  color:#999;
}
a:active {
  text-decoration: none;
  color:#FF9900;
}
/*top 部分*/
#bannerone{
height:128px;
}
.navflow{
```

```
width:70px;
}
#xinwen{
height:42px;
}
#zhanshi{
height:38px;
}
#gou{
width:410px;
height:185px;
}
#daohang2{
width:180px;
height:383px;
background-image:url(../images/index_04.gif);
}
#daohang1{
width:410px;
height:73px;
background-image:url(../images/index_02.gif);
}
#neirong1{
width:410px;
height:90px;
background-image:url(../images/index_08.gif);
}
#neirong2{
width:410px;
height:85px;
background-image:url(../images/index_10.gif);
}
#huace{
width:410px;
height:133px;
background-image:url(../images/index_12.gif);
}
.word1{
position:absolute;
margin-top:30px;
margin-left:60px;
}
.word2{
position:absolute;
height:90px;
margin-top:2px;
```

```
margin-left:55px;
}
.word3{
position:absolute;
margin-top:43px;
margin-left:56px;
}
/*Banner 轮播*/
#banner {position:absolute; width:410px; height:185px; overflow:hidden;}
#banner_list img {border:0px;}
#banner_list {width:410px; height:185px;}
#banner_bg {position:absolute; bottom:0;background-color:#000;height:30px;filter: Alpha(Opacity=20);
opacity:0.2;z-index:1000;cursor:pointer; width:410px; }
#banner_info{position:absolute; width:100px;height:20px;bottom:0; left:5px; color:#000;z-index:1003}
#banner_text {position:absolute;height:20px;z-index:1002; right:2px; bottom:0px;}
#banner ul {position:absolute;list-style-type:none;filter: Alpha(Opacity=75);opacity:0.75;z-index:1001;
margin:0; padding:0; bottom:3px; right:8px;}
#banner ul li {height:20px;padding:0px 6px;float:left;display:block;color:#FFF;border:#fff 1px solid;b
ackground-color:#6f4f67;cursor:pointer}
#banner ul li.on{ background-color:#900}
#banner_list a{position:absolute;} /*让 4 张图片叠加在一起*/
```

（4）制作完成后，在浏览器中显示的效果如图 4-11 所示。

图 4-11 排好版的首页效果

4.3.4 使用动画技术

在此实例中，为了突出温馨、统一的居家氛围，使用居家环境作为网页的整个背景，在设计动画的时候可以把背景环境小细节设计成动画，这可让整个背景看起来更加真实。这里选择了最具有特点的宠物狗，可以使用简单的 JavaScript 实现图片的切换动画。对于导航菜单，由于背景比较空，可以制作成比较复杂的动画，一共制作了两个动画，它们在网页中的位置如图 4-12 所示。

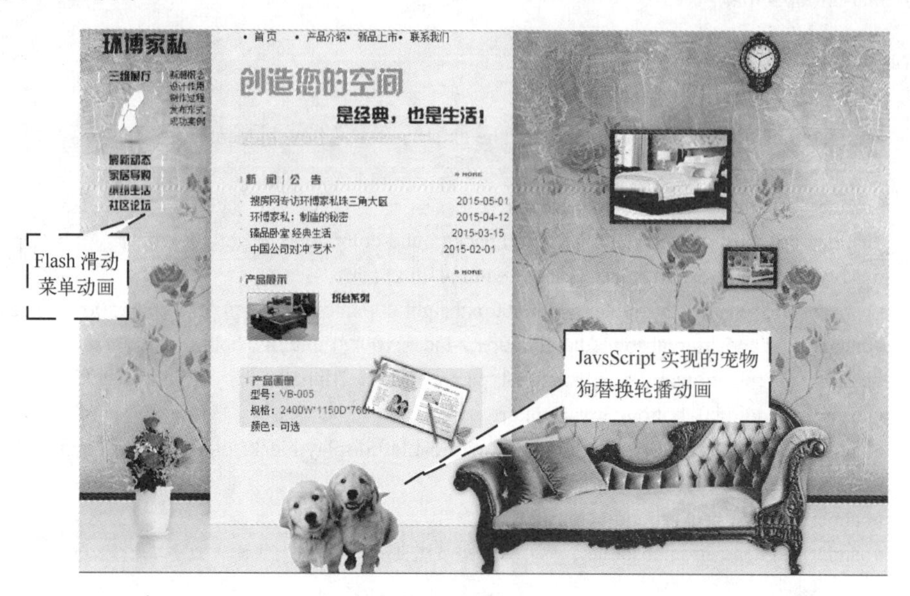

图 4-12　使用的动画效果

网页上的宠物狗图片是自动轮播切换的，使用了 JavaScript 脚本语言来实现。制作的步骤如下：

（1）在站点文件夹 imgs 里准备 4 张带宠物狗的一样大小的 JPG 图片，并分别命名为 p1.jpg、p2.jpg、p3.jpg 和 p4.jpg，所有图片都要在 Photoshop 软件中进行统一处理，如图 4-13 所示。

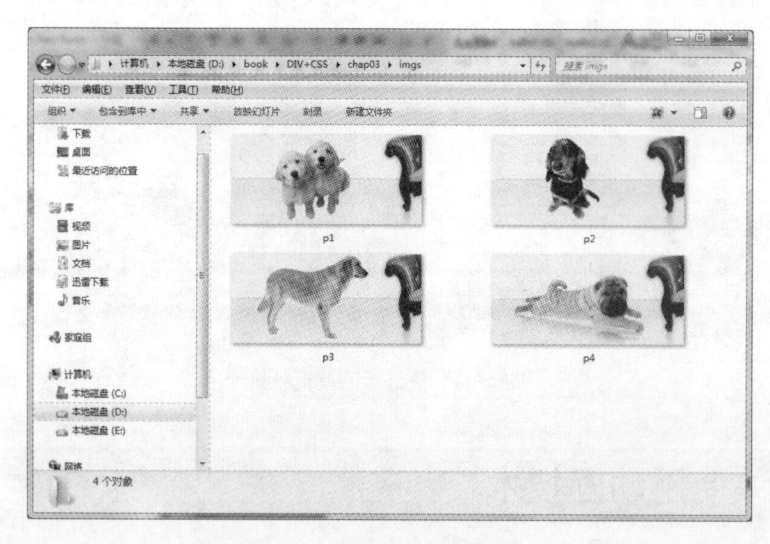

图 4-13　准备的 4 张宠物狗图片

（2）由于具体实现动画的 JavaScript 脚本语言太长，所以将其单独写成一段程序，保存为站点文件夹中的 banner.js 文件，具体操作如图 4-14 所示。

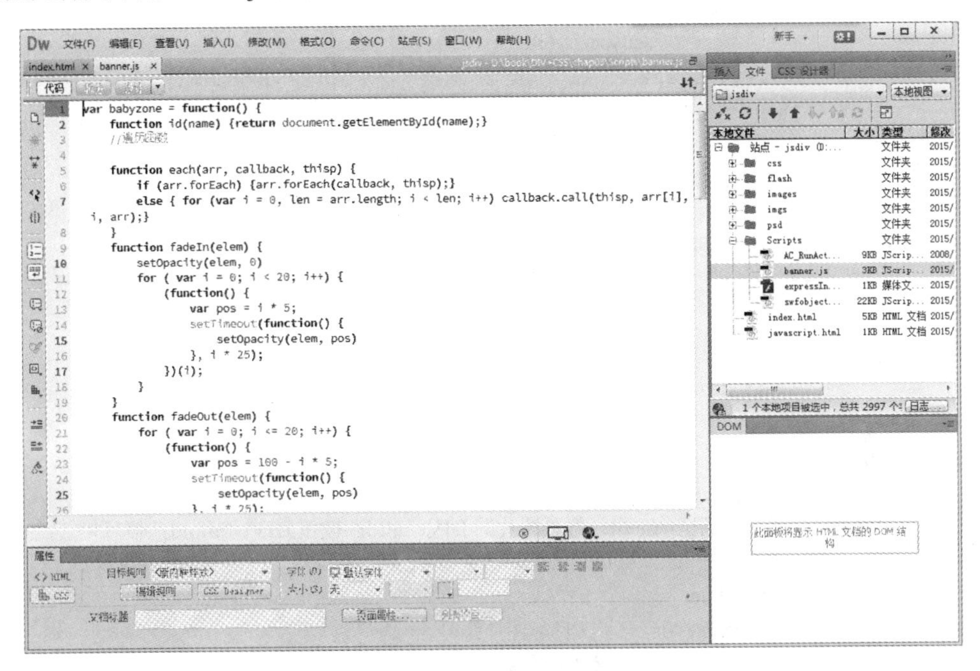

图 4-14 JavaScript 脚本语言保存的文件

具体的程序如下：

```
var babyzone = function() {
  function id(name) {return document.getElementById(name);}
  //遍历函数

  function each(arr, callback, thisp) {
      if (arr.forEach) {arr.forEach(callback, thisp);}
      else { for (var i = 0, len = arr.length; i < len; i++) callback.call(thisp, arr[i], i, arr);}
  }
  function fadeIn(elem) {
      setOpacity(elem, 0)
      for ( var i = 0; i < 20; i++) {
            (function() {
                  var pos = i * 5;
                  setTimeout(function() {
                        setOpacity(elem, pos)
                  }, i * 25);
            })(i);
      }
  }
  function fadeOut(elem) {
      for ( var i = 0; i <= 20; i++) {
```

```
            (function() {
                var pos = 100 - i * 5;
                setTimeout(function() {
                    setOpacity(elem, pos)
                }, i * 25);
            })(i);
        }
    }
    //设置透明度
    function setOpacity(elem, level) {
        if (elem.filters) {
            elem.style.filter = "alpha(opacity=" + level + ")";
        } else {
            elem.style.opacity = level / 100;
        }
    }
    return {
        //count：图片数量；wrapId：包裹图片的 DIV；ulId：按钮 DIV；infoId：信息栏
        Scroll：function(count,wrapId,ulId,infoId) {
            var self=this;
            var targetIdx=0;        //目标图片序号
            var curIndex=0;         //现在图片序号
            //添加 li 按钮
            var frag=document.createDocumentFragment();
            this.num=[];      //存储各个 li 的应用，为下面的添加事件做准备
            this.info=id(infoId);
            for(var i=0;i<count;i++){
                (this.num[i]=frag.appendChild(document.createElement("li"))).innerHTML=i+1;
            }
            id(ulId).appendChild(frag);

            //初始化信息
            this.img = id(wrapId).getElementsByTagName("a");
            this.info.innerHTML=self.img[0].firstChild.title;
            this.num[0].className="on";
            //将除了第 1 张以外的所有图片设置为透明
            each(this.img,function(elem,idx,arr){
                if (idx!=0) setOpacity(elem,0);
            });

            //为所有的 li 添加单击事件
            each(this.num,function(elem,idx,arr){
                elem.onclick=function(){
                    self.fade(idx,curIndex);
                    curIndex=idx;
                    targetIdx=idx;
```

```
                }
        });

        //自动轮播效果
        var itv=setInterval(function(){
                if(targetIdx<self.num.length-1){
                        targetIdx++;
                }else{
                        targetIdx=0;
                        }
                self.fade(targetIdx,curIndex);
                curIndex=targetIdx;
                },2000);
        id(ulId).onmouseover=function(){ clearInterval(itv)};
        id(ulId).onmouseout=function(){
                itv=setInterval(function(){
                        if(targetIdx<self.num.length-1){
                                targetIdx++;
                        }else{
                                targetIdx=0;
                                }
                        self.fade(targetIdx,curIndex);
                        curIndex=targetIdx;
                },2000);
        }
    },
    fade:function(idx,lastIdx){
        if(idx==lastIdx) return;
        var self=this;
        fadeOut(self.img[lastIdx]);
        fadeIn(self.img[idx]);
        each(self.num,function(elem,elemidx,arr){
                if (elemidx!=idx) {
                        self.num[elemidx].className='';
                }else{
                        id("list").style.background="";
                        self.num[elemidx].className='on';
                        }
        });
        this.info.innerHTML=self.img[idx].firstChild.title;
    }
  }
}();
```

（3）这段程序如何调入到主页面中进行应用呢？方法很简单，只要在<head>之前加入图 4-15 所示的链接代码就可以了。

```
<script type="text/javascript" language="javascript">
window.onload=function(){
  babyzone.scroll(4,"banner_list","list","banner_info");
}
</script>
<script type="text/javascript" src="Scripts/banner.js"></script>
```

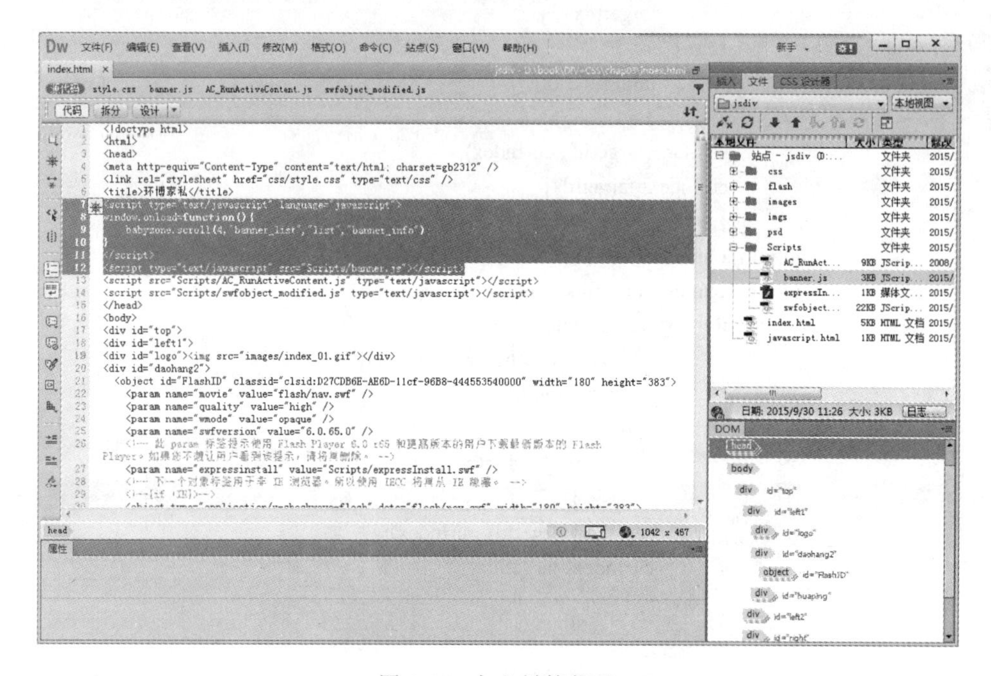

图 4-15　加入链接代码

（4）按〈F12〉键就可以看到图片切换的效果了，如图 4-16 所示。

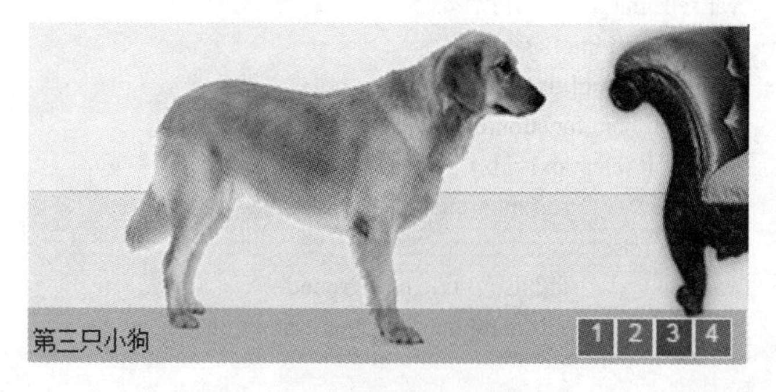

图 4-16　图片切换的动画效果

第 5 章 Photoshop 网页设计与应用

对于一个前端设计师而言，掌握一定的网页设计知识并会使用 Photoshop 等软件进行优化，是十分必要的。从设计的内容来说，网站首页的设计主要包括版式的分析设计、网页的大小设计、导航条的设计及页面框架的搭建与分割等工作。网页设计作为一种视觉语言，特别讲究编排和布局，虽然主页的设计不等同于平面设计，但它们有许多相近之处。本章将介绍网站设计的要点、网页设计的流程等内容。

从入门到精通

本章学习重点：

- 网站策划的基础知识
- 网站首页的设计知识
- 首页版式设计基础
- 首页框架内容的细化
- 掌握网页的全程设计方法

Section 5.1 网站的策划准备工作

建设一个网站，目的是通过网络宣传企业的形象、推广企业业务，或者向网站的访问者展示和销售产品。那么前期应该进行哪些策划准备工作呢？本节将介绍网站建设的前期准备工作。

5.1.1 网站建设前期的总体策划

建设网站首先需要明确网站的建设目的、访问用户的定位、实现的功能、发布时间、成本预算、网站 VI 风格等。网站建设是展现企业形象、介绍产品和服务、体现企业发展战略的重要途径之一，因此必须从总体上对网站进行一定的规划和设计，从而做出切实可行的实施方案。

建立网站的基本工作流程如图 5-1 所示。

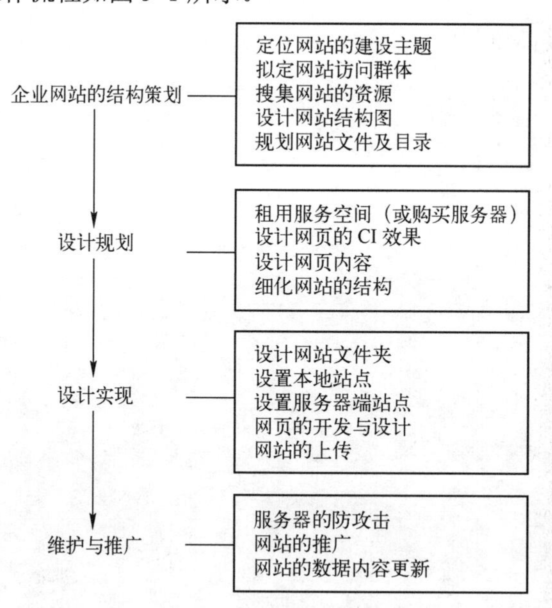

图 5-1　建立网站的基本工作流程

5.1.2 定位网站的主题

由于网站的名称关系到浏览者是否容易接受，所以要注意以下两点：

（1）网站名称要明确网站内容。如“中国大学生交友网”、“十字绣网站”等。针对企业网站建设而言，可以用公司的名称或者销售的产品来定位主题。

（2）网站名称要易记，名称不要太拗口、生僻。

不管要建设的是一个单纯传播信息的公益网站还是商务网站，只有明确了网站的主题，才可以正确地进行后续工作的分析与实施。

5.1.3 拟定网站访问群体

在定位好网站的主题后，网站的服务对象是谁呢？哪些人会有兴趣先来浏览我们将要建设的网站？划定网站浏览者群体的重要性便立即体现出来。因为只有确认好观众的需要，才能正确地分析各种有用的信息，把握网站的传播要点与经营理念，吸引更多的顾客，达到网站建设的目标。

这里以迪士尼网站为例，说明拟定网站访问群体的重要性。迪士尼网站的首页如图 5-2 所示。该网站的主要浏览者是儿童，因此从内容结构到颜色的设计都是从儿童的喜好出发，制作的网站很有趣味性，能让访问的孩子一下子就喜欢上这个网站。

图 5-2　迪士尼网站

Section 5.2 网站策划的重点

在进行网站设计之前，明确网站设计的风格、特点是很重要的，下面介绍网站建设整体策划设计的一些基础知识。网站设计包含的内容非常多，大体分为以下两个方面：

（1）利用制作网站的软件（如 Dreamweaver）进行网页设计、文字排版、链接的设计、动态网页的设计等。前期还要利用 Photoshop 或者 Fireworks 等平面设计软件实现平面设计、静态无声图片设计，根据需要还可以利用 Flash 实现动画效果。

（2）网站的延伸设计。它是指脱离软件，在网站建设之前、之后进行的网站建设与策划，主要包括网站的主题定位和浏览群的定位、智能交互、制作策划、形象包装、宣传营销等。

5.2.1 网站栏目的设计

在明确网站的主题和风格之后，就要围绕主题制作相应的内容。首先选择相应的网站题材，也就是给网站定位。

下面是一些常见的网络栏目的题材。

（1）商业类网站栏目：

公司简介、公司动态、在线搜索、购物消费、网上招聘、产品介绍、在线加盟、股市信息、流行情报、阳光服务、支持下载、网上公告等。

（2）娱乐生活类网站栏目：

国画画廊、古典音乐、武器博物馆、古今佳句名言、游戏排行榜、游戏天堂、金庸客栈、象棋世家、能吃是福、GIF 动画库、陶艺园地、漫画天地、中国足球、摄影俱乐部、幽默轻松、体育博览、电子贺卡、旅游天地、电影世界、影视偶像、天文星空、MIDI 金曲、宠物猫、儿歌专集等。

5.2.2 网站 VI 形象的定位

所谓 VI（Visual Identity，视觉识别），通俗地讲就是通过视觉来统一网站的形象。一个好的企业网站和实体公司一样，也需要整体的形象包装和设计。准确的、有创意的 VI 设计对网站的宣传推广有事半功倍的效果。在网站主题和名称确定之后，需要思考的就是网站的 VI 形象了。其实，现实生活中的 VI 策划比比皆是，例如肯德基公司，全球统一的标志、色彩和产品包装给人的印象极为深刻。

接下来介绍网站 VI 形象的主要内容：

1．网站 Logo 的设计

网站 Logo 就是网站的标志。网站 Logo 是站点特色和内涵的集中体现，使浏览者看见 Logo 就联想起站点。目前国内、国际的网站已经相当多了，要想与众不同，跟其他网站进行 Logo 链接交换是很有必要的。简单地说就是在别人的网站上放一个用户网站的 Logo，用来链接到自己的网站。若 Logo 引人注目，网站的浏览量就能增加。

注意：

（1）通常，Logo 的大小一般设计为 88×30 像素。

Logo 标志的设计创意来自用户网站的名称和内容，可以是中文、英文字母，可以是符号、图案，可以是动物或者人物等。例如，Baidu 公司就是以 Baidu 加一个小脚丫图形及中文“百度”作为象征性标志，很吸引人。

（2）如果用户本身拥有不错的企业 Logo，也是可以用作网站 Logo 的，这样能让用户的网站 VI 和企业的 VI 保持一致。

网站 Logo 不仅单要考虑在计算机高分辨率屏幕上的显示效果，更应该考虑网站整体发展到一定规模时相应推广活动所要达到的效果，使其在应用于各种媒体时也能充分发挥 Logo 的视觉效果，还应考虑网站 Logo 在传真、报纸、杂志等传媒介质上的单色效果和反白效果、在织物上的纺织效果、在车体上的油漆效果、制作徽章时的金属效果、墙面立体的造型效果等。

2．网站设计的标准色彩

不可否认网站给人的第一印象来自视觉冲击，因此确定网站的标准色彩是相当重要的一步。不同的色彩搭配将产生不同的视觉效果，当然可能会影响到浏览者的情绪。网站的选择和确定，是根据网站所选择的题材和用户自己的个人性格决定的。

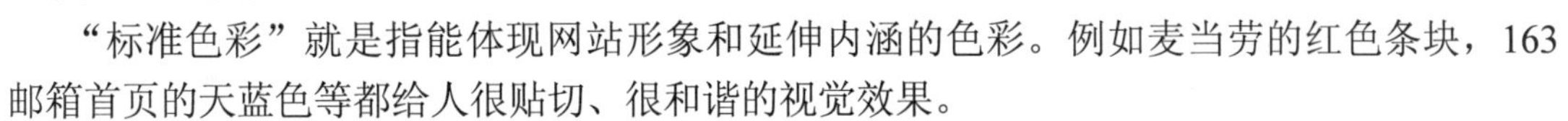

“标准色彩”就是指能体现网站形象和延伸内涵的色彩。例如麦当劳的红色条块，163邮箱首页的天蓝色等都给人很贴切、很和谐的视觉效果。

一个网站的标准色彩通常不超过3种，如果太多会让人眼花缭乱。标准色彩要用于网站的标志、标题、主菜单和主色块，给人以整体、统一的感觉。当然其他色彩也可以使用，但只是作为点缀和衬托，绝不能喧宾夺主。通常适合于网站标准色的颜色有蓝色、黄/橙色、黑/灰/白色三大系列。

建议：

（1）在建设网站之前，设计人员一定要了解网站所要传达的信息和品牌，选择可以加强这些信息的颜色。例如设计一个强调稳健的金融机构，首先要选择冷色系，如蓝色、灰色或者绿色。在这样的情况下，如果使用暖色系或者活泼的色系，可能会破坏该网站的品牌。

（2）设计人员还要了解此网站的读者群，文化差异可能会使色彩产生非预期的反应，同时还要考虑，不同地区与不同年龄层对颜色的反应也会有所不同。目前，年轻族群一般比较喜欢富有视觉冲击的饱和色，当然这样的颜色在一定程度上引不起高年龄层人群的兴趣。

（3）网站的设计不要使用过多的颜色，主色系及修饰色共选择4~5个颜色就够了，太多的颜色会导致混淆，会分散读者的注意力。

（4）在阅读的部分使用对比色，因为颜色太接近无法产生足够的对比效果，也会影响阅读，通常白底黑字的阅读效果最好。

（5）通常在设计网站时采用灰色阶来测试对比。在用户处理黑色、白色和灰色以外的颜色的时候，有时候会很难决定每个颜色的相对值。为了确认色盘能提供足够的对比，可以建立一个仿真网站，并将它转换成灰色阶。

（6）设计网站时选择颜色也要注意时效性，同一个色彩很容易充斥整个市场，且消费者很快就对流行色彩感到麻木。但从另外一个角度来看，使用多年前的流行色彩往往会引起人们的怀旧之情。

（7）使用软件设计网页，在选择颜色时要考虑功能性的颜色，不要忘了对关键信息部分建立功能性的颜色，例如标题和超链接等。

（8）还要注意网站色差问题。每一个网站开发人员都知道，即使是网络通用颜色在跨平台显示的时候也会有些不同，因此要在不同的平台上测试用户的色盘。

在色彩的运用过程中还应注意由于国家、种族、宗教和信仰的不同以及地理位置、文化修养的差异等，不同的人群对色彩的喜好有着很大的差异，所以在设计时需要考虑主要用户群的构成和背景。

一般来说，不同的色彩传达的含义有所不同，例如：

- 红色代表了热情、浪漫、火焰、暴力、侵略，而且红色在很多文化中代表的是停止的信号，用于警告或禁止一些动作。

- 紫色代表了创造、谜、忠诚、神秘、稀有，紫色在某些文化中与死亡有关。
- 蓝色代表了忠诚、安全、保守、宁静、冷漠、悲伤。
- 绿色代表了自然、稳定、成长、忌妒，绿色在某些文化中与环保有关。
- 黄色代表了明亮、光辉、疾病、懦弱。
- 黑色代表了能力、精致、现代感、死亡、病态、邪恶。
- 白色代表了纯洁、天真、洁净、真理、和平、冷淡、贫乏。

3．网站设计的标准字体

标准字体是指用于标志、标题、主菜单的特有字体。通常，网站默认的字体是宋体，当然为了体现网站的“与众不同”，可以根据需要选择一些特别的字体。例如，为了体现专业可以使用粗仿宋体、为了体现设计精美可以用广告体、为了体现亲切随意可以用手写体等。总之，我们要根据自己的网站所表达的内容选择贴切的字体。

目前常见的中文字体只有二三十种，常见的英文字体有近百种，网络上还有许多专用的英文艺术字体供用户下载，所以要寻找一款满意的字体并不算困难。需要说明的是，要使用非默认字体就必须把文字内容设置成图片的格式，因为一部分浏览者的计算机里没有安装这种特别字体从而无法正常显示。

5.2.3 网站设计的宣传标语

网站的宣传标语在不同程度上会体现网站的精神、网站的目标，即用一句话甚至一个词来高度概括网站的内容，类似于实际生活中的广告金句。

例如，移动通信动感地带的广告语“我的地盘，听我的”，麦当劳的“我就喜欢”。当然，企业如果有自己的宣传语就可以用作网站的宣传标语，如果是推广产品型的网站最好使用产品的宣传广告语。

在网站方面，国内赫赫有名的百度用了“百度一下”（如图 5-3 所示）。网站宣传标语的选定可以充分发挥设计者的想象力。

图 5-3　百度首页

5.2.4 网站框架的确定

确定网站的框架，就是在目标明确的基础上完成网站的构思创意，即总体设计方案。这是在题材选定好之后很重要的一步，要做到主题鲜明突出、要点明确，就要以简单明确的语言和画面体现站点的主题，调动一切手段充分表现网站的个性和情趣，从而体现出网站的特点。

网站应包括以下几个内容。

1）页头：准确无误地标识用户的站点和企业标志。

2）联系方式：如企业的地址、电话和 E-mail 地址。

3）版权信息：声明版权所有者等。

注意：

重复利用已有信息，如客户手册、公共关系文档、技术手册和数据库等，可以轻而易举地将它们用到企业的 Web 站点中。

全面规划架构一个网站，通常选用树状结构大致把每个页面的内容大纲列出来，尤其当用户要制作的网站比较大时规划架构好网站显得非常重要，还要考虑以后可能的扩充性，免得做好后要一改再改整个网站的架构，这样会浪费资源与精力。

大纲列出来之后还要考虑页面与页面之间的链接关系，是星形、树形，还是网形链接，当然这也是判别一个网站优劣的重要标志。链接混乱、层次不清的站点会造成浏览者浏览困难，影响内容的发挥。

为了提高浏览效率，方便资料的查找，一般的网站框架基本上采用“蒲公英”式，即所有的主要链接都在首页上，主次链接之间的相互链接是可逆的，如图 5-4 所示。其中流行动态、最新专辑、在线听歌、音乐教室、星光灿烂为大版块，搜索引擎、歌曲排行、友情链接在首页上做。

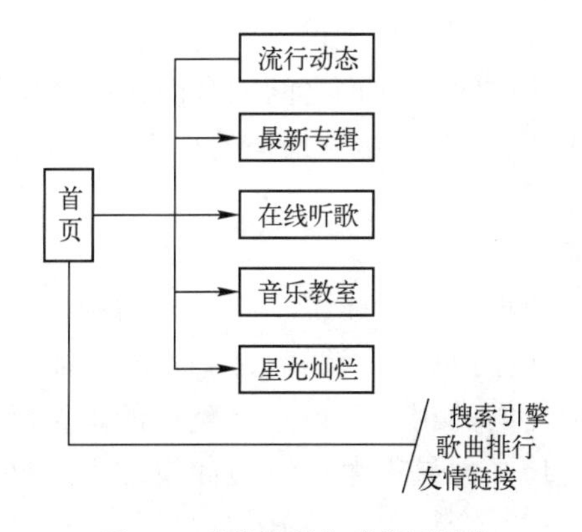

图 5-4 “蒲公英”式栏目版块

在框架确定之后，就可以有条不紊地往下做了，这为网站将来的发展打下了良好的基础。

5.2.5 网站资料的收集

网站建设过程中的大部分内容是需要一定的素材资料的，例如新闻发布、产品技术知识等，可以在网上或者是通过其他途径搜集一些资料进行充实。就企业网站而言，主要是由企业自行决定放置哪些企业资料和产品展示，这一个操作环节比较简单，都是企业自身拥有的资料。但一个完整的网站还需要很多相关内容的填充，如新闻、行业动态等。这些资料一般可从报纸、杂志、光盘等媒体中把相关的资料收集整理，然后进行一定的编辑就可以了。

另外一个好的方法就是从网络上收集资料，我们只要到百度、搜狗等搜索引擎上查找相应的关键字，就可以找到很多资料。但是必须注意：在 Copy（复制）或引用他人的资料文章时，要尊重知识版权，有特别声明、禁止复制的请不要据为己用，即使是允许复制的也应该在引用时注明作者、出处。

还有就是收集的资料必须合法，具体请参照我国的《计算机信息网络国际联网安全保护管理办法》的明确规定。

到这里，已经基本上完成制作网站的准备工作了。

5.2.6 网站制作的注意事项

有了前面几节的知识，在制作网站时还要特别注意以下问题，这样才能保证开发网站的实用性。

1．网站版式的设计

网站作为一种视觉语言要讲究编排和布局，虽然首页的设计不等同于平面设计，但它们有许多相近之处，设计人员应充分加以利用和借鉴。版式设计通过文字、图形的空间组合表达出和谐与美。一个优秀的网站设计者要知道每一段文字、图形该放在何处，才能使整个网站生辉。多页面站点的编排设计要求把页面之间的有机联系很好地反映出来，特别要处理好页面之间与页面之内的秩序。通常为了达到最佳的视觉表现效果，应讲究整体布局的合理性，使浏览者有一个流畅的视觉体验。

2．网站形式与内容的统一

要将丰富的内容和多样的形式组织成统一的页面结构，形式语言必须符合页面的内容，体现内容的丰富含义。运用对比与调和、对称与平衡、节奏与韵律以及留白等手段，通过空间、文字、图形之间的相互关系建立整体的均衡状态，产生和谐的美感。例如对称原则的均衡性有时会使页面显得呆板，但如果加入一些富有动感的文字、图案或采用夸张的手法来表现内容往往会达到比较好的效果。点、线、面是视觉语言中的基本元素，要使用点、线、面的互相穿插、互相衬托、互相补充构成最佳的页面效果。网站设计中点、线、面的运用并不是孤立的，在很多时候都需要将它们结合起来表达完美的设计意境。

3．三维空间的构成和虚拟现实

网络上的三维空间是一个假想空间，这种空间关系需借助动静变化、图像的比例关系等空间因素表现出来。在页面中，图片、文字前后叠压，或页面位置变化所产生的视觉效果均不相同。图片、文字前后叠压所构成的空间层次目前还不多见，网上更多的是一些设计比较规范、简明的页面，这种叠压排列能产生强节奏的空间层次，视觉效果强烈。网站上常见的是页面上、下、左、右、中位置所产生的空间关系，以及疏密的位置关系所产生的空间层次，这两种位置关系使产生的空间层次富有弹性，同时也让人产生轻松或紧迫的心理感受。目前，人们已不满足于 HTML 语言编制的二维 Web 页面，三维世界的诱惑开始吸引更多的人。

4．多媒体功能的利用

网络资源的优势之一是多媒体功能，如果要吸引浏览者的注意力，页面的内容还可以借助三维动画、Flash 动画等来表现。但要注意，由于网络带宽的限制，在使用多媒体的形式表现网站的内容时应考虑客户端的传输速度。

5．网站测试和改进

网站测试实际上是模拟用户询问网站的过程，用于在测试中发现问题并改进设计，要注意让用户参与网站测试。

6．内容更新与沟通

网站的 Web 站点建立之后要不断更新内容。站点信息的不断更新能让浏览者更多地了解企业的发展动态和网上职务等，同时也会帮助企业建立良好的形象。通常在企业的 Web 站点上要认真回复用户的电子邮件和传统的联系方式，如信件、电话咨询和传真，做到有问必答。最好将用户的用意进行分类，如售前一般了解、售后服务等，由相关部门处理，使网站浏览者感受到企业的真实存在并由此产生信任感。需要注意的是，不要许诺实现不了的东西，在真正有能力处理回复之前不要恳求用户输入信息或罗列一大堆自己不能及时答复的问题。如果要求浏览者自愿提供其个人的信息，应公布并认真履行个人隐私及承诺。

7．合理运用新技术

新的网站制作技术层出不穷，但网站设计者一定要合理地运用网站制作新技术。对于网站设计者来说，永远要记住用户方便快捷地得到所需要的信息是最重要的。网站设计者必须学习掌握网站设计的新技术，如 HTML5、APP 开发等，然后根据网站的内容和形式合理地将新技术应用到设计中。

Section 5.3 网页设计全程实例

本节以一个网站的首页设计为例简单介绍网站首页设计的流程。在操作中要特别注意一些标准，如页面的大小及像素等。必须严格按照要求来设计，否则在发布网页时会产生图片不显示或者网页过大的错误。实例中的首页包括 Logo、小导航、Banner、大导航、框架模块和版权几个部分，最终完成的效果如图 5-5 所示。

图 5-5　将要设计的界面

5.3.1　首页版式的设计分析

设计首页版式的第一步是设计版面的布局，类似于传统的报刊、杂志编辑，网页也需要排版布局。简单地说布局就是在一个限定的范围内合理地安排、布置图像和文字的位置，把文章、信息按照一定的顺序罗列出来，同时对页面进行装饰和美化。随着动态网页技术的发展，网站日益趋向以 HTML5+CSS+JavaScript 的组合进行建设，当然网页版面的静态设计仍是设计人员必须学习和掌握的。

1．版面草图的创意

前面提到一个网站的首页主要由导航、Banner、框架模块、版权及企业 Logo 等内容组成。传统的首页格式设计并没有固定的规则与模式，主要是由设计师和用户共同决定的。值得一提的是，上面提到的功能模块一个都不能少。

注意：

网页的版面指的是浏览者从浏览器上看到的完整页面（可以包含框架和层）。由于每个人设置的显示器分辨率有所不同，屏幕有 800 × 600 像素、1024 × 768 像素等不同尺寸。

版面草案的形成决定了网页的基本面貌，相当于网站的初步设计创意，通常来自一些现有设计作品和图形图像素材的组合、改造及加工。

2．网站版面的粗略布局

在版面草案的基础上，将列举的功能模块安排到页面上的适当位置。框架模块主要包含主菜单、栏目条、广告位、邮件列表、计数器等。注意，这里必须遵循“突出重点、平衡谐调”的原则，将网站标志、主菜单、商品目录等比较重要的模块放在最显眼、最突出的位置，然后再考虑次要模块的排放。

3．网站版面的最后定案

网站版面的最后定案通俗地讲就是将粗略布局精细化、具体化。在布局过程中，需要遵循的原则有以下几条。

- 平衡：就是指版面的图像和文字在视觉分量上左右、上下几个方位基本相等，分布匀称，能达到安定、平静的效果。
- 呼应：在不平衡布局中的补救措施，使一种元素同时出现在不同的地方，形成相互联系。
- 对比：就是利用不同的色彩、线条等视觉元素相互并置对比，造成画面的多种变化，从而达到丰富视觉的效果。
- 疏密：疏密关系本是绘画的概念。疏，是指画面中形式元素稀少（甚至空白）的部分；密，是指画面中形式元素繁多的部分，在网页设计中就是对空白的处理运用。太满、太密、太平均是任何版式设计的大忌，适当的疏密搭配可以使画面产生节奏感，体现出网站的格调与品位。

在制作网站时，能适当地把以上设计原则运用到页面布局中，会产生不一样的效果。例如，网页的白色背景太虚，则可以适当地加些色块；网站的版面零散，可以把线条和符号串联起来；版面左侧文字过多，在右侧可以插一张图片来保持平衡。经过不断地尝试和推敲，一个设计方案就会渐渐完善起来。

5.3.2 网站首页的大小设计

网站的网页大小是有一定限度的，因为浏览者浏览网页的显示器大小是受限的，所以设计的网页大小要匹配显示器的大小，否则在浏览网页时会看不到完整的效果。首页的大小设计的具体步骤如下：

（1）运行 Photoshop CC，选择菜单栏上的“文件”→“新建”命令，打开“新建”对话框，在对话框的“名称”文本框中输入文件名 index；在“宽度”文本框中输入 756，单位为“像素”；在“高度”文本框中输入 714，单位为“像素”；在“分辨率”文本框中输入 72，单位为“像素/英寸”；把“颜色模式”设置为“RGB 模式”，单位为“8 位”；把“背景内容”设置为“白色”，其他设置保持不变，如图 5-6 所示。

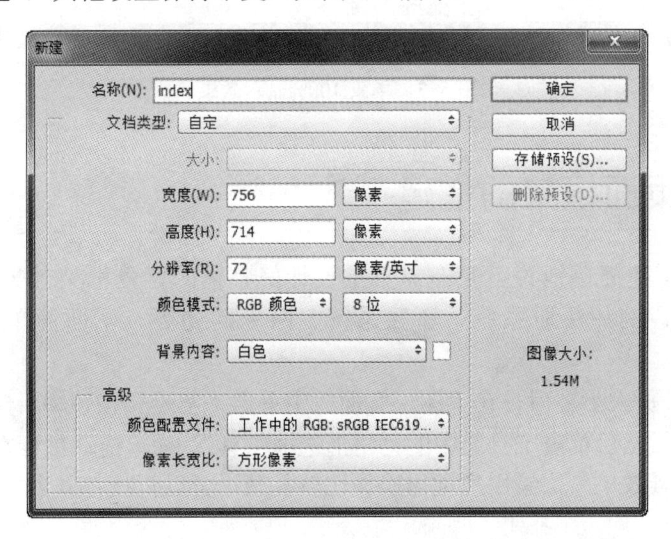

图 5-6 “新建”对话框

注意：

现在的网页大部分是以 800×600 像素以上的模式浏览的，因此通常在制作网页时，都选择此种模式。但是由于浏览器浏览网页的时候采用滚动条，所以浏览者观看到的网页宽度不能达到 800 像素，一般为 780 像素。网页制作中分辨率为 72 像素/英寸是最佳设置，这样设计出来的网页效果在显示器中可以看得很清楚，如果设置值过低会影响观看效果，设置值过高会影响访问的速度。

（2）设置完成后单击“确定”按钮，双击工具栏中的“缩放工具”按钮，或者按〈Ctrl+1〉组合键，使场景按 100%的比例显示，此时的效果如图 5-7 所示。

图 5-7　场景 100%显示效果

5.3.3 页面框架的搭建

页面框架的搭建简单地说就是在首页上设计好整体的背景框架效果，以方便后面放置一些实际内容，例如注册系统、新闻系统、网上购物等。下面简单介绍页面框架的搭建。

设置了网站首页大小之后，在“图层”面板中单击“新建”按钮新建一个图层，并命名为“背景框架”，然后单击工具箱中的“矩形选框工具”，拖动鼠标在该图层上绘制如图 5-8 所示的背景效果。如果用户觉得操作比较复杂，可以直接打开素材 index.psd 中的背景框架图层效果。

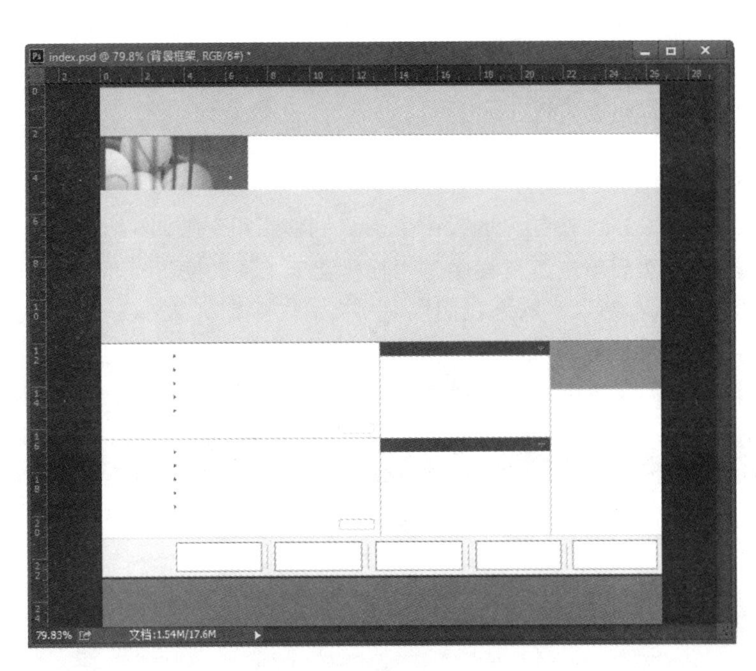

图 5-8　用 Photoshop CC 设计的首页背景效果

5.3.4 设计 Banner 图片

在网站制作中，大导航与小导航之间或者之下应该有一个 Banner（动态栏目），Banner 顾名思义就是广告栏，这个功能主要给企业自己的网站或者其他企业进行广告宣传。如果是给自己的网站做宣传，那么应该是对该网站的高度概括。通常 Banner 由 Flash 或者 JavaScript 来设计动画的切换，本实例中是一个 Flash 动画，在设计首页的时候一般先用背景的图片效果来表示。在 Photoshop CC 的“图层”面板中单击“创建新组”按钮，创建一个新组文件夹并命名为 banner，然后在该文件夹里面拖入用 Flash 制作的背景图片，效果如图 5-9 所示。

图 5-9　建立 Banner 背景效果

5.3.5 小导航的制作

小导航的制作步骤如下：

1）在 Photoshop CC 的“图层”面板中单击“创建新组”按钮，创建一个新组文件夹并命名为“小导航”，然后单击工具栏中的“横排文字工具”按钮T，在右上角适当的位置单击，分别输入“收藏本站”、“联系我们”，字体为“宋体”、大小为“12 点”、消除锯齿方式为“无”、颜色为“000000”，即黑色。接着调整各字的距离，在适当的地方加上空格，使它们均匀地分布在横条上，如图 5-10 所示。设置出来的小导航如图 5-11 所示。

宋体 Regular　12点　无

图 5-10　文字属性的设置

收藏本站　联系我们

图 5-11　小导航的内容

2）文字输完之后，“图层”面板中会自动生成一个文字层，用户可根据不同需要为这些文字设置一些特定效果。接下来设置小导航中的线条，在“图层”面板中新建一个图层，将名称设为“线条”，这里主要利用 Photoshop 中的椭圆及直线工具设置，其中设置颜色值为 #457C00，效果如图 5-12 所示。

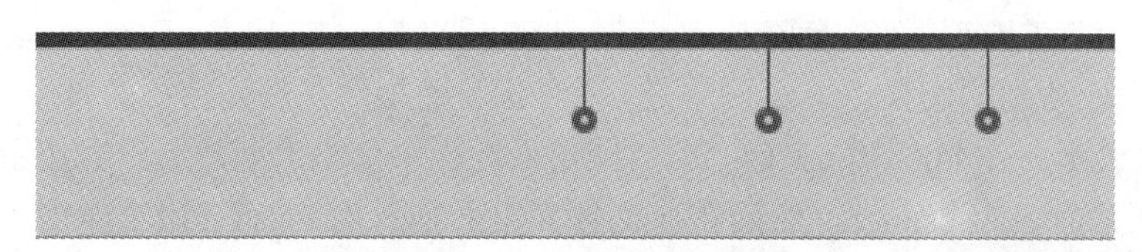

图 5-12　文字背景线条的设计

3）至此小导航的设计已完成，这里要把文字层和线条层的距离及位置设计适当，可左右调整文字及线条的位置，整体效果如图 5-13 所示。

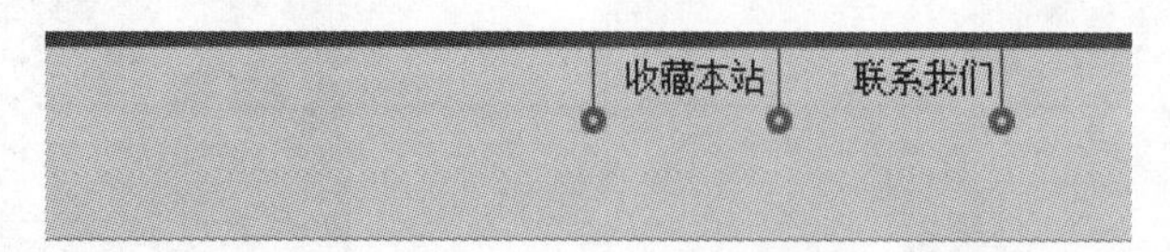

图 5-13　小导航的设计效果

5.3.6 大导航的制作

通常大导航是构成网站的主要框架，把网站中一些重要的内容进行分类，分成几个大版块，从而构成导航条。大导航的具体制作步骤如下：

1）在 Photoshop CC 的“图层”面板中单击“创建新组”按钮，创建一个新组文件夹并命名为“大导航”，导航条的内容要根据用户网站的经营业务划分，这里以本章中涉及的实例为参考，划分成 8 个功能模块，分别是“公司简介”、“网球培训”、“羽毛球培训”、“体育用品”、“会员服务”、“在线留言”、“招聘信息”及“明星教练”。所以要在“大导航”文件夹中先建立 8 个带格子的背景效果，背景颜色值为#52AF0B，效果如图 5-14 所示。

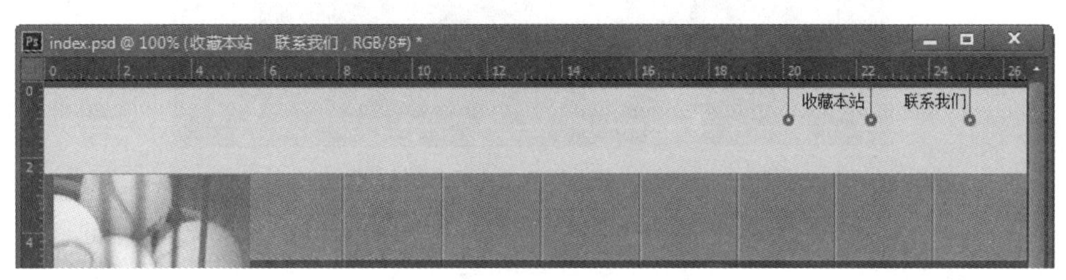

图 5-14 设置大导航背景效果

2）用文字工具在大导航条上的相应位置分别输入导航菜单的文字内容，字体为“新宋体”、大小为“14 点”、颜色为“FFFFFF”，即白色，如图 5-15 所示。

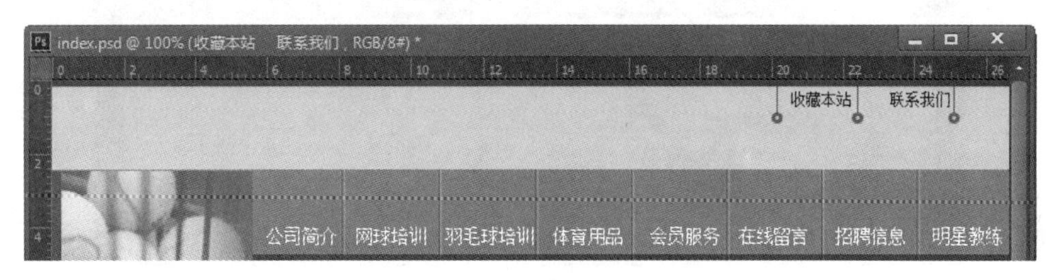

图 5-15 大导航的设计

至此，大导航的界面设计完成。

5.3.7 版权的设计

通常情况下，一个企业网站必须拥有自己的网站 Logo。由于企业都有自己的 Logo，因此在设计网站时只要用 Photoshop 软件打开 Logo 直接应用于网站即可。这里的操作如下：

1）在 Photoshop CC 的“图层”面板中单击“创建新组”按钮，创建一个新组文件夹并命名为“版权”，然后选择菜单栏上的“文件”→“打开”命令，选择本章中的实例源文件，即选择企业 Logo 文件，打开企业的 Logo，如图 5-16 所示。接着用“矩形选框工具”选中整个图片，按〈Ctrl+C〉组合键复制 Logo。

2）切换到设计中的首页，在适当的位置按〈Ctrl+V〉组合键粘贴图片。用户选择企业 Logo 时对 Logo 大小的要求是不同的，此时可单击工具栏中的“移动工具”按钮，选择 Logo 并按〈Ctrl+T〉组合键，图片周围会出现边框，拖动左下角的方框，同时要按住〈Shift〉键，使图片等比例缩小，如图 5-17 所示，并移动到首页的相应位置。

图 5-16　Logo 的导入

图 5-17　调整 Logo 的大小

3）单击工具栏中的“横排文字工具”按钮T，在 Logo 处输入企业的名称，并在该页面的最底下输入版权信息，效果如图 5-18 所示。

图 5-18　输入版权文字信息的效果

5.3.8 内容的设计

前面所提到的框架模块区域是用来安排首页内容的。首页内容相当重要，因为访问者进入网站首先看到的是首页，首页上的内容是否精彩在一定程度上会影响访问者是否继续浏览。在首页界面设计中不需要把各部分的内容完整地加入，只需要画出框架。在 Photoshop CC 的“图层”面板中单击“创建新组”按钮，创建一个新组文件夹并命名为“网页内容”，然后利用前面介绍的方法，根据用户建设网站的需要输入文字内容并绘制背景效果，完成的网页内容效果如图 5-19 所示。

图 5-19 网页的内容设计效果

5.3.9 友情链接

首页的友情链接等功能也是非常必要的，本实例采用其他网站的 Logo 链接来实现，有些大型网站由于网页的版面内容太多而采用文字链接，这里放置了一些知名网站的 Logo 作为后面链接的效果，设置后的效果如图 5-20 所示。

图 5-20　加入友情链接 Logo 后的整体效果

到此步骤，首页的功能基本上设计完毕，可以进入下一步的首页图片切割工作。虽然首页设计到此全部结束了，但对于网站建设来说这只是一个开始。其实网站首页的设计步骤基本上大同小异，希望读者在制作之前多看其他成功的作品，多上网浏览，多借鉴，慢慢养成自己完全创意设计的过程。

第 6 章 HTML5+CSS 布局网页

在掌握了 HTML5、CSS 基础知识以后，即可开始使用这些技术实现网页的布局。本章将在第 5 章设计实例的基础上使用 HTML5+CSS 实现网页的基础布局。本章的知识是前端工程师必学的内容，主要包括使用 Photoshop 完成设计网页的切片处理，在 Dreamweaver 中创建布局的站点，使用 HTML5+CSS 实现页面的布局效果。

从入门到精通

本章学习重点：

- 使用 Photoshop 分割图片
- 布局前的整体规划设计
- 使用 HTML5+CSS 布局网站首页
- CSS 的样式美化效果
- HTML5 兼容 IE 的设置

Section

6.1 网站首页的布局设计

实例中的首页是一个静态的网页效果，制作首页包括图片的切割、站点的建立以及HTML5+CSS布局静态网页几个环节。

6.1.1 首页图片的切片

对设计好的页面图片要使用Photoshop进行分割操作，图片分割工具包含两个工具，即切片工具和切片选择工具。

- “切片工具”：使用它可以方便地对图片进行分割。
- “切片选择工具”：通过它可以方便地选取分割好的图片。

注意：

在使用“切片工具”时可以按住〈Ctrl〉键快速切换到“切片选择工具”。

如果在制作的时候没有进行分割处理，浏览的就是整个图片，打开网页的速度就会很慢。在遇到这种问题的时候通常要将图片进行分割处理，这样在浏览图片的时候就会让图片一部分一部分的出现，实现快速下载。

另外，设计人员应该尽量减少图片的使用，因为网页上文字的浏览速度要比图片快得多，在能够实现同样效果的前提下用文字代替图片将大大提高网站的浏览速度。关闭所有的输入文字图层，对于一些特别的标题图层（如Logo文字、新闻标题等）要保留。

下面使用“切片工具”来分割页面。

（1）打开设计好的页面，先按可视参考线的预放置分割图，操作方法是按下〈Ctrl+R〉组合键打开标尺视图，用鼠标从标尺往下或者往左拖动即可放置一个蓝线，如实例中的放置效果，在放置的时候尽量把要切的地方放置到位，如这里放切割Logo，单击工具箱中的“切片工具”，从场景的左上角拉到Logo的右下角，如图6-1所示，图中虚线框处就是切割部分。

图6-1　Logo的切割

（2）切割小导航。保持“切片工具”处于选中状态，从小导航左边的背景开始分别切割出企业名称、“收藏本站”、“关于我们”使用的背景，如图 6-2 所示，在进行样式布局的时候可以使用设计的图片背景，但文字单独设计。

图 6-2　切割小导航

注意：

最好将切割选区的下边框与小导航的线条重合。如果划分切割区域不够准确，先用放大镜工具进行放大，再选中分割选取工具进行调整。

（3）切割大导航。保持“切片工具”处于选中状态，分别切割出网球图片、“公司简介”、“网球培训”等模块的统一背景，如图 6-3 所示，这里导航的文字后面也要用样式 CSS 控制。

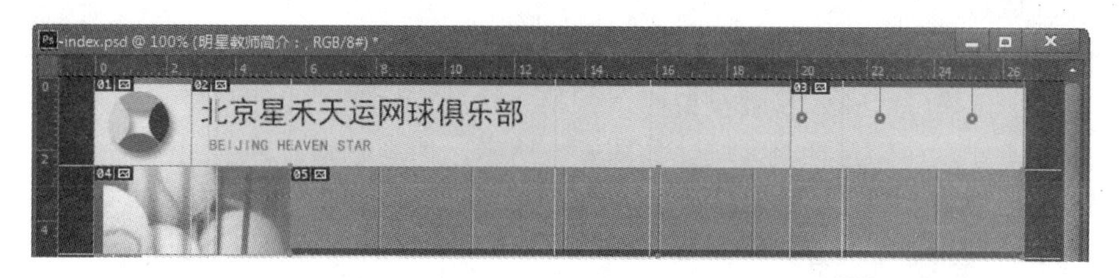

图 6-3　切割大导航

（4）切割 Banner 图片。切割出图片，以便于以后的 Flash Banner 操作，如图 6-4 所示。

图 6-4　切割 Banner

（5）切割网页内容。在这里要把所有图片按网站的功能模块切割开，如图 6-5 所示。

图 6-5　切割网页内容

（6）最后切割链接 Logo 和版权说明。保持“切片工具”处于选中状态，在场景的左下角拖动鼠标分出两个矩形切割区域，如图 6-6 所示，切割后分为 21 个小图片。

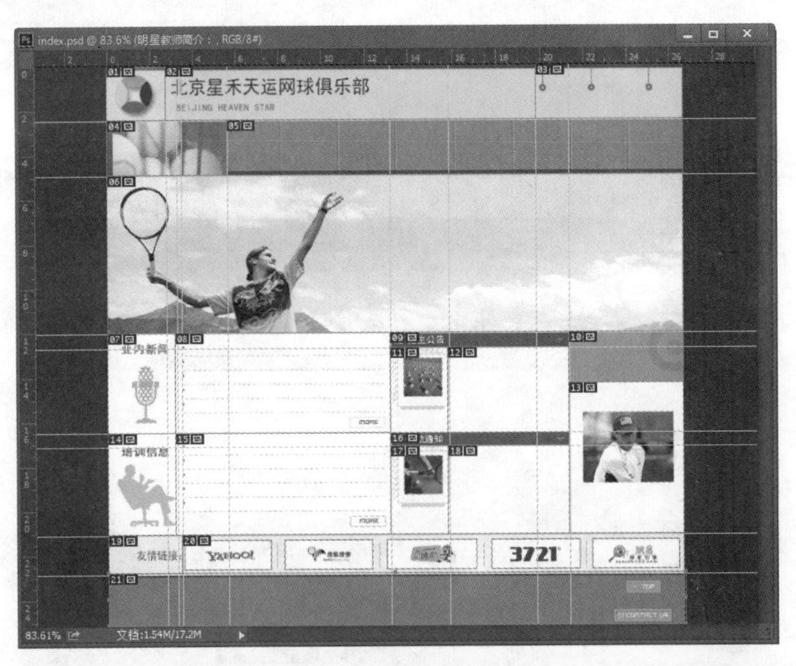

图 6-6　切割好的效果

（7）导出网页。到这里切割工作基本完成，现在要做的就是把它导出为真正的网页。选择菜单栏上的“文件”→“导出”→“存储为 Web 所用格式”命令，打开“存储为 Web 所用格式”对话框，设置发布后的图片格式为 PNG-24 无损高质量的图片格式，如图 6-7 所示。单击“存储”按钮，打开“将优化结果存储为”对话框，在“文件名”文本框中输入 index.html，在“格式”文本框中选择“HTML 和图像”，单击“保存”按钮完成保存操作。

图 6-7 “存储为 Web 所用格式”对话框

（8）打开保存文件的路径，可以看到系统自动生成了一个名为 images 的文件夹，文件夹中是前面分割后产生的小图片，由这些小图片组成了首页的效果，在设计的时候设计人员可以分别调用这些小图片，如图 6-8 所示。

图 6-8 分割的小图片

6.1.2 调节网页图片

如果想让网站的首页与众不同，设计人员还要掌握网页颜色模式的使用，现在计算机的应用色彩主要有 RGB、CMYK 和数位色彩，这些色彩模式的选择与网站建设的效果是息息相关的，本节将介绍网页色彩的优化与调节操作。用户可以在设置好的文件中用 Photoshop CC 文件进行设计，这里调出前面设计好的首页效果来说明如何设置 RGB 模式下的图片亮度效果及色彩调节的操作。

（1）运行 Photoshop CC，选择菜单栏上的“文件”→“打开”命令，在“打开”对话框中选择设计好的 RGB 模式文件 index.psd，如图 6-9 所示。

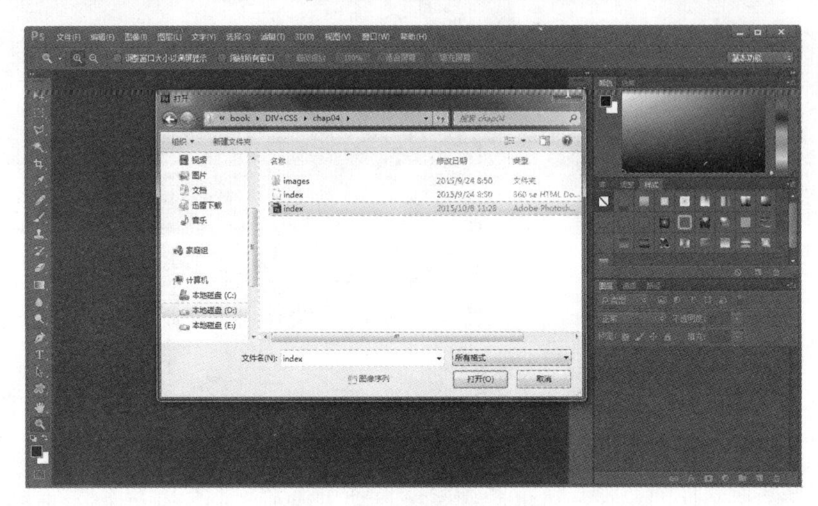

图 6-9　选择要打开的文件

（2）单击对话框上的“打开”按钮，打开设计好的网页首页平面效果，如图 6-10 所示。

图 6-10　打开的首页效果

（3）在该网页首页的应用中我们需要建立这样一个动作，当鼠标经过大导航时背景的墨绿色要变成浅绿色，这样可以实现一个动态效果。这在 Dreamweaver CC 中用鼠标经过替换图片的功能就可以实现，但在这里要预先进行 RGB 值的调节，让大导航的背景亮起来，因此首先要选择“大导航”文件夹中的“导航背景”图层，如图 6-11 所示。

（4）选择菜单栏上的“图像”→“调整”→“亮度/对比度”命令，打开“亮度/对比度”对话框，在“亮度”文本框中输入 40，在“对比度”文本框中输入 10，如图 6-12 所示。

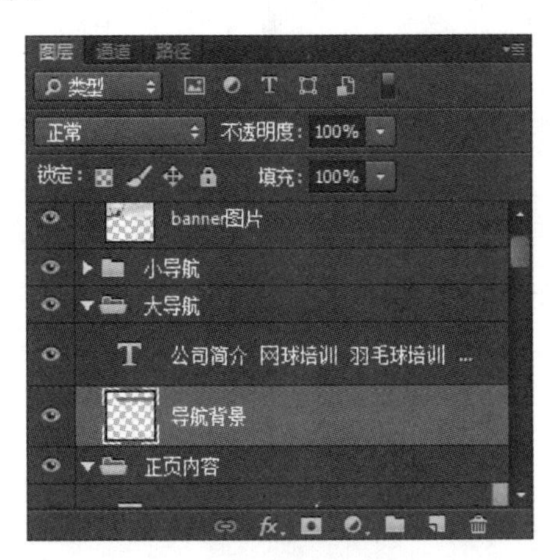

图 6-11　选择“导航背景”图层

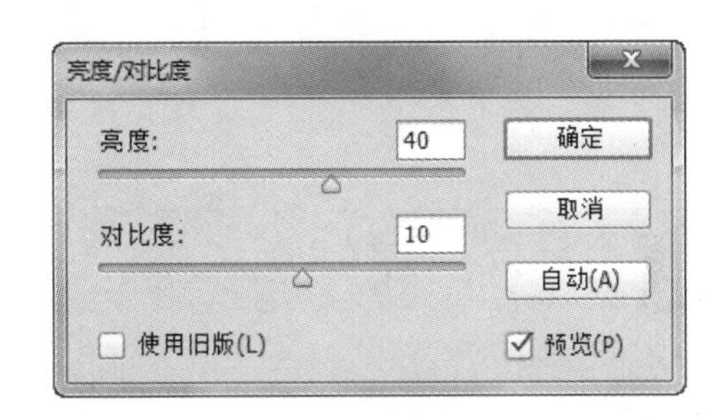

图 6-12　设置“亮度/对比度”对话框

（5）设置完成后单击“确定”按钮，调整后的效果如图 6-13 所示，可以明显地看出大导航背景要比原图亮一些。在调节好后再切割这些导航效果，并将这些小图片另存，以方便备用。

图 6-13　调节后的效果

（6）用户在设计好的色彩基础上可能还会通过调节整体平面颜色的效果来达到自己的要求，这在 Photoshop CC 中可以用一个命令快速实现。接着步骤（4）的操作，选择菜单栏上的“图像”→“调整”→“色彩平衡”命令，打开“色彩平衡”对话框，如图 6-14 所示。在这里可以调节“色彩平衡”对话框中不同的色阶值以达到要求，也可以拖动色块按钮来完成调节要求，调节后单击“确定”按钮即可完成设置。

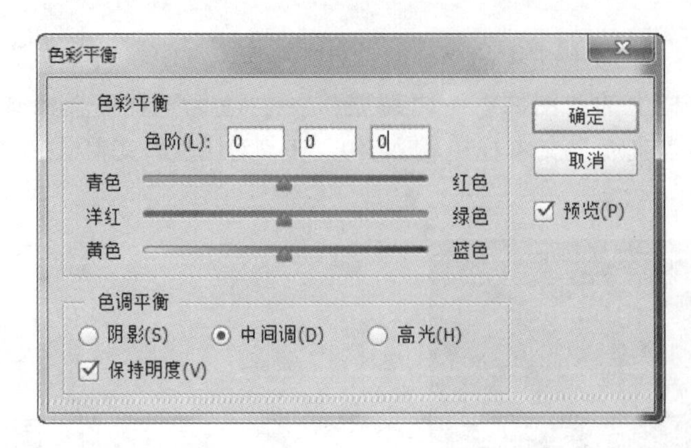

图 6-14 “色彩平衡”对话框

6.1.3 创建站点

在使用 Dreamweaver CC 2015 进行网页布局设计时，首先需要用定义站点向导定义站点，操作步骤如下：

（1）打开 Dreamweaver CC 2015，选择菜单栏中的“站点”→“管理站点”命令，打开“管理站点”对话框。

（2）该对话框的上边是站点列表框，显示了所有已经定义的站点。单击下边的“新建站点”按钮，打开“站点设置对象”对话框，进行以下参数设置。

- “站点名称”：html5。
- “本地站点文件夹”：D:\book\DIV+CSS\chap06\。

如图 6-15 所示。

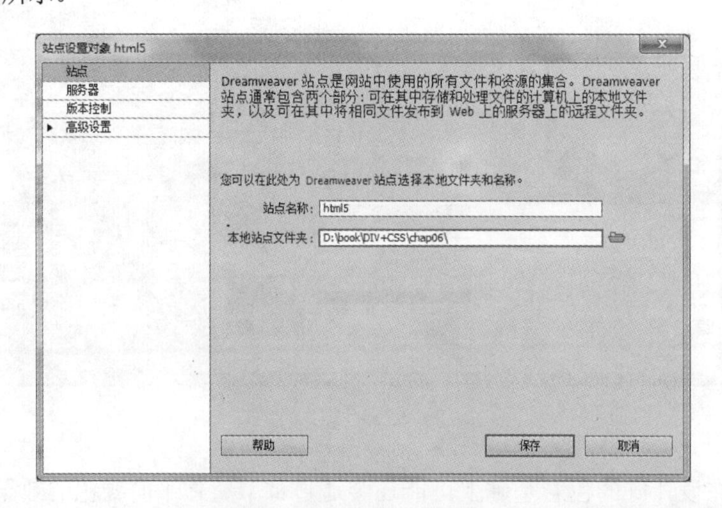

图 6-15 建立 html5 站点

（3）单击“保存”按钮，完成站点的定义设置，在 Dreamweaver CC 2015 中就拥有了刚才设置的站点 html5。

Section

6.2 使用 HTML5+CSS 布局网页

Web 使用标准的 HTML5、JavaScript、CSS 进行开发，通过不同系统的浏览器访问实现跨平台，大部分浏览器对 HTML5 都具有良好的支持。

6.2.1 布局的整体规划

对整体的页面布局进行规划设计，如图 6-16 所示。这张图的初步规划是非常重要的，就像盖一幢大厦一样，在施工之前需要“绘制”好施工图纸，这样在真正使用 HTML5+CSS 布局的时候才能达到事半功倍的效果。

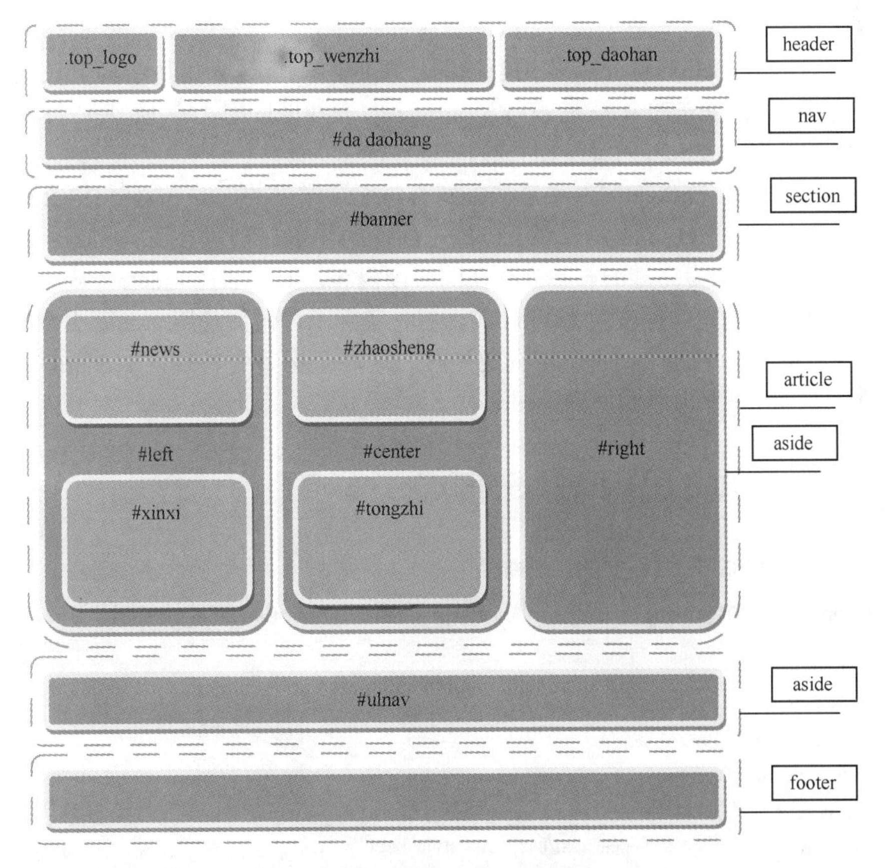

图 6-16　整体布局框架设计

刚开始使用 HTML5 时，大家可能对一些新标签不知道该怎么用，特别是 div、section 和 article 这 3 个标签，这里单独对这些标签做一下介绍，供大家参考。

（1）div

这个标签是我们见得最多、用得最多的一个标签。本身没有任何语义，用作布局以及样式化或脚本的钩子（hook）。

（2）section

与 div 的无语义相对，简单地说，section 就是带有语义的 div，但大家千万不要以为真的这么简单。section 表示一段专题性的内容，一般会带有标题。当元素内容聚合起来更加言之有物时，应该使用 article 来替换 section。那么，section 应该在什么时候用呢？section 应用的典型场景有文章的章节、标签对话框中的标签页、论文中有编号的部分。一个网站的主页可以分成简介、新闻和联系信息等部分。section 和下面要介绍的 article 更加适合于模块化应用。section 不仅仅是一个普通的容器标签。当一个标签只是为了样式化或者方便脚本使用时，应该使用 div。一般来说，当元素内容明确地出现在文档大纲中时 section 就是适用的。

（3）article

article 是一个特殊的 section 标签，它比 section 具有更明确的语义，它代表一个独立的、完整的相关内容块。一般来说，article 会有标题部分（通常包含在 header 内），有时也会包含 footer。虽然 section 也是带有主题性的一块内容，但是无论从结构上还是内容上来说，article 本身就是独立的、完整的。当 article 内嵌 article 时，从原则上来说，内部的 article 内容是和外层的 article 内容是相关的。

总之 div、section、article 的语义是从无到有，逐渐增强的。div 无任何语义，仅仅用作样式化或者脚本化的钩子（hook）。对于一段主题性的内容，则适合用 section，假如这段内容可以脱离上下文，作为完整的、独立存在的一段内容，则适合用 article。从原则上来说，如果能使用 article，也是可以使用 section 的，但是实际上，假如使用 article 更合适，那么就不要使用 section。nav 和 aside 的使用也是如此，这两个标签是特殊的 section，在使用 nav 和 aside 更合适的情况下也不要使用 section。

6.2.2 首页的 HTML5 布局

使用 HTML5+CSS 布局首页的步骤如下：

（1）将原来的 index.html 中的所有代码删除，将</head>以上的代码优化为：

```
<!doctype html>
<html>
<head>
<meta charset="utf-8">
<title>星禾体育</title>
<link href="css/css.css" type="text/css" rel="stylesheet">
<script type="text/javascript" src="js/ie.js"></script>
</head>
```

（2）正文中间的布局按规划的“设计图纸”一步步完成标签的输入。代码如下：

```
<body>
<header>
<div class="top_logo"><img src="images/logo.gif" alt="logo"/></div>
```

```
<div class="top_wenzhi"><img src="images/wenzhi.gif" alt="公司名称"/></div>
<div class="top_daohan">
    <nav class="top_box">
    <ul>
        <li class="top_one"><a href="#">收藏本站</a></li>
        <li class="top_two"><a href="#">联系我们</a></li>
    </ul>
    </nav>
</div>
</header>
<nav id="da_daohang">
   <div id="qiu"><img src="images/qiu.gif" alt="球图片"/></div>
   <ul class="da_dao">
   <li><a href="#">公司简介</a></li>
   <li><a href="#">网球培训</a></li>
   <li><a href="#">排球培训</a></li>
   <li><a href="#">体育用品</a></li>
   <li><a href="#">会员服务</a></li>
   <li><a href="#">在线留言</a></li>
   <li><a href="#">招聘信息</a></li>
   <li><a href="#">明星教练</a></li>
   </ul>
</nav>
<section id="banner">
<img src="images/banner.gif">
</section>
<article>
<div id="left">
    <section id="news">
    <div class="news_r"><img src="images/news.gif"></div>
    <div class="news_l">
    </div>
    </section>
    <section id="xinxi">
    <div class="xinxi_r"><img src="images/xinxi.gif"></div>
    <div class="xinxi_l"></div>
    </section>
  </div>
  <div id="center">
   <section id="zhaosheng">
    <div class="gg_tu"><img src="images/gg_tu.gif"></div>
    <div class="gg_tu_r"><img src="images/gg_tu_r.gif"></div>
    <div class="gg_tu_l"> </div>
    </section>
    <section id="tongzhi">
    <div class="tz_tu"><img src="images/tz_tu.gif"></div>
```

```
      <div class="tz_tu_r"><img src="images/tz_tu_l.gif"></div>
      <div class="tz_tu_l"></div>
      </section>
    </div>
    <aside id="right">
  <div class="top_1"><img src="images/top_1.gif"> </div>
    <div class="top_2"><img src="images/top_2.gif"> </div>
    </aside>
</article>
<aside id="ulnav">
  <div class="ul_1"><img src="images/url.gif"> </div>
    <div class="ul_2"><img src="images/url_nav.gif"> </div>
</aside>
<footer>
<p>Copyright (c) 2015 itrust.org.cn. All Rights Reserved</p>
</footer>
</body>
</html>
```

在 Dreamweaver CC 2015 版的编排软件中提供了可视化的操作，如图 6-17 所示。其中最新版的软件加强了索引的功能，即 DOM 窗口，编写的 HTML5 标签像 Word 的文档结构图一样，可以方便地让使用者进行编排设计。

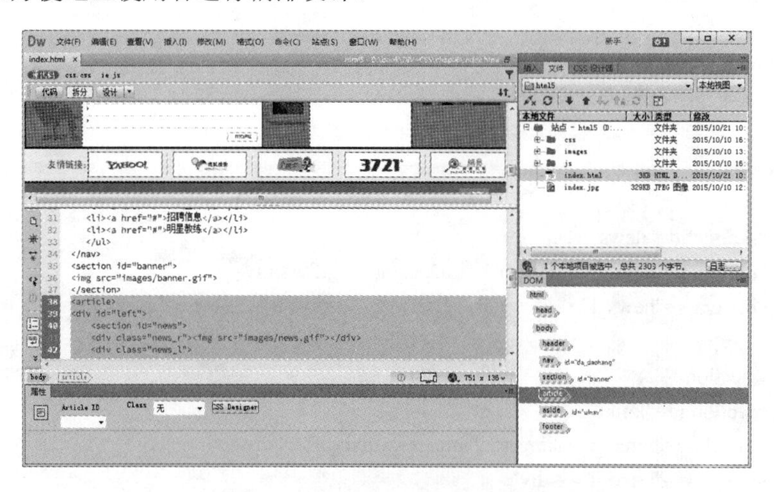

图 6-17　Dreamweaver 中的编排设计

6.2.3 CSS 的样式美化

在站点中建立 css 文件夹，并建立一个 css.css 样式文件，对首页的样式控制代码如下：

```
/* reset 重置样式，清除浏览器默认样式，并配置适合设计的基础样式*/
html,body,h1,h2,h3,h4,h5,h6,div,dl,dt,dd,ul,ol,li,p,blockquote,pre,hr,figure,table,caption,th,td,form,fieldset,legend,input,button,textarea,menu{margin:0;padding:0;}
```

```
header,footer,section,article,aside,nav,hgroup,address,figure,figcaption,menu,details{display:block;}
/*这些 HTML5 标签所创建的元素都是用 inline 样式渲染的，使它们变为块元素*/
del,ins,u,s,a,a:hover{text-decoration:none;}
/* \5B8B\4F53，宋体，更多中文字体转换见 Unicode 编码表网址“http://www.divcss5.com/jiqiao/
j325.shtml”*/
body,textarea,input,button,select,keygen,legend{font:12px/1.14 arial,'\5b8b\4f53';color:#333;outline:0;}
a:visited{ text-decoration: none;}
.clear{clear:both;height:1px;width:100%; overflow:hidden; margin-top:-1px;}
/*overflow:hidden 属性的作用是隐藏溢出*/
/***********************************************************************/
/*顶部*/
header{ width:756px; height:70px;margin:0 auto; }
.top_logo{width:78px; height:70px; float:left;}
.top_wenzhi{width:485px; height:70px; float:left;}
.top_daohan{width:193px; height:70px;
float:left; background:url(../images/xiaodaohan.gif) repeat-x;}
/*repeat-x 是横向铺满，就是在 header 中会横向重复，直到铺满；repeat-y 是纵向，如果不想重复
用 no-repeat*/
 .top_box{
margin-top:10px;
margin-left:20px;
width:173px;
}
 .top_one{width:60px; }
 .top_two{width:60px; }
 ul li{float:left;display:inline;}

/*大导航*/
#da_daohang{width:756px; height:70px;margin:0 auto;}
#qiu{width:159px;height:70px;float:left;}
.da_dao{width:597px; height:70px; float:left; background:url(../images/dadaohang.gif) repeat-x;}

.da_dao li{margin-top:45px;margin-left:20px;font-size:13px; }
.da_dao li a{ color:#fff;}
.da_dao li a:hover{ color:#000;}
#banner{width:756px;height:201px; margin:0 auto;}
/*正文内容*/
article{width:756px; height:257px;margin:0 auto;}
#left{width:374px;float:left;}
.news_r{width:90px;height:128px;float:left;}
.news_l{width:284px;height:128px;float:left;background:url(../images/news_l.gif) repeat-x;}
.xinxi_r{width:90px;height:129px;float:left;}
.xinxi_l{width:284px;height:129px;float:left;background:url(../images/xinxi_l.gif) repeat-x;}
#center{width:231px;height:257px;float:left;}
#zhaosheng{width:231px;height:128px;}
.gg_tu{width:231px;height:19px;}
```

```
.gg_tu_r{width:75px;height:109px;float:left;}
.gg_tu_l{width:156px;height:109px;float:left;background:url(../images/gg_di.gif) repeat-x;}
#tongzhi{width:231px;height:129px;}
.tz_tu{width:231px;height:17px;}
.tz_tu_r{width:75px;height:112px;float:left;}
.tz_tu_l{width:156px;height:112px;float:left;background:url(../images/xinxi_di.gif) repeat-x;}
#right{width:151px;height:257px;float:right;}
.top_1{width:151px;height:65px;}
.top_2{width:151px;height:192px;}
/*友情链接*/
#ulnav{width:756px; height:50px;margin:0 auto;}
.ul_1{width:99px;height:50px;float:left;}
.ul_2{width:657px;height:50px;float:left;}
/*版权内容*/
footer{width:756px;height:66px; margin:0 auto; color:#fff;text-align:center;
line-height:66px;background:url(../images/bottom.png) repeat-x;}
```

Dreamweaver 软件中的编写界面如图 6-18 所示。

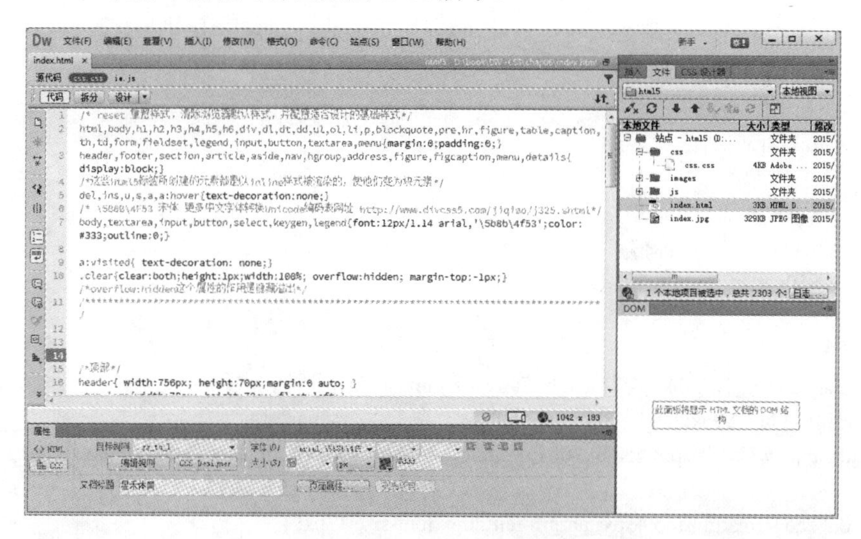

图 6-18　编写 CSS 样式文件

6.2.4 HTML5 兼容 IE 的设置

IE 6～IE 8 浏览器并不支持 HTML5 元素<nav>、<header>、<footer>、<article>等，对于前端布局师而言，如果要让目前所有的浏览器都兼容自己设计的页面是都要进行测试和调试的。

如果要让 IE（包括 IE 6）支持 HTML5 元素，我们需要在 HTML 头部添加以下 JavaScript，这是一个简单的 document.createElement 声明，利用条件注释针对 IE 来调用这个 JS 文件。Opera、FireFox 等其他非 IE 浏览器就会忽视这段代码，也不会存在 HTTP 请求。

（1）HTML5 在默认情况下表现为内联元素，对这些元素进行布局我们需要利用 CSS 手工把它们转为块状元素，例如：

```
header, footer, nav, section, article {
display:block;
}
```

（2）创建一个 JavaScript 文件，单独保存为 ie.js 文件（如图 6-19 所示）。编写的代码如下：

```
document.createElement("section");
document.createElement("article");
document.createElement("footer");
document.createElement("header");
document.createElement("hgroup");
document.createElement("nav");
document.createElement("menu");
document.createElement("aside");
```

上面这段代码仅在 IE 浏览器下运行。还有一点需要注意，在页面中调用 ie.js 文件必须添加在页面的 head 元素内，因为 IE 浏览器必须在元素解析前知道这个元素，所以这个 JS 文件不能在页面底部调用。

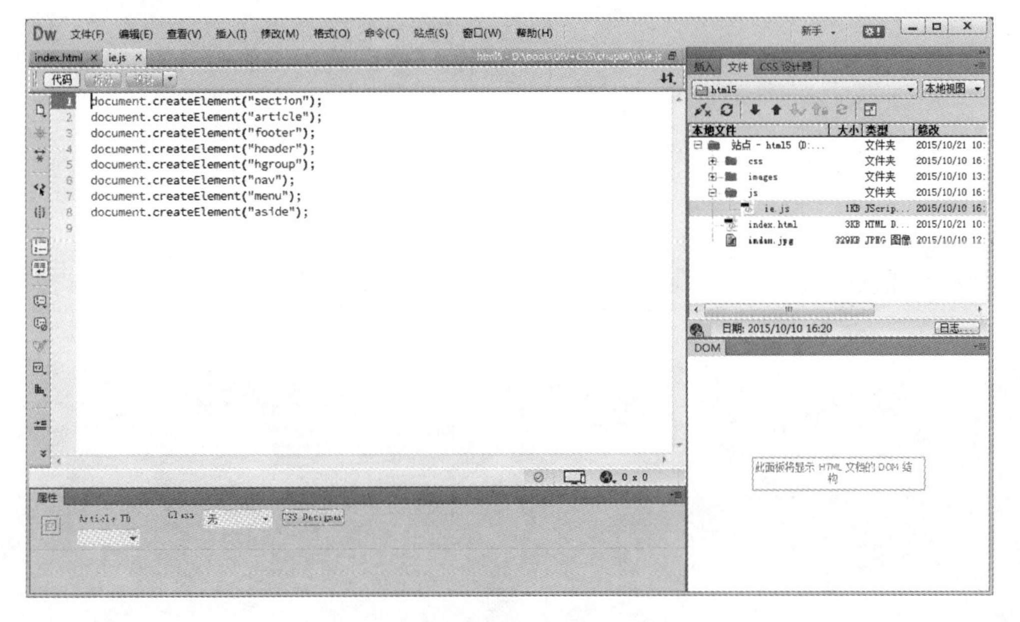

图 6-19　编写 ie.js 兼容文件

第7章 电子商城首页布局

电子商城系统通常拥有产品发布功能、订单处理功能、购物车功能、用户注册和登录等动态功能，管理者登录后台管理即可进行商品维护和订单处理操作。电子商城是比较庞大的系统，它必须拥有会员系统、查询系统、购物流程、会员服务等功能模块，这些模块在通过用户身份的验证后进行使用。对于前端布局师而言，难点在于各页面的关联布局，注意统一样式的应用。本章主要介绍使用 DIV+CSS 进行网上购物系统前台布局开发的方法，其中涉及基础的页面布局，在首页上使用 JavaScript 实现的一些动态交互功能。

从入门到精通

本章学习重点：

- 大型电子商城首页布局的规划
- 重置样式表 global.css 的设计
- 跨平台自适应网页宽度
- 大导航和二级菜单
- 首页 Banner 图片的轮播
- 功能模块在首页布局中的应用

Section

7.1 电子商城系统规划

为了系统化地学习使用 DIV+CSS+JavaScript 建设电子商务网站的过程，从本章开始以模拟一个实用的电子商城网站的前端建设过程为例，详细介绍前端布局一个电子商务网站必须做的具体工作。在进行大型系统网站开发之前首先要做好开发前的系统规划，方便设计员进行整个网站的开发与建设。

7.1.1 网站整体布局规划

在制作网站之前首先要把设计好的网站内容放置在本地计算机的硬盘上，为了方便站点的设计及上传，设计好的网页都应存储在一个目录下，再用合理的文件夹来管理文档。在本地站点中应该用文件夹合理地构建文档的结构。首先为站点创建一个主要文件夹，然后在其中创建多个子文件夹，最后将文档分类存储到相应的文件夹下。读者可以加本书的读者群进群空间下载实例素材，看一下站点文档结构及文件夹结构，设计完成的结构如图 7-1 所示。

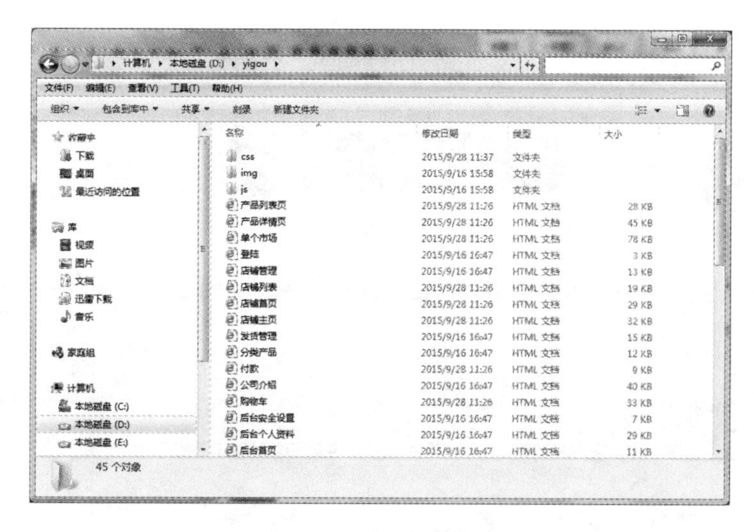

图 7-1 网站文件结构

为了方便程序员后面工作的对接，一般在布局的时候先将布局的第一稿文件用中文表示，方便自己和其他工作人员检查和使用，名字以本页的实际功能来命名，如首页、注册、付款等，实例中涉及动态网站建设的几乎所有动态功能布局设计。

7.1.2 建立网站的本地站点

定义站点的操作步骤如下：

（1）首先在“D:”盘中建立 yigou 文件夹，如图 7-2 所示，本章建立的所有布局文件都将放在该文件夹中。

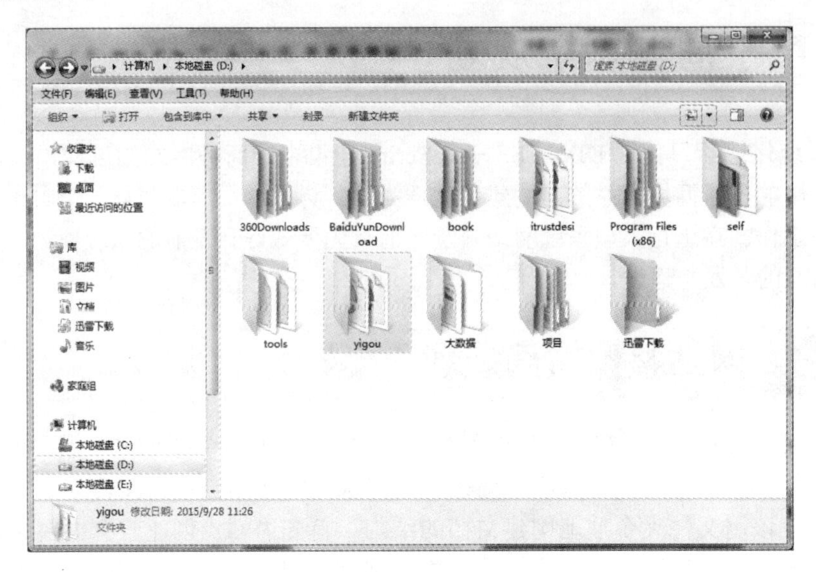

图 7-2 建立站点文件夹 yigou

（2）打开 Dreamweaver CC 2015，选择菜单栏中的“站点”→“管理站点”命令，打开“管理站点”对话框，如图 7-3 所示。

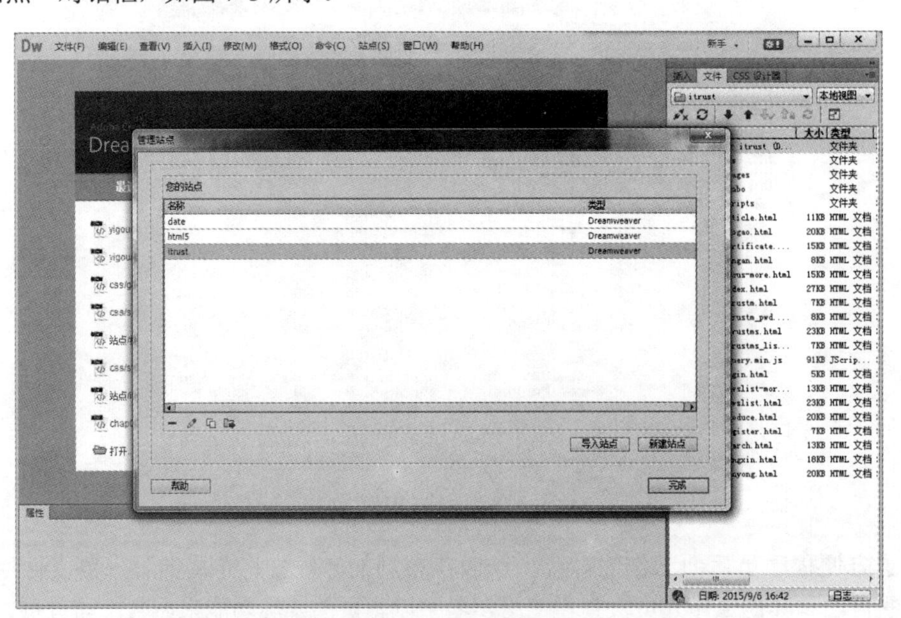

图 7-3 “管理站点”对话框

（3）单击“新建站点”按钮，打开“站点设置对象”对话框，进行以下参数设置。

- “站点名称”：yigou。
- “本地站点文件夹”：D:\yigou\。

如图 7-4 所示。

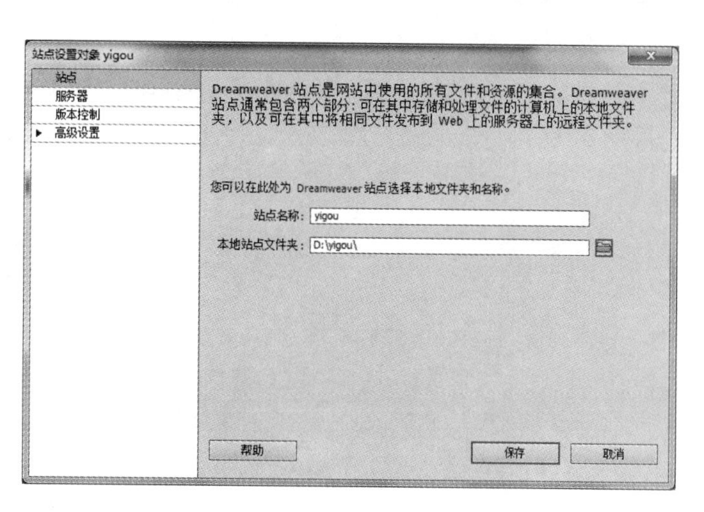

图 7-4　建立 yigou 站点

（4）单击列表框中的“服务器”选项，并单击“添加服务器”按钮，打开“基本”选项卡进行如图 7-5 所示的参数设置。

- “服务器名称”：yigou。
- “连接方法”：本地/网络。
- “服务器文件夹”：D:\yigou。
- “Web URL”：http://127.0.0.1/。

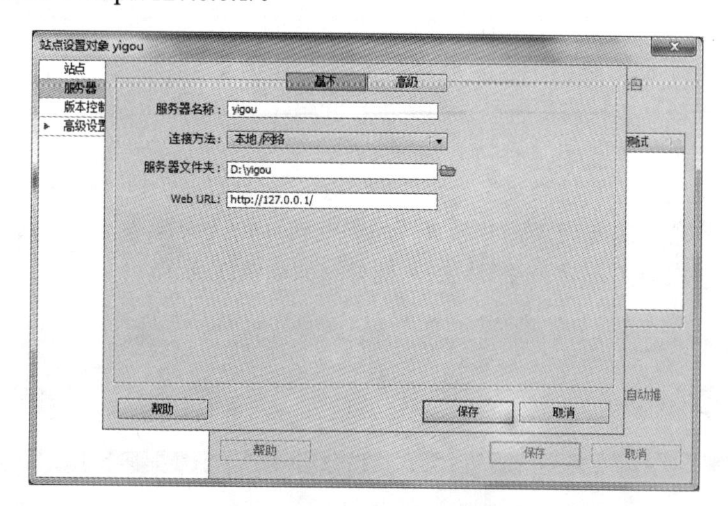

图 7-5　“基本”选项卡设置

（5）单击“保存”按钮，返回“服务器”设置对话框，选择“测试”单选按钮，如图 7-6 所示。

单击“保存”按钮，完成站点的定义设置，然后测试 yigou 网站环境设置。如果用户的计算机上装了 IIS 服务器，需要将服务器的默认文件夹指向 yigou 文件夹才可以使用 127.0.0.1 默认地址进行访问；如果用户的计算机上没有装服务器配置文件，上述配置的第 4 步请不要进行配置，直接配置到第 3 步进行保存即可，当后面布局页面的时候按〈F12〉键预览文件，一样可以看到最后的布局效果。

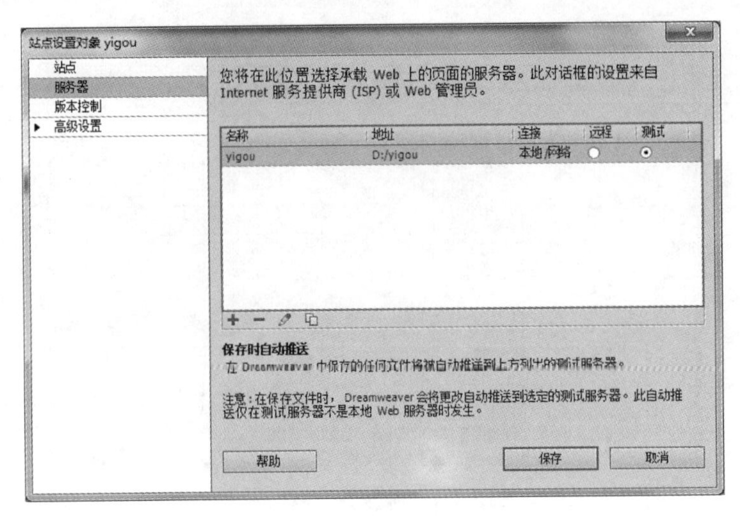

图 7-6　设置“服务器”参数

7.1.3　商城首页布局分析

类似于京东商城的 B2C，电子商城实用型网站是在网络上建立一个虚拟的购物商场，让访问者在网上购物。网上购物以及网上商店的出现避免了挑选商品的烦琐过程，让人们的购物过程变得轻松、快捷、方便，很适合现代人快节奏的生活；同时又能有效地控制“商场”运营的成本，开辟了一个新的销售渠道。本实例使用 DIV+CSS+JavaScript 直接用手写程序完成，由于完成的首页比较大，所以分模块进行介绍。

本网站首页主要实现的功能如下：

（1）开发了强大的搜索以及高级查询功能，使访问者能够快捷地找到感兴趣的商品，使用三级菜单联动实现产品的分类，并具有产品广告图片轮播切换功能，资讯话题和规则可以切换标签显示不同内容的布局，各布局的功能分布如图 7-7 所示。

图 7-7　电子商城首页上的部分布局效果

（2）在首页上加入“热门市场”“热门区域”“求购信息”“实时订单”4 个简单的快速导航布局，在下方单独展示可以按城市切换的“市场精选”和推荐到首页的“商铺精选”功能，布局后如图 7-8 所示。

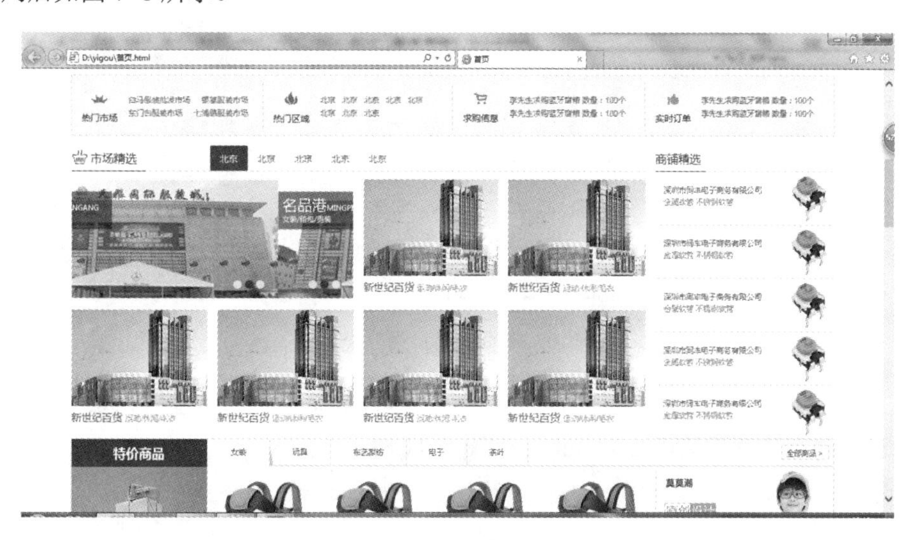

图 7-8　首页市场和商铺的布局样式

（3）流畅的会员购物流程，即浏览、将商品放入购物车、去收银台。每个会员有自己专用的购物车，可随时订购自己中意的商品并结账完成购物。购物的流程是指导购物车系统程序编写的主要依据，在首页上需要将推荐的商品和品牌单独列模块进行展示，实例中这两块布局的样式是一样的，如图 7-9 所示。

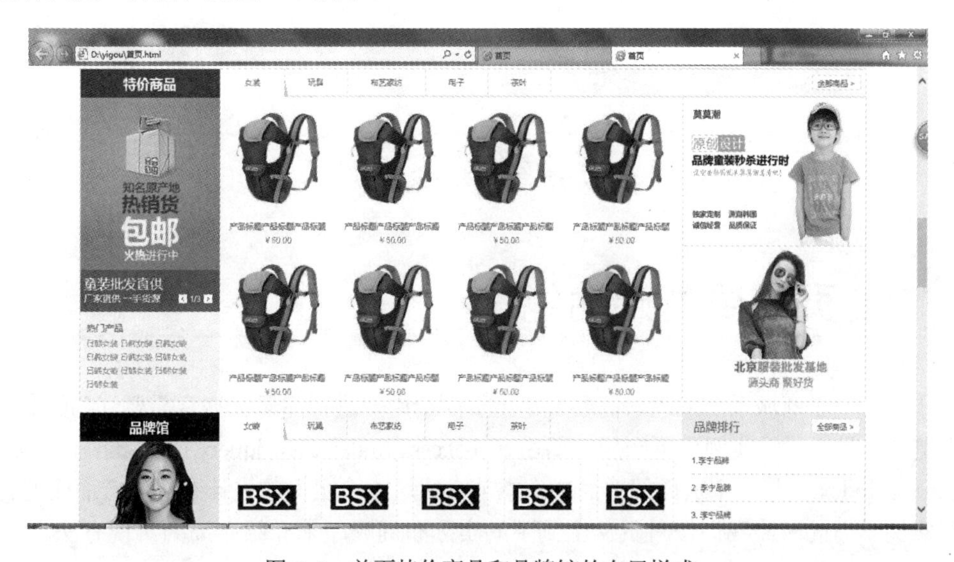

图 7-9　首页特价商品和品牌馆的布局样式

（4）按行业划分的产品目录导航功能，如图 7-10 所示，在布局的时候通过产品目录标题按不同的样式设置，包括字的大小、颜色的样式设置，实现了精美的布局。

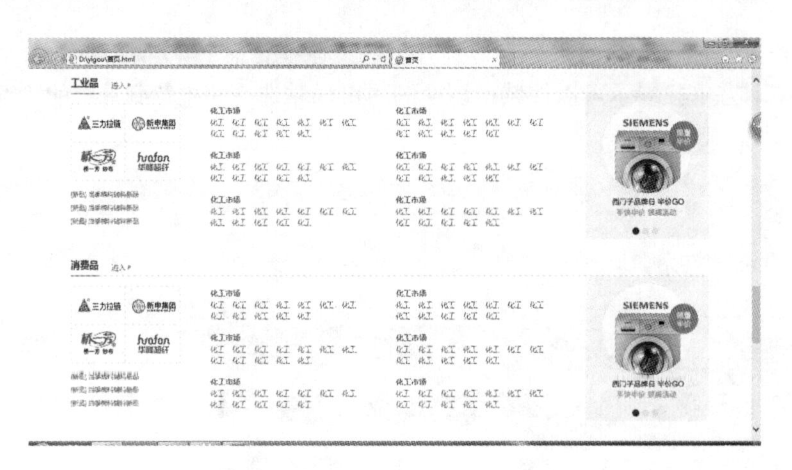

图 7-10　首页产品目录分类列表

（5）最下面的版权页设计得比较简单，把平台的相关服务和提供的保障整齐地展示出来，所有权也是按标准格式进行布局的，如图 7-11 所示。

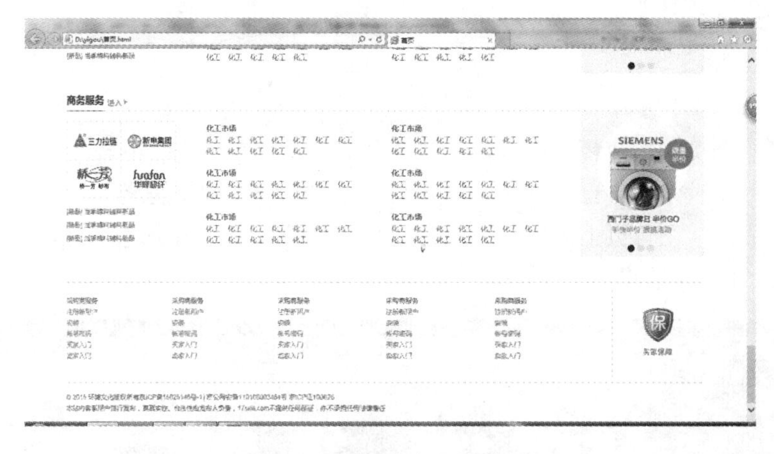

图 7-11　底部版权页的布局

Section 7.2 首页布局基础功能

对于一个电子商城系统来说，需要一个主页面给用户进行注册、搜索需要订购的商品、在网上浏览商品等操作。实例首页布局主要由 global.css、index.css、jquery.1.8.2.min.js、slides.js、common.js、index.js 共 6 个页面组合而成，本节介绍这 6 个页面的设计布局组合而成的首页，在进行实例学习的时候我们按首页从上到下的实际布局顺序来介绍布局的实现方法。

7.2.1 重置样式表 global.css

由于现在浏览器的产品特别多，而且每种产品又有很多不同时期的版本，如 IE7、IE8、IE9 等，这对于前端布局师而言是非常不便的，需要考虑兼容性问题，往往布局符合了其中的一款浏览器，而在其他浏览器中就发生了错位。针对这个问题，一般高级的前端布局师会重置样式，即清除所有浏览器默认样式，并配置适合设计的基础样式。这也是从底层解决兼容性的办法之一，当然这个代码也是通用于所有网站的。本功能代码直接放在 global.css 文件中。

（1）运行 Dreamweaver CC 2015 软件，打开制作到这一步骤的站点文件夹。选择菜单栏中的“文件”→“新建”命令，打开“新建文档”对话框，在“新建文档”选项卡中选择“文档类型”列表框中的 CSS，然后单击“创建”按钮创建新页面，如图 7-12 所示，在网站 css 目录下新建一个名为 global.css 的网页并保存。

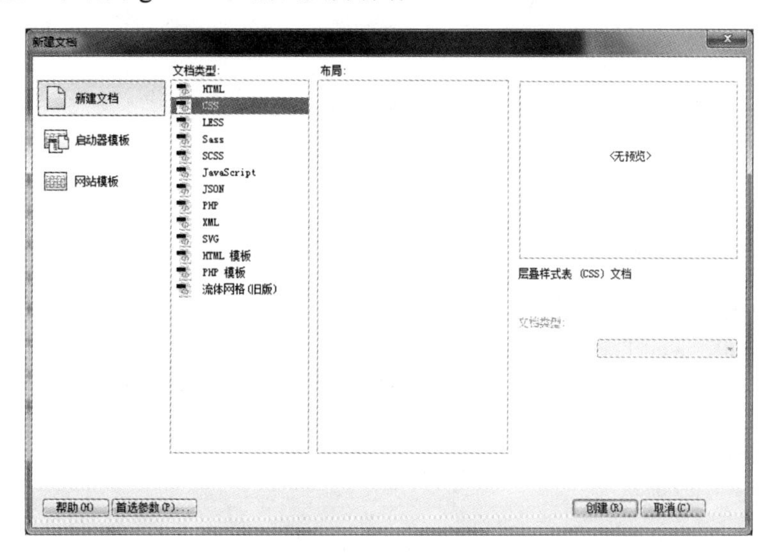

图 7-12　创建 css 文件

（2）进入代码视图窗口，将里面所有的默认代码删除，然后加入以下代码：

```
@CHARSET "UTF-8";
/* reset 重置样式，即清除所有浏览器默认样式，并配置适合设计的基础样式*/

/* 防止用户自定义背景颜色对网页的影响，添加让用户可以自定义字体*/
html{ color:#666; -webkit-text-size-adjust:100%; -ms-text-size-adjust:100%;}

/* 内、外边距通常让各个浏览器样式的表现位置不同 */
body,div,dl,dt,dd,ul,ol,li,h1,h2,h3,h4,h5,h6,pre,code,form,fieldset,legend,input,textarea,p,blockquote,th,td
,hr,button,article,aside,details,figcaption,figure,footer,header,hgroup,menu,nav,section,iframe{ margin:0;
padding:0;}

/* 设置网页的文字大小和字体样式 */
body,button,input,select,textarea{ font:12px arial,"Microsoft YaHei"}

 /* 注意表单元素并不继承父级 font 的问题 */
input,select,textarea{ font-size:100%;}
```

```
/* 去掉各 table cell 的边距并让其边重合 */
table{ border-collapse:collapse; border-spacing:0;}

/* IE bug fixed: th 不继承 text-align*/
th{ text-align:inherit;}

/* 去除默认边框 */
fieldset,img{ border:0;}

/* ie6 7 8(q) bug 显示为行内表现 */
iframe{ display:block;}

input::-webkit-input-placeholder{color:#b1b1b1; font-weight:bold;}
input::-moz-input-placeholder{color:#b1b1b1; font-weight:bold;}

/* 去掉 FireFox 下此元素的边框 */
abbr,acronym{ border:0; font-variant:normal;}

/* 一致的 del 样式 */
del{ text-decoration:line-through;}
address,caption,cite,code,dfn,em,i,th,var{ font-style:normal; font-weight:500;}

/* 去掉列表前的标识，li 会继承 */
ol,ul{ list-style:none;}

/* 对齐是排版最重要的因素，不要让什么都居中 */
caption,th { text-align:left;}

/* 来自 Yahoo，让标题都自定义，适应多个系统应用 */
h1,h2,h3,h4,h5,h6{ font-size:100%; font-weight:500;}
q:before,q:after{ content:'';}

/* 统一上标和下标 */
sub, sup { font-size: 75%; line-height: 0; position: relative; vertical-align: baseline; }
sup {top: -0.5em;}
sub {bottom: -0.25em;}

/* 默认不显示下划线，保持页面简洁 */
ins,a{ text-decoration:none;}
button{ border:0; outline:none;}

/* HTML5 媒体文件跟 img 保持一致 */
audio,canvas,video { display: inline-block;*display: inline;*zoom: 1; }

/* 清理浮动 */
.clear{ clear:both;}
```

```
.clearfix:after{ visibility:hidden; display:block; font-size:0; content:" "; clear:both; height:0;}
.clearfix{ zoom:1;}
.f_l{float:left}
.f_r{float:right}
.fl{ float:left;}
.fr{ float:right;}
a{text-decoration:none; color:#666;}
```

说明：

在 CSS 中可以使用/**/注释，在编写 CSS 样式的时候一定要养成良好的习惯，对每一段样式代码实现的功能尽可能进行注释，以方便自己和其他工作人员读取使用。

通过上面重置样式文件的建立可以将整个网站的基础样式统一，起到美化整个网站的效果，并同时解决了大部分浏览器的兼容问题，用户在设计其他网页的时候可以将本文件作为重置的基础文件。

7.2.2 跨平台自适应网页宽度

随着移动互联网的普及，越来越多的人使用手机上网，移动设备正超过桌面设备成为访问互联网最常见的终端。于是，网页设计师不得不面对一个难题：如何才能在不同大小的设备（包括 PC、平板手机、智能手机等）上呈现同样的网页效果？在 2010 年，Ethan Marcotte 提出了“自适应网页设计（Responsive Web Design）”这个名词，这是指可以自动识别屏幕宽度并做出相应调整的网页设计。

那么自适应网页设计到底是怎么做到的？其实并不难，首先在网页代码的头部加入一行 viewport 元标签。

```
<!DOCTYPE html>
<html lang="en">
    <head>
        <meta charset="utf-8">
        <meta http-equiv="X-UA-Compatible" content="IE=edge,chrome=1">
        <title>首页</title>
        <meta name="description" content="">
        <meta name="viewport" content="width=device-width; initial-scale=1.0">
```

viewport 是网页默认的宽度和高度，上面这行代码的意思是网页宽度默认等于屏幕宽度（width=device-width），原始缩放比例（initial-scale=1）为 1.0，即网页初始大小占屏幕面积的 100%。所有主流浏览器都支持这个设置，包括 IE9。

对于老式的浏览器（主要是 IE6、IE7、IE8），需要使用 css3-mediaqueries.js。

```
<!--[if    lt IE 9]>
<script src="http://css3-mediaqueries-js.googlecode.com/svn/trunk/css3-mediaqueries.js">
</script>
<![endif]-->
```

7.2.3 链接样式表和 JavaScript

首页的样式表和实现交互的 JavaScript 是单独建立的样式文件和交互动作文件，在首页应用的时候需要链接和导入，具体的代码和功能如下：

```
<link href="css/global.css" type="text/css" rel="stylesheet"   /><!--链接通用样式表 global.css-->
<link href="css/index.css" type="text/css" rel="stylesheet"   /><!--链接首页编写的样式 index.css-->
<script type="text/javascript" src="js/jquery.1.8.2.min.js" ></script><!--调用 jquery 类库实现网页的交互-->
<script type="text/javascript" src="js/slides.js"></script><!--调用图片轮播-->
<script type="text/javascript" src="js/common.js"></script><!--调用自己编写的交互通用的 JavaScript
动作-->
<script type="text/javascript" src="js/index.js"></script><!--调用自己编写的首页有交互的 JavaScript
动作-->
```

技术说明：

通过调用 jquery.1.8.2.min.js 类库可以实现很多 jQuery 的特效，调用的文件有 jquery.js 和 jquery-1.8.2.min.js 两个 jQuery 的类库，jQuery 的 min 版和原版的功能是一样的，min 版主要应用于已经开发成的网页中，非 min 版的文件比较大，里面有整洁的代码书写规范和注释，主要应用于脚本开发过程中。

7.2.4 布局小导航功能

任何网站如果想看上去美观都要经过专业的网页布局设计，实例按传统的电子商务网站布局方式进行布局，文字样式的美化设计是使用样式表直接设计的，实例的通用样式表保存在 global.css 文件中，个性化的样式表写在 index.css 文件里。

导航频道是网站建设中很重要的部分，通常情况下一个网站的页面会有几十个，更大型的可能会达到几千个甚至几万个，每个页面都有导航栏。但是，在网站后期维护或者需要更改的时候，这个工作量会变得很大。为了方便通常把导航栏开发成单独的一个页面，然后让每个页面单独调用它。这样当需要变更的时候只要修改导航栏这一个页面，其他的页面就自动全部更新了。实例创建的最顶部的小导航栏如图 7-13 所示。

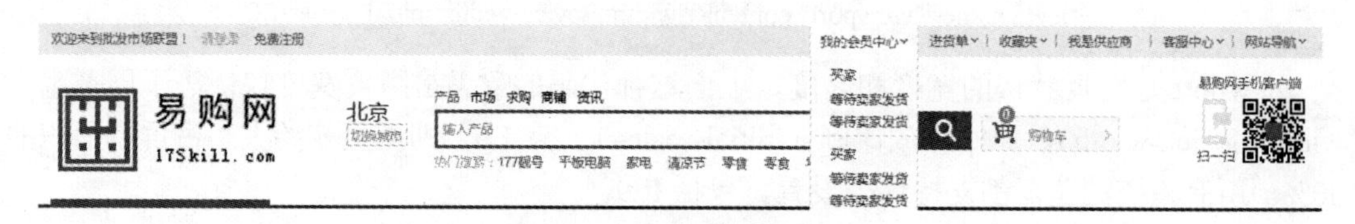

图 7-13 小导航功能

制作步骤如下：

（1）在 Dreamweaver CC 2015 中单击“显示代码视图” 代码 按钮，进入代码视图窗口，输入小导航的 DIV 布局程序。

```
<div class="head_box">
```

```
<div class="head_top clearfix">
    <div class="head_top_l">
    <p>欢迎来到批发市场联盟！</p>
    <a href="登录.html" class="login">请登录</a>
    <a href="注册.html" class="regis">免费注册</a>
    </div>
    <ul class="head_top_r">
    <li class="j_list">
    <a href="#" class="top_name">我的会员中心</a>
    <i class="arrow"></i>
    <div class="down_user j_down" style="display:none;">
    <dl class="bt">
        <dt>买家</dt>
        <dd><a href="#">等待卖家发货</a></dd>
        <dd><a href="#">等待卖家发货</a></dd>
        </dl>
        <dl>
        <dt>买家</dt>
        <dd><a href="#">等待卖家发货</a></dd>
        <dd><a href="#">等待卖家发货</a></dd>
        </dl>
        </div>
        </li>
    <li class="j_list">
    <a href="#" class="top_name">进货单</a>
    <i class="arrow"></i>
    <div class="down_order j_down"   style="display:none;">
        <div class="on">
        <p class="tit">最近加入的货品：</p>
        <div class="info clearfix">
        <a class="pro_pic" href="#"><img src="img/pic1.jpg" /></a>
        <div class="cen">
        <a href="#">欧洲站 2014 春</a>
        <p>颜色：花色   尺码：S</p>
        <p>价格：<i>38.00</i>元×10</p>
        </div>
        <a href="javascript:;" class="del">删除</a>
        </div>
        <a href="#" class="look_order" ></a>
        </div>
        <div class="off">
        <p>您的购物车还没有货品，赶紧选购吧！</p>
        </div>
        </div>
        </li>
    <li class="j_list">
```

```
        <a href="#" class="top_name">收藏夹</a>
        <i class="arrow"></i>
        <div class="down_mark j_down" style="display: none;">
                <a href="#">收藏商品</a>
                <a href="#">收藏商品</a>
                <a href="#">收藏商品</a>
        </div>
        </li>
        <li>
        <a href="#" class="top_name">我是供应商</a>
        </li>
        <li class="j_list">
        <a href="#" class="top_name">客服中心</a>
        <i class="arrow"></i>
        <div class="down_sev j_down" style="display: none;">
        <a href="#">帮助中心</a>
        <a href="#">易批规则</a>
        <a href="#">在线客服</a>
        </div>
    </li>
        <li class="last_l j_list">
        <a href="#" class="top_name">网站导航</a>
        <i class="arrow"></i>
        <div class="down_nav j_down" style="display: none;">
                <dl class="clearfix">
                <dt>资讯</dt>
                <dd class="f_l"><a href="#">商城公告</a></dd>
                <dd class="f_r"><a href="#">市场资讯</a></dd>
                </dl>
                <dl class="clearfix">
                <dt>安全交易</dt>
                <dd class="f_l"><a href="#">卖家保障  </a></dd>
                <dd class="f_r"><a href="#">商家认证</a></dd>
                <dd class="f_l"><a href="#">工商打假</a></dd>
                </dl>
                <dl class="clearfix bt">
                <dt>帮助</dt>
                <dd class="f_l"><a href="#">帮助中心</a></dd>
                </dl>
                </div>
                </li>
                </ul>
        </div>
    </div>
```

在布局过程中的主要技术难点在于对一些层的隐藏设置，即“我的会员中心”“进货单”

“收藏夹”等一级菜单显示，而其二级菜单及小功能显示的内容要隐藏，使用“style="display: none;"”命令实现。如果在样式文件或页面文件代码中直接用 display:none 对元素进行了隐藏，载入页面后，在没有通过 JS 设置样式使元素显示的前提下使用 JS 代码无法正确获得该元素的一些属性，例如 offSetTop、offSetLeft 等，返回的值会为 0，通过 JS 设置 style.display 使元素显示后才能正确地获得这些值。

（2）在 global.css 文件中输入该布局的样式控制命令。

```
/* 头部 */
.wrap{width:990px; margin:0 auto;}
.head_box{ width:100%; height:30px; background:#f2f2f2; }
.head_top{ width:1188px; line-height: 30px; margin:0 auto; }
.head_top_l,.head_top_l p,.head_top_l a{float: left;color:#666;}
.head_top_l .login{color:#b5b5b5;margin:0 14px 0 10px;}
.head_top_r,.ihead_search{float:right;}
.head_top_r li{float:left;padding:0 18px 0 11px; background:url(../img/header.jpg) right 9px no-repeat;
position:relative; }
.head_top_r li .arrow{ width:7px; height:4px; overflow:hidden; position:absolute; top:13px; right:9px;
background:url(../img/index/index_icon.png) -20px 0px no-repeat; }
.head_top_r li .arrow_on{   background:url(../img/index/index_icon.png) -30px 0px no-repeat; }
.head_top_r .last_l{padding:0 18px 0 11px; background: none;}
.head_top_r a{color:#666;}
```

在实例中使用到了 position:absolute 样式，主要用于定位元素位置，那么 absolute 和 relative 怎么区分，怎么用呢？大家都知道 absolute 是绝对定位，relative 是相对定位。

absolute，在 CSS 中的写法是 position:absolute，意思是绝对定位，指参照浏览器的左上角配合 Top、Right、Bottom、Left（下面简称 TRBL）进行定位，在没有设定 TRBL 时，默认依据父级的坐标原始点为原始点。如果设定 TRBL，并且父级没有设定 position 属性，那么当前的 absolute 则以浏览器的左上角为原始点进行定位，位置将由 TRBL 决定。一般来讲，网页居中用 absolute 很容易出错，因为网页一直是随着分辨率的大小自动适应的，而 absolute 则会以浏览器的左上角为原始点，不会因为分辨率的变化而变化位置。很多人出错就出在这点上。而网页居左，其特性与 relative 很相似，但还是有本质的区别的。

relative，在 CSS 中的写法是 position:relative，意思是绝对相对定位，指参照父级的原始点为原始点，若无父级则以 BODY 的原始点为原始点，配合 TRBL 进行定位，当父级内有 padding 等 CSS 属性时，当前级的原始点参照父级内容区的原始点进行定位。

（3）加入 CSS 样式代码后，就会发现在编辑文档窗口中基本上已经布局到位，但鼠标经过的动作需要使用 JavaScript 命令具体实现，实现后的效果如图 7-14 所示。

图 7-14 自动生成代码占位符

在 common.js 文件中输入 DIV 实现下拉菜单的 JS 命令：

```
//获取光标
    $('.search_text,.j_input').focus(function(){
            $(this).addClass('focus');
            $(this).val('');
    });

    $('.search_text,.j_input').blur(function(){
            $(this).removeClass('focus');
            $(this).val($(this).attr('prompt'));
    });

    //header top，下拉菜单
    $('.head_top_r .j_list').hover(function(){
            $(this).addClass('active');
            $(this).find('.j_down').show();
    },function(){
            $(this).find('.j_down').hide();
            $('.head_top_r li').removeClass('active');
    });
```

保存制作的页面，按下〈F12〉键即可在浏览器中看到制作好的小导航效果。

7.2.5 搜索功能的布局设计

通常网站都会设计搜索引擎功能，站内搜索功能开发是将查询文本框放置到一个表单内，在单击“搜索”按钮时提交到后台动态页面进行搜索并显示结果页面。在布局的时候主要考虑使用样式表实现对表单的样式控制。本实例制作的样式如图 7-15 所示。

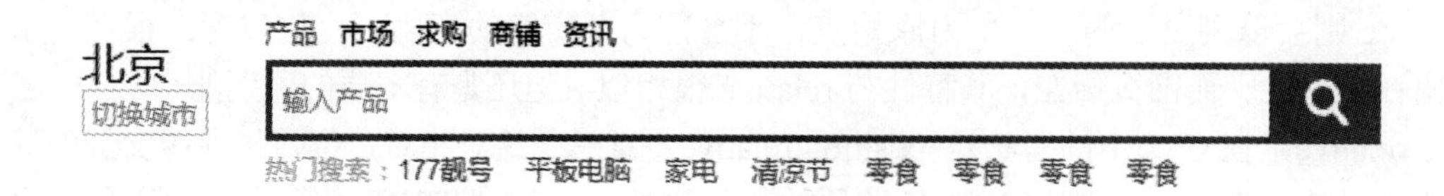

图 7-15 自动生成代码占位符

（1）在 index.html 中使用 DIV 布局的代码如下：

```
<div class="search mr">
<ul class="search_type">
<li><a href="#" class="on">产品</a></li>
<li><a href="#">市场</a></li>
<li><a href="#">求购</a></li>
<li><a href="#">商铺</a></li>
<li><a href="#">资讯</a></li>
```

```
</ul>
<form method="post" action="#">
<div class="clearfix">
<input type="text" class="inputt j_input" value="输入产品" prompt="输入产品" />
<button type="submit" class="submit"></button>
</div>
</form>
<dl class="hot">
<dt>热门搜索：</dt>
<dd><a href="#">177 靓号</a></dd>
<dd><a href="#">平板电脑</a></dd>
<dd><a href="#">家电</a></dd>
<dd><a href="#">清凉节</a></dd>
<dd><a href="#">零食</a></dd>
<dd><a href="#">零食</a></dd>
<dd><a href="#">零食</a></dd>
<dd><a href="#">零食</a></dd>
</dl>
</div>
```

form 表单区域标签的语法与结构如下：

```
<form action="" method="get"> </form>
<form action="" method="post"> </form>
```

当 method 的值为 get 时是通过 URL 传输内容与参数，这个时候通过网址 URL 能看见自己填写的内容提交处理。

当 method 的值为 post 时是通过类似缓存传输填写内容与参数，而 URL 是不能看到 form 表单填写内容、提交内容的。

对于 HTML 表单 form 标签，有了 form 表单及提交方式（get post）才能将数据传输给程序处理，否则程序接收不到将要处理的数据。

（2）样式表的控制放在 index.css 文件中，具体的代码如下：

```
/* header */
.sheader{ width:1190px; height:136px; margin: 0 auto; overflow:hidden; }
.sheader .mr{ margin:25px 0 24px 0;   }
.sheader .logo{ float:left; width:280px; height:87px; overflow:hidden; }
.sheader .logo img{ vertical-align:middle;     }
.sheader .city{ float:left; width:83px; padding-top:13px;    }
.sheader .city p{ line-height:24px;font-size:20px; color:#231f20;}
.sheader .city a{ display: block;width:55px; height:18px; border:1px solid #cfcfcf; text-align:center;
color:#999; line-height:18px; }
.sheader .search{width:512px; height:87px; overflow:hidden; float:left; }
.sheader .search .search_type{ margin-bottom:3px; }
.sheader .search .search_type li{ float:left; padding-right:5px; margin-right:5px;    line-height:24px; }
.sheader .search .search_type li a{ color:#000; }
```

```
.sheader .search .search_type li a:hover,.sheader .search .search_type li a.on{ color:#e12228; }
.sheader .search .inputt{width:440px; color:#999; float:left; height:24px; line-height:24px;
padding:2px 5px 3px 5px; border:3px solid #e12228; background:none; }
.sheader .search .submit{width:47px; cursor:pointer; height:35px; background:url(../img/icon-bg.png) no-
repeat 0 -50px;    float:left;}
.sheader .search .focus{ color:#000; }
.sheader .search .hot{line-height:24px; height:24px; width:500px; overflow: hidden; }
.sheader .search .hot dt{ float:left; color:#b6b6b6;}
.sheader .search .hot dd{ float:left; padding-right:5px; margin-right:10px; display:inline; }
.sheader .search .hot dd a{ color:#666;}
.sheader .shopp_car{ width:84px; color:#9e9e9e; height:30px;margin-top:53px; border:1px solid #eeeeee;
padding-left:44px; background:#fafafa; position:relative; float:left; }
.sheader .shopp_car .num{ width:22px; height:34px; position:absolute; top:-10px; left:9px; background-
position:-62px -54px; }
.sheader .shopp_car .num i{ position:absolute; width:16px; height:16px; overflow:hidden; top:0px;
color:#fff; left:6px; line-height: 16px; text-align:center;    }
.sheader .shopp_car .text{ line-height:32px; display: inline-block; }
.sheader .shopp_car .icon{ width:6px; height:10px; overflow:hidden; position:absolute; top:11px;
left:115px; background-position:-89px -25px; }
.sheader .app{ margin-top:7px; width:115px; float:right; }
.sheader .app .tit{    line-height:30px; height:30px; color:#666; padding-right:14px; text-align:right;    }
.sheader .app .app_bg{ display:inline-block; height:14px; line-height:14px; padding-top:44px; text-
align:center; vertical-align:top; line-height:14px; width:43px; color:#666; background-position:-154px -
39px; }
.sheader .app img{ vertical-align:top; }
```

对表单输入文本框的样式控制代码如下：

```
.inputt{width:440px; color:#999; float:left; height:24px; line-height:24px; padding:2px 5px 3px
5px; border:3px solid #e12228; background:none; }
```

对于搜索按钮的样式代码如下：

```
.submit{width:47px; cursor:pointer; height:35px; background:url(../img/icon-bg.png) no-repeat 0 -50px;
float:left;}
```

主要实现文本框的大小、颜色的样式控制，当鼠标经过搜索按钮的时候显示为手形，调用相应的背景图片样式 icon-bg.png。

应用到了 no-repeat 样式，该样式设置或检索对象的背景图像如何铺排填充，必须先指定 background-image 属性。

- repeat-x：背景图像在横向上平铺；
- repeat-y：背景图像在纵向上平铺；
- repeat：背景图像在横向和纵向上平铺；
- no-repeat：背景图像不平铺；
- round：背景图像自动缩放直到适应且填充满整个容器（CSS3）。
- space：背景图像以相同的间距平铺且填充满整个容器或某个方向（CSS3）。

7.2.6 大导航和二级菜单

导航菜单是网站最重要的组成部分之一，利用导航菜单网站才能向用户提供有效浏览网站内容的途径。用户借助导航菜单能够充分浏览网站的信息、使用网站的功能。

导航菜单动画大致分为以下几类：

1. 分栏式菜单

将菜单按内容分成若干栏，水平或者垂直地排列在网页上，每一个菜单项相当于一个按钮。这是最常见的一种菜单。

2. 树状菜单

将菜单的菜单项组成一棵可以展开或者折叠的树，树上的每一个节点或者叶子代表一个菜单项，菜单项下面可以有子菜单，子菜单也是一棵树。

3. 弹出式菜单

这是 Windows 操作系统中最常见的一种菜单，通过单击鼠标弹出一个功能菜单。

4. 隐藏式菜单

这类菜单在一般情况下是隐藏的，不会显示在网页上，但是通过触发一定的事件（例如鼠标经过某个区域）可以让菜单显示出来，鼠标离开某个区域，菜单又会自动隐藏。

5. 下拉式菜单

这类菜单的每一个菜单项都有一个可以下拉的子菜单，可以利用鼠标下拉出子菜单，子菜单在鼠标离开后会自动收回。

实例使用 DIV+CSS+JavaScript 制作的滑动菜单属于“隐藏式菜单”，当鼠标经过主菜单时触发二级菜单的显示，当鼠标离开时菜单自动隐藏。在网站的导航布局中经常会遇到级联菜单的布局设计，通常有两种布局方式，一种是鼠标经过一级菜单的时候，二级菜单显示在一级菜单的正下方，即竖排菜单，如图 7-16 所示。还有一种就是鼠标经过一级菜单的时候，二级菜单显示在一级菜单的右边或者左边，即横排菜单，效果如图 7-17 所示。

图 7-16　竖排菜单

图 7-17　横排菜单

（1）实例对这两种菜单分别使用 DIV+CSS+JavaScript 制作并进行应用，实现的方法如下，DIV 横排菜单布局代码如下，其中一样的代码不在书里具体列出。

```
<div class="snav_warp">
    <div class="snav clearfix">
        <div class="snav_protype">
            <div class="tit">
            <i class="icon"></i>
            <p>全部产品分类</p>
            </div>
        <div class="snav_product">
        <div class="snav_product_box">
        <dl class="clearfix">
        <dt><a href="#">消费品</a><i class="down_icon"></i></dt>
        <dd><a href="#">礼品  </a></dd>
        <dd><a href="#">礼品  </a></dd>
        <dd><a href="#">礼品  </a></dd>
        <dd><a href="#">礼品  </a></dd>
        <dd><a href="#">礼品  </a></dd>
        <dd><a href="#">礼品  </a></dd>
        <dd><a href="#">礼品  </a></dd>
        <dd><a href="#">礼品  </a></dd>
        <dd><a href="#">礼品  </a></dd>
        <dd><a href="#">礼品  </a></dd>
        </dl>
        <div class="snav_menu">
            <ul class="snav_menu_ul">
            <li class="snav_menu_li">
            <dl class="snav_menu_dl clearfix">
            <dt><a href="#">女装</a></dt>
            <dd><a href="#">女装</a></dd>
            <dd><a href="#">女装</a></dd>
            <dd><a href="#">女装</a></dd>
            </dl>
            </li>
            <li class="snav_menu_li">
            <dl class="snav_menu_dl clearfix">
            <dt><a href="#">女装</a></dt>
            <dd><a href="#">女装</a></dd>
            <dd><a href="#">女装</a></dd>
            <dd><a href="#">女装</a></dd>
            </dl>
            </li>
            <li class="snav_menu_li">
            <dl class="snav_menu_dl clearfix">
            <dt><a href="#">女装</a></dt>
```

```
				<dd><a href="#">女装</a></dd>
				<dd><a href="#">女装</a></dd>
				<dd><a href="#">女装</a></dd>
				<dd><a href="#">女装</a></dd>
				</dl>
				</li>
				</ul>
				</div>
				</div>
```

（2）竖排的 DIV 布局代码如下：

```
			<ul class="snaw_list clearfix">
				<li class="on"><a href="#">首  页</a></li>
				<li><a href="#">市场联盟</a></li>
				<li><a href="#">私人定制</a></li>
				<li><a href="#">尾货放血</a></li>
				<li><a href="#">限时秒杀</a></li>
				<li><a href="#">社区</a></li>
			</ul>
			<p class="snav_r"><a href="#">融资</a>/<a href="#">投资</a></p>
			<div class="snaw_link">
				<ul class="clearfix snaw_link_ul">
					<li><span>热门产业带:</span></li>
					<li><a href="#">热门</a></li>
					<li><a href="#">热门</a></li>
					<li><a href="#">热门</a></li>
					<li><a href="#">热门</a></li>
					<li><a href="#">热门</a></li>
					<li><a href="#">热门</a></li>
					<li><a href="#">热门</a></li>
					<li><a href="#">热门</a></li>
					<li><a href="#">热门</a></li>
					<li><a href="#">热门</a></li>
					<li><a href="#">热门</a></li>
				</ul>
		</div>
	</div>
```

（3）使用的样式控制代码写在 global.css 中，包括了其他的样式设置。

```
/* header-top */
.swrap{ width:1190px; margin:0 auto; }
.head_top_r li{ position:relative; }
.head_top_r  li.active{  background:#fff;border:1px  solid  #e8e8e8;  border-bottom:none;  height:29px;
padding:0 17px 0 10px;    }
.head_top_r li.active .top_name{    color:#d13838;}
.head_top_r  .active  .down_user{    border:1px  solid  #e8e8e8;    border-top:none;  position:absolute;
```

```
top:29px; background:#fff; left:0px; width:98px; }
.head_top_r .active .down_user dl{padding-left:18px; width:82px; padding-top:4px; }
.head_top_r .active .down_user dl.bt{ border-bottom:1px solid #e8e8e8; padding-bottom:3px;}
.head_top_r .active .down_user dt{ line-height:24px; }
.head_top_r .active .down_user a:link,.head_top_r .active .down_user a:visited{color:#565656; }
.head_top_r .active .down_user a:hover{color:#d13838; }
.head_top_r .active .down_user dd{ line-height:20px; color:#808080; }
.head_top_r .active .down_order{ width:217px;  padding:3px 0 0 10px; border:1px solid #e8e8e8;
border-top:none; position:absolute; top:29px; background:#fff; left:-165px;    }
.head_top_r .active .down_order .tit{ line-height:32px; color:#666;}
.head_top_r .active .down_order .info .pro_pic{ float:left;padding-right:10px;   }
.head_top_r .active .down_order .info .pro_pic img{   width:56px; height:56px; vertical-align:top;}
.head_top_r .active .down_order .info .cen{ float:left;   }
.head_top_r .active .down_order .info .cen a{ line-height:20px; display: block; height:20px; width:112px;
overflow: hidden; white-space: nowrap; text-overflow: ellipsis;}
.head_top_r .active .down_order .info .cen a:link,.head_top_r .active .down_order .info .cen
a:visited{color:#565656; }
.head_top_r .active .down_order .info .cen a:hover{color:#d13838; }
.head_top_r .active .down_order .info .cen p{ line-height:18px; width:112px; height:18px; overflow:
hidden;   }
.head_top_r .active .down_order .info .cen p i{color:#e50012;}
.head_top_r .active .down_order .del{ width:30px; height:56px; line-height:56px; text-align:center;
color:#0d5cc3; }
.head_top_r .active .down_order .look_order{ width:94px; height:26px; display: block; margin:14px auto
15px; background-position:0 -130px; }
.head_top_r .active .down_order .on{ }
.head_top_r .active .down_order .off p{ display: none; line-height:30px; padding-bottom:5px;}
.head_top_r .active .down_mark{ border:1px solid #e8e8e8; padding-bottom:5px;  border-top:none;
position:absolute; top:29px; background:#fff; left:-1px; width:63px;}
.head_top_r .active .down_mark a{ display:block;line-height:20px; text-align:center; }
.head_top_r .active .down_mark a:link,.head_top_r .active .down_mark a:visited{color:#565656; }
.head_top_r .active .down_mark a:hover{color:#d13838; }
.head_top_r .active .down_sev{ border:1px solid #e8e8e8; padding-bottom:5px;  border-top:none;
position:absolute; top:29px; background:#fff; left:-1px; width:75px;}
.head_top_r .active .down_sev a{ display:block;line-height:20px; text-align:center; }
.head_top_r .active .down_sev a:link,.head_top_r .active .down_mark a:visited{color:#565656; }
.head_top_r .active .down_sev a:hover{color:#d13838; }
.head_top_r .active .down_nav{ width:144px;   border:1px solid #e8e8e8; border-top:none;
position:absolute; top:29px; background:#fff; left:-70px;    }
.head_top_r .active .down_nav dl{ padding:0 13px;  width:124px; border-bottom:1px solid #e8e8e8;
padding-bottom:3px; }
.head_top_r .active .down_nav dt{ line-height:20px;padding-bottom:3px; color:#565656; }
.head_top_r .active .down_nav dd{ line-height:20px;}
.head_top_r .active .down_nav dd a{ display:block;line-height:20px; text-align:center; }
.head_top_r .active .down_nav dd a:link,.head_top_r .active .down_nav dd a:visited{color:#747474; }
.head_top_r .active .down_nav dd a:hover{color:#d13838; }
```

```
.head_top_r .active .bt{ border-bottom:none; }
.j_down{ z-index: 999; }
.head_top_l .change_city{ float:none; margin:0 10px 0 4px; }
.head_top_l .user_info{ float:left; margin:0 5px; }
```

（4）二级菜单联动的样式代码写在 index.css 文件里面。具体的代码如下：

```
/* nav 二级菜单联动 */
.snav_warp{ width:100%; height:40px;background:#cc0000; margin-bottom:30px; }
.snav{ width:1190px; height:40px; margin:0 auto; position:relative; }
.snav_protype{ float:left; width:208px; background:#de171b; position:relative; padding-top:5px; margin-top:-5px; }
.snav_protype .tit{ width:208px; height:40px; }
.snav_protype .tit p{ padding-left:22px; line-height:40px; color:#fff;font-size:16px; }
.snav_protype .tit .icon{ float:right; width:19px; height:15px; overflow:hidden; margin:12px 12px 0 0 ;background-position:-30px -7px; }
.snav_protype .snav_product{ position:absolute; left:0px; top:40px; width:206px; padding-top:12px; border:1px solid #de171b;border-top:none; }
.snav_product .snav_product_box{border:2px solid #fff; cursor:pointer; border-bottom:2px solid #f6f6f6; border-right:none; }
.snav_product .snav_product_box dl{ padding:4px 0 9px 12px; }
.snav_product .snav_product_on{ border:2px solid #ddd; border-right:none; }
.snav_product .snav_product_on dl{position:relative; background:#fff; margin-right:-2px; padding-right:2px; z-index:99999; }
.snav_product .snav_menu{ position:absolute; display:none; top:12px; left:204px; width:480px;border:2px solid #ddd; background:#fff; z-index: 9999; }
.snav_product .snav_menu .snav_menu_li{ float:left; width:220px; padding:0 15px 0 5px; background:#fff;}
.snav_product .snav_menu .snav_menu_dl dt{ line-height:36px; font-size:16px; border-bottom:2px solid #f7f7f7; margin-bottom:5px;}
.snav_product .snav_menu .snav_menu_dl dt a{ color:#333; }
.snav_product .snav_menu .snav_menu_dl dt a:hover{ color:#ff7324; }
.snav_product .snav_menu .snav_menu_dl dd a{ color:#666; }
.snav_product .snav_menu .snav_menu_dl dd a:hover{ color:#ff7324; }
.snav_product .snav_menu .snav_menu_dl dd{ float:left;margin-right:12px; line-height:22px; }

.snav_product dt{ line-height:26px; position:relative; font-size:14px; }
.snav_product dt a{ color:#333333; }
.snav_product dt .down_icon{ width:8px; height:4px; overflow:hidden; background-position:0 -2px; position:absolute; width:20px; height:26px; right:11px; top:0px; }
.snav_product dd{float:left;padding-right:5px; margin-right:5px; line-height:20px;}
.snav_product dd a{ color:#666; }
.snav_product dl a:hover,.snav_product dl a.on{ color:#ff7324; }
.snaw_list{ float:left; height:40px; }
.snaw_list li{ float:left; }
.snaw_list li a{ display:block; padding:0 10px; line-height;40px; color:#fff;font-size:16px; height:40px; line-height:40px; }
```

```
.snaw_list li.on{ background:#a10000; }
.snav_r{float:right; line-height:40px; color:#fff; font-size:16px;    }
.snav_r a{ color:#fff; padding:0 10px;}
.snaw_link{ position:absolute; top:40px; left:210px; height:40px; }
.snaw_link .snaw_link_ul{ height:30px; line-height:30px; padding-left:5px; }
.snaw_link_ul li{ float:left; margin-right:20px; line-height:30px;}
.snaw_link_ul li span{ color:#777px; }
.snaw_link_ul li a{color:#333; }
.snaw_link_ul li a:hover{ color:#de171b; }
```

（5）布局首页和定义样式之后，在首页中可以看到布局的菜单效果，但鼠标经过的时候并没有相应的动作产生，因此要使用 JavaScript 进行实现，编写的代码写在 index.js 文件中。

```
$(function(){
    $('.market_city').eq(0).addClass('on');
    //二级菜单
    $('.snav_product_box').hover(function(){
            var idx = $(this).index() + 1;
            $(this).find('.snav_menu').css('top',12*idx)
            $(this).addClass('snav_product_on');
            $(this).find('.snav_menu').show();
    },function(){
            $(this).removeClass('snav_product_on');
            $(this).find('.snav_menu').hide();
    });
```

7.2.7 制作首页图片的轮播

前面介绍了页面的布局设计，接下来我们要在页面中加入图片轮播动画特效。本实例中由于涉及的网站栏目特别多，如果使用一些特殊的动画效果可以让整个网页看起来更加简洁且具有动感性。本实例中主要使用 DIV+CSS+JavaScript 制作了一个自动滚动播放图片的动画效果，动画在网页中的播放如图 7-18 所示。

图 7-18　图片动画轮播的效果

网页上的产品促销图片是自动切换的，使用 JavaScript 脚本语言实现，制作步骤如下：

（1）在站点 img/index 文件夹里准备 4 张一样大小的 JPG 图片，并分别命名为 pic1.jpg、pic2.jpg、pic3.jpg 和 pic4.jpg，所有的图片都要在 Photoshop 软件中进行统一处理，如图 7-19 所示。

图 7-19　准备 4 张图片

（2）在 Dreamweaver CC 2015 软件中打开 index.html 页面，找到<div class=" sbanner_box ">层，加入层的布局代码：

```
<div class="sbanner_box">
<ul class="clearfix box_ul">
<li>
<a href="#"><img src="img/index/pic1.jpg" /></a>
  </li>
  <li>
  <a href="#"><img src="img/index/pic2.jpg" /></a>
    </li>
    <li>
    <a href="#"><img src="img/index/pic3.jpg" /></a>
    </li>
    <li>
    <a href="#"><img src="img/index/pic4.jpg" /></a>
    </li>
    </ul>
    <ol class="nav">
    <li class="on"><a href="#0"></a></li>
    <li><a href="#1"></a></li>
    <li><a href="#2"></a></li>
    <li><a href="#3"></a></li>
    </ol>
```

```
</div>
```

说明：

这段程序的意思是将 img/index 文件夹中的 4 张图片以<DIV>层的形式放到页面中，分别定义层的名称，定义层的名称是为了 JavaScript 脚本语言的调用。

（3）在 index.css 文件中进行对.sbanner 样式的设计。具体代码如下：

```
/* banner */
.sbanner{ width:670px; height:402px; margin:12px 0 0 223px; float:left;   }
.sbanner_box{   width:670px; height:240px; overflow: hidden; position:relative; }
.sbanner_box .box_ul{ position:absolute;top:0px; left:0px; height:240px; }
.sbanner_box li{width:670px;   height:240px;   float:left;    }
.sbanner_box li img{width:670px;   height:240px; vertical-align:middle;}
.sbanner_box .nav{position: absolute; width:72px; height:13px; bottom:8px; right:20px; z-index:999;   }
.sbanner_box .nav li{ width:13px; height:13px; margin-right:5px; background-position:-105px -25px; }
.sbanner_box .nav li a{ display: block;   width:13px; height:13px; }
.sbanner_box .nav li.on{ background-position:-121px -25px; }
.sbanner_bt{ width:668px; height:159px; padding-top:1px; border:1px solid #eee;  border-top:none;
position: relative; }
.sbanner_bt_box{ width:626px; height:159px; margin:0 21px;   position:relative;   overflow: hidden; }
.sbanner_bt_box ul{ position:absolute; top:0px; left:0px; }
.sbanner_bt_box ul li{ float:left; width:626px; height:159px; }
.sbanner_bt_box ul li .pic_box{ float:left; width:208px; height:159px; }
.sbanner_bt_box ul li .list{ border-left:1px solid #eee;   border-right:1px solid #eee;   }
.sbanner_bt  .prev{  width:14px;  height:23px;  position:absolute;  top:71px;  left:10px;  background-
position:-53px 0;   }
.sbanner_bt  .next{  width:14px;  height:23px;  position:absolute;  top:71px;  right:10px;   background-
position:-70px 0;   }
.sbanner_side{ width:283px; height:400px; float:right; margin-top:12px; }
.sbanner_side .mation{ width:281px; height:202px; border:1px solid #ebebeb; }
.sbanner_side .mation .mation_sele{ height:30px; border-bottom:1px solid #ebebeb;   }
.sbanner_side .mation .mation_sele li{ background:#fafafa;width:139px; height:30px; line-height:30px;
cursor:pointer; text-align:center; color:#666; float:left; }
.sbanner_side .mation .mation_sele li.br{ border-right:1px solid #ebebeb;   }
.sbanner_side .mation .mation_sele li.on{ margin-bottom:-1px; padding-bottom:1px; background:#fff; }
.sbanner_side .mation_list{padding:12px 0 16px 20px; width:261px; height:142px; }
.sbanner_side .mation_list li{ line-height:24px;   }
.sbanner_side .mation_list li a{color:#a9a9a9;   }
.sbanner_side .mation_list li a:hover{   color:#f7941d;   }
.sbanner_side .mation_list li .colo{   color:#f7941d; }
.sbanner_side .login{ width:281px; height:105px; position:relative; border:1px solid #ebebeb; border-
top:none; background:url(../img/index/bgs.gif) #fff right top no-repeat; }
.sbanner_side .login p{ padding:20px 0 0 21px;   line-height: 22px; }
.sbanner_side .login p i{ color:#d13838; }
.sbanner_side .login .login_btn{ position:absolute; top:51px; left:28px; width:108px; height:35px;
background-position:0 -161px;    }
```

```
.sbanner_side .login .regis_btn{ position:absolute; top:51px; left:146px; width:108px; height:35px;
background-position:0 -201px;     }
.sbanner_side .safety{ width:197px; height:64px; padding: 18px 0 0 84px;   border:1px solid #ebebeb;
margin-top:6px; position:relative; }
.sbanner_side .safety .tit{font-size:16px; line-height:24px; color:#666; }
.sbanner_side .safety .txt{font-size:12px; line-height:18px; color:#666; }
.sbanner_side .safety .icon{ position:absolute;top:67px; left:0px; width:49px; height:57px; top:18px;
left:18px; background-position:0 -67px; }
```

（4）由于具体实现动画的 JavaScript 脚本语言太长，所以为其单独写了一段程序，保存在 css 文件夹的 slides.js 文件中。具体操作如图 7-20 所示。

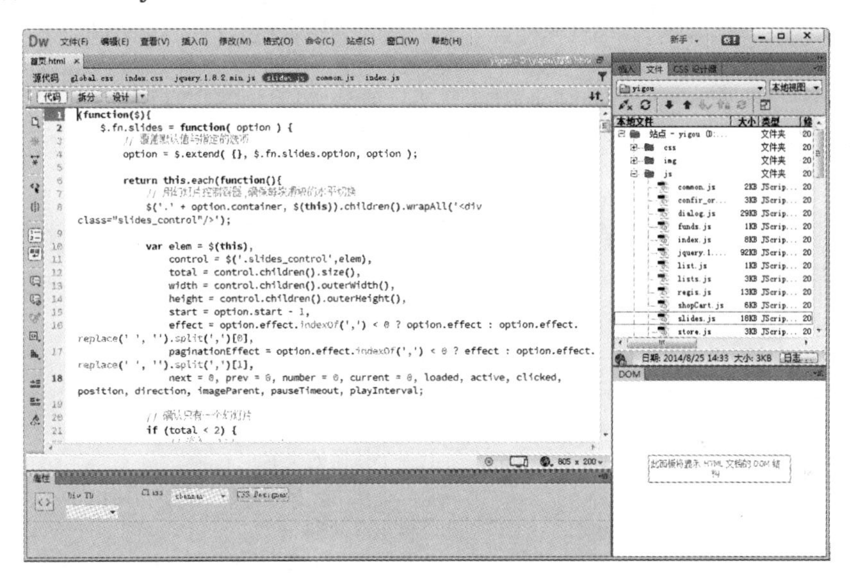

图 7-20 将编写的 JavaScript 脚本语言保存为文件

对程序样式基础内容设置进行了中文编译，核心的代码注释如下：

```
//default options
$.fn.slides.option = {
    preload: false,            //预载图像，图像的幻灯片设置为 true
    preloadImage: null,        //preloader 的加载图像的名称和位置，默认为“/img/loading.gif”
    container: 'con',                 //幻灯片容器类的名称，默认为“slides_container”
    generateNextPrev: false,          //自动生成下一个/上一个按钮
    next: 'next',                     //下一个按钮的类名
    prev: 'prev',                     //上一个按钮的类名
    pagination: false,                //如果不使用分页，可以设置为 false
    generatePagination: true,         //自动生成分页
    prependPagination: false,         //前置分页
    paginationClass: 'pagination',    //用于分页的类的名称
    currentClass: 'current',          //当前类的类名
    fadeSpeed: 350,                   //设定的速度以毫秒为单位的褪色动画
        fadeEasing: '',               //扩展 jQuery 的插件前必须加载
```

```
            slideSpeed: 350,              //设定的速度以毫秒为单位的滑动动画
            slideEasing: '',              //扩展 jQuery 的插件前必须加载
            start: 1,                     //设定的速度以毫秒为单位的滑动动画
            effect: 'slide',              //选择两种简单的切换过渡方式，即 slide、fade
            crossfade: false,             //基于图像的幻灯片淡出淡入图像
            randomize: false,             //设置为 true，随机幻灯片
            play: 0,    //自动播放幻灯片，正数将设置为 true，并在毫秒时间之间的幻灯片动画
            pause: 0,   //单击下一页、上一页或分页暂停幻灯片，正数将设置为 true，以毫秒为单
                        //位的暂停时间
            hoverPause: false,            //设置为真和悬停，幻灯片将暂停
            autoHeight: false,            //设置为自动调整高度真实
            autoHeightSpeed: 350,         //设置自动高度动画的时间，以毫秒为单位
            bigTarget: false,             //设置为 true，在整个幻灯片上单击链接到下一张幻灯片
            animationStart: function(){},         //在动画的开始调用的函数
            animationComplete: function(){},      //在动画完成后调用的函数
            slidesLoaded: function() {}           //函数被调用时滑块满载
    };
```

在 index.js 文件中还要进行样式的应用设置，具体代码如下：

```
    $('.sbanner_box').slides({
        container: 'box_ul',              //幻灯片容器类的名称
        generateNextPrev: false,          //自动生成下一个、上一个按钮
        next: null,                       //下一个按钮的类名
        prev: null,                       //上一个按钮的类名
        pagination: true,                 //如果不使用分页，可以设置为 false
        generatePagination: false,        //自动生成分页
        prependPagination: true,          //前置分页
        paginationClass: 'nav',           //用于分页的类的名称
        currentClass: 'on',               //当前类的类名
        play: 3000,
        pause: true,
        hoverPause : true
    });
```

（5）选择菜单栏上的“文件”→“保存”命令，然后按〈F12〉键，就可以看到图片切换的效果了。

Section 7.3 功能模块的首页布局

网站有很多功能模块，如电子商城、新闻系统、留言板等，这些模块的一些重要的新发布的信息都要在首页上体现。例如本实例是个电子商城，就需要将新发布的产品、市场的细分等信息展示到首页上。

7.3.1 市场精选频道设计

市场精选频道主要用于推荐精品的市场和商铺，如图 7-21 所示。从技术层面分析，主要使用到了 JavaScript 的轮播，使用 DIV+CSS 实现的单击不同城市的选项卡，可实现城市的切换布局。因 JavaScript 的轮播技术大同小异，这里不再介绍，此处重点介绍一下选项卡的切换布局方法。

图 7-21 市场精选的效果

（1）基础的 DIV 布局代码如下：

```
<div class="tit">
        <p class="tit_l"><a href="#">市场精选</a></p>
        <p class="tit_r clearfix">
            <a class="market_city" href="javascript:;">北京</a>
            <a class="market_city" href="javascript:;">上海</a>
            <a class="market_city" href="javascript:;">广州</a>
            <a class="market_city" href="javascript:;">成都</a>
            <a class="market_city" href="javascript:;">天津</a>
            </p>
  </div>
```

（2）单击上海等其他城市，实现类似选项卡的切换，主要是通过 CSS 样式的控制和 JavaScript 动画的触发实现。index.css 样式中市场的样式控制如下：

```
/* 市场 */
.market{ width:893px; float:left; padding-bottom:9px; }
.market .tit{ height:38px; line-height:38px; }
.market .tit_l{ float:left; width:85px; border-bottom:1px solid #cc0000; font-size:18px; line-height:38px;
padding-left:30px;   background:url(../img/index/micon.png) 1px 7px   no-repeat;}
.market .tit_l a{ color:#cc0000;   }
.market .tit_r{ float:left; width:678px; border-bottom:1px solid #e9e9e9; font-size:14px; line-height:38px;
padding-left:100px; }
.market .tit_r a{ color:#737373; padding:0 15px;   float:left;}
.market .tit_r a.on{ background:#cc0000; color:#fff; }
```

```
.market_sbanner{width:437px; height:180px; overflow: hidden; position:relative; float:left; margin:12px 17px 6px 0; }
.market_sbanner .box_ul{ position:absolute;top:0px; left:0px; height:240px; }
.market_sbanner li{width:437px;    height:180px;    float:left;    }
.market_sbanner li img{width:437px; height:180px; vertical-align:middle;}
.market_sbanner .nav{position: absolute; width:54px; height:13px; bottom:14px; right:15px; z-index: 999;   }
.market_sbanner .nav li{ width:13px; height:13px; cursor: pointer; margin-right:5px; background-position:-105px -25px; }
.market_sbanner .nav li a{ width:13px; height:13px; display:block; }
.market_sbanner .nav li.on{ background-position:-121px -25px; }
.market_list{ width:211px; height:180px; float:left;    padding:12px 16px 6px 0;    }
.market_listpr{ padding-right:0; }
.market_list img{ width:211px; height:146px; overflow:hidden; vertical-align:middle;}
.market_list .name{ color:#666; display:block; line-height:34px; font-size:16px; width:211px; overflow:hidden; }
.market_list .name i{ font-size:12px; color:#a9a9a9; }
```

（3）在 index.js 文件中，市场精选的 JavaScript 选项卡动画触发命令如下：

```
//市场精选
    $('.market_city').click(function(){
            var idx = $(this).index();
            $(this).siblings().removeClass('on');
            $(this).addClass('on');
            $('.market_con').hide().eq(idx).show();
    });
```

7.3.2 特价商品和品牌馆

特价商品和品牌馆两个栏目的布局是一样的，这里介绍特价商品栏目的布局，如图 7-22 所示。

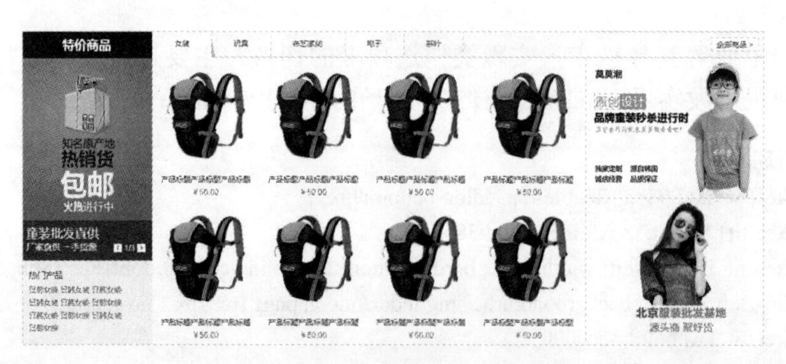

图 7-22 特价商品栏目的效果

特价商品图片轮播使用的技术也是 JavaScript，但使用的不仅仅是自动轮播，单击左、右箭头可以切换，实现的方法如下。

（1）用 DIV+CSS 定义布局：

```
<div class="special_l_box">
        <ul class="con">
        <li><a href="#"><img src="img/index/pic8.jpg"></a></li>
        <li><a href="#"><img src="img/index/pic8.jpg"></a></li>
        <li><a href="#"><img src="img/index/pic8.jpg"></a></li>
        </ul>
    <div class="filter"></div>
        <ol class="nav">
        <li>
        <p class="txt1"><a href="#">童装批发直供</a></p>
        <p class="txt2">厂家直供  一手货源</p>
        </li>
        <li style="display:none;">
        <p class="txt1"><a href="#">童装批发直供</a></p>
        <p class="txt2">厂家直供  二手货源</p>
        </li>
        <li style="display:none;">
        <p class="txt1"><a href="#">童装批发直供</a></p>
        <p class="txt2">厂家直供 san 手货源</p>
        </li>
        </ol>
        <div class="btn">
           <a href="javascript:;" class="prev"></a>
                  <span>1/3</span>
                  <a href="javascript:;" class="next"></a>
           </div>
</div>
```

（2）在 index.js 文件中，特价商品轮播的 JavaScript 动画触发命令如下：

```
//特价商品轮播
    var len = $('.special_l_box .con li').length, num = 1;
    $('.special_l_box .btn .prev').click(function(){
           num--;
           if(num<1){
                  num = len;
           }
    });
    $('.special_l_box .btn .next').click(function(){
           num++;
           if(num>len){
                  num = 1;
           }
    });
```

```
$('.special_l_box').slides({
        container: 'con',
        generateNextPrev: false,
        next: 'next',
        prev: 'prev',
        pagination: false,
        generatePagination: false,
        play: 0,
        pause: true,
        hoverPause : true,
        animationComplete: function(){
                $('.special_l_box .nav li').hide();
                $('.special_l_box .nav li').eq(num-1).show();
                $('.special_l_box .btn span').html(num+'/'+len);
        }
});
```

由于其他布局比较简单，这里就不一一介绍了，其中的选项卡切换技术和市场精选频道的切换技术相同。

7.3.3 版权内容排版布局

底部的版权页面是一个静态页面，制作非常简单，可以在 Dreamweaver CC 2015 中直接排版设计，完成的效果如图 7-23 所示。

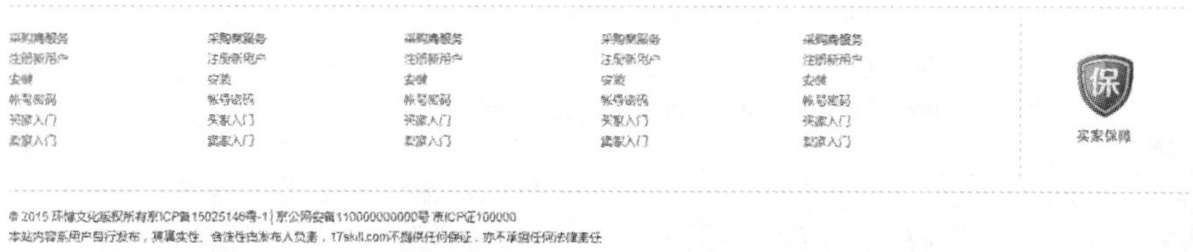

图 7-23 版权页面的效果

如果需要快速建立首页，可以参考本书光盘中完成的页面，查看代码，方便地完成自己的购物系统首页的设计与制作。

第 8 章 用户管理系统布局

在网站的建设开发中，我们首先要接触的就是用户管理系统的开发，即网站提供给会员注册并能登录进行一些操作的基础功能。一个典型的用户系统一般应该有用户注册功能、用户登录功能、取回密码功能等。本章将以第 7 章开发的电子商务系统实例为基础，继续设计和布局用户管理系统，介绍用户管理系统的规划方法和布局方法。需要注意学习的地方是在提交表单时使用 JavaScript 实现的交互验证方法。

从入门到精通

本章学习重点：

- 用户管理系统的规划
- 用户注册功能的布局
- 提交表单的交互验证方法
- 用户登录功能的设计
- 找回密码的设计与实现

Section

8.1 用户管理系统的规划

在制作网站时，一般要在制作之前设计好网站各页面之间的链接关系，绘制出系统脉络图，这样可方便后面整个系统的开发与制作。

8.1.1 系统结构设计

“用户管理”的系统结构设计如图 8-1 所示。本系统主要的结构分成用户登录入口与注册入口两个部分，其中按照现在主流的注册方式又分为手机注册和邮箱注册两种。

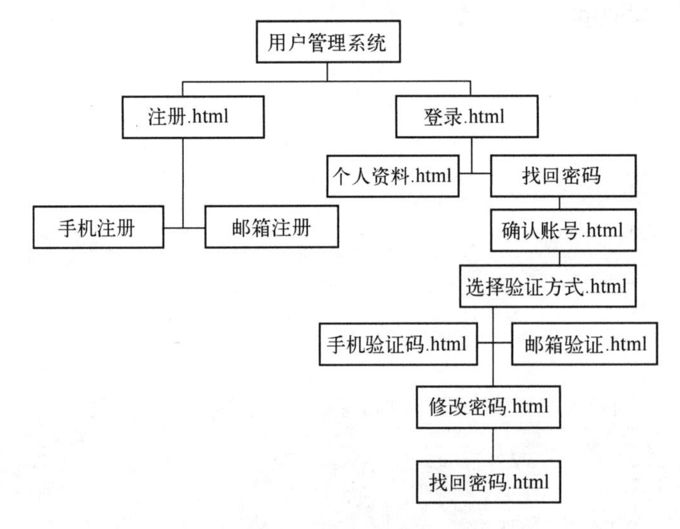

图 8-1　系统结构图

这里要说明的是在实际布局时生成的 HTML 文件一定要用小写的英文名，本书为了读者学习和使用方便，将 HTML 文件名写成中文名。

8.1.2 页面规划设计

本系统的主要结构分为用户登录和注册两个部分，整个系统中共有 9 个页面，各页面的名称和对应的文件名、功能如表 8-1 所示。

表 8-1　用户管理系统网页设计表

页 面 名 称	功　　能
登录.html	实现用户管理系统的登录功能的页面
个人资料.html	用户登录成功后显示的页面
注册.html	新用户用来注册输入个人信息的页面
确认账号.html	确认需要找回密码的账号页面

（续）

页 面 名 称	功 能
选择验证方式.html	对找回密码的两种方式选择的页面
手机验证码.html	使用手机验证码的页面
邮箱验证.html	使用邮箱验证的页面
修改密码.html	修改旧密码的页面
找回密码.html	找回密码成功的页面

Section 8.2 用户注册功能的布局

用户登录系统是为数据库中已有的老用户登录用的，一个用户管理系统还应该提供新用户注册用的页面。对于新用户来说，通过单击首页上的“免费注册”超链接进入页面，在该页面可以实现新用户注册的功能。

8.2.1 用户注册页面 DIV

“注册.html”页面主要实现用户注册的功能，目前主要分为手机注册和邮箱注册，完成的页面设计如图 8-2 所示。

图 8-2 用户注册页面样式

（1）在 Dreamweaver CC 2015 中选择菜单栏中的“文件”→“新建”命令，在网站根目录下新建一个名称为“注册.html”的网页并保存。

（2）在网页代码窗口中输入前台的 DIV 布局代码：

```
<!DOCTYPE html>
<html lang="en">
<head>
    <meta charset="utf-8">
```

```
    <meta http-equiv="X-UA-Compatible" content="IE=edge,chrome=1">
<!--IE8 的专用标记，用来指定 IE8 浏览器去模拟 Chrome 内核，特定版本的 IE 浏览器的渲染方式，以此来解决部分兼容问题-->
    <title>注册</title>
    <meta name="description" content="">
    <meta name="viewport" content="width=device-width; initial-scale=1.0">
    <link href="css/global.css" type="text/css" rel="stylesheet"  />
    <link href="css/login.css" type="text/css" rel="stylesheet"  />
    <script type="text/javascript" src="js/jquery.1.8.2.min.js" ></script>
   <script type="text/javascript" src="js/regis.js"></script>
</head>
<body>
<!--=S header  -->
<div class="login_head">
   <div class="head_con wrap clearfix">
         <div class="head_l f_l">
               <h1 class="logo f_l">
               <a href="#"><img src="img/login_log.jpg"/></a>
               </h1>
               <div class="welcome">欢迎注册</div>
         </div>
         <div class="head_r f_r">
               <span class="f_l">如需帮助，请咨询</span>
               <a lass="f_l" href="#">在线咨询</a>
         </div>
   </div>
</div>
<!--=S header  -->
<div class="wrap">
   <div class="register_con">
         <div class="regis_mt">
               <ul class="clearfix regis_sele">
               <li class="on"><span>手机注册</span><s></s></li>
               <li class=""><span>邮箱注册</span><s></s></li>
               </ul>
   <div class="haveRe">我已经注册，现在就 <a href="登录.html">登录</a></div>
         </div>
         <div class="reg_con clearfix">
               <div class="reg_l f_l">
                     <div class="reg_input">
                           <!--手机注册-->
                           <ol class="reg_enterprise reg_phone">
                                 <li class="phoneNum">
                                 <strong><i>*</i>手机号：</strong>
<input id="e_phone" type="text" disableautocomplete="" autocomplete="off" vid="0" flag="off" name="e_phone">
```

```
            <span id="e_phoneTip" class=""></span>
            </li>
            <li class="get_codeph">
            <div ><a href="#">免费获取短信验证码</a></div>
            </li>
            <li>
            <strong><i>*</i>验证码 ：</strong>
            <input id="e_PhoneCode" class="e_VerificationCode" type="text" disableautocomplete=
""autocomplete="off" vid="0" flag="off" name="e_VerificationCode">
            <span id="e_codeTip" class=""></span>
            </li>
            <li>
            <strong><i>*</i>会员名 ：</strong>
            <input id="ename" type="text" value="" disableautocomplete="" autocomplete="off"
vid="3" flag="off"  name="ename">
            <b class="re_ico name_ico"></b>
            <span id="enameTip" class=""></span>
            </li>
            <li class="setPsbox">
            <strong><i>*</i>请设置密码：</strong>
            <input id="passwd" type="password" disableautocomplete="" autocomplete="off" vid="3"
flag="off" name="passwd">
            <b class="re_ico ps_ico"></b>
            <span id="passwdTip" class=""></span>
            </li>
            <li class="psBox">
            <div class="psStrong psStrong1   clearfix">
            <div class="">弱</div>
            <div>中</div>
            <div>强</div>
            </div>
            </li>
            <li>
            <strong><i>*</i>请确认密码：  </strong>
    <input id="passwd2" type="password" disableautocomplete="" autocomplete="off" vid="3"
flag="off" name="passwd2">
            <b class="re_ico ps_ico"></b>
            <span id="passwd2Tip"></span>
            </li>
            </ol>
<!--邮箱注册-->
            <ol class="reg_enterprise reg_email"  style="display:none">
            <li>
<strong>
<i>*</i>邮箱：
</strong>
```

```
<input id="email" type="text" disableautocomplete="" autocomplete="off" vid="0" flag="off"
name="email">
<span id="emailTip" class=""></span>
</li>
<li>
<strong><i>*</i>会员名 :          </strong>
<input id="enames" type="text" value="" disableautocomplete="" autocomplete="off" vid="3"
flag="off" checked="checked" name="enames">
    <b class="re_ico name_ico"></b>
    <span id="enamesTip" class=""></span>
    </li>
    <li class="setPsbox">
    <strong><i>*</i>请设置密码：</strong>
<input id="passwds" type="password" disableautocomplete="" autocomplete="off" vid="3" flag="off"
name="passwd">
            <b class="re_ico ps_ico"></b>
            <span id="passwdsTip" class=""></span>
            </li>
            <li class="psBox">
            <div class="psStrong psStrong2   clearfix">
            <div class="">弱</div><div>中</div><div>强</div>
            </div>
            </li>
            <li><strong><i>*</i>请确认密码： </strong>
<input id="passwds2" type="password" disableautocomplete="" autocomplete="off" vid="3" flag="off"
name="passwd2">
<b class="re_ico ps_ico"></b>
<span id="passwds2Tip"></span>
</li>
<li><strong><i>*</i>验证码：</strong>
<input id="e_VerificationCode" class="e_VerificationCode" type="text" disableautocomplete=
""autocomplete="off" vid="0" flag="off" name="e_VerificationCode">
<img class="re_pic" src="img/nubcode.jpg"/>
<a id="e_changeImg" class="e_changeImg" href="javascript:;">看不清?<em>换一张</em></a>
<span id="e_VerificationCodeTip">请输入图片中的字符，不区分大小写</span>
</li>
</ol>
<div class="reg_agree">
<label><input type="checkbox">我已阅读并同意</label><a href="#">《易购网用户注册协议》</a>
                            </div>
                            <div class="reg_submit">
                                    <div id="reg_submit"><a href="javascript:;"></a></div>
                            </div>
                    </div>
            </div>
            <div class="reg_r f_r">
```

```
                        <img src="img/reg_r.jpg"/>
                    </div>
                    <div class="reg_extra">
                    <img src="img/c5.png"/><a href="#">"易购网页面"改进建议</a>
                    </div>
                </div>
            </div>
        </div>
```

布局后的页面如图 8-3 所示。

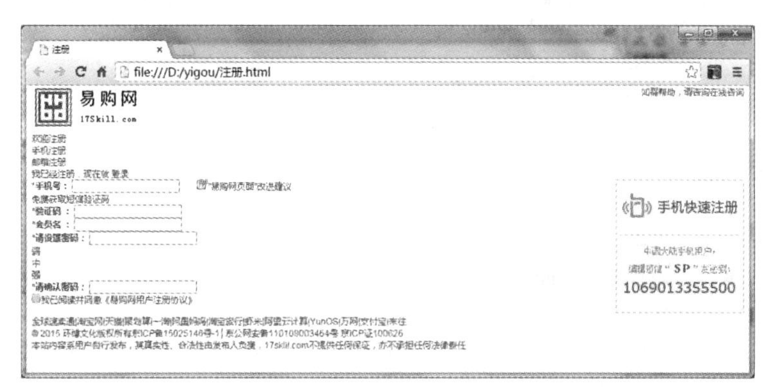

图 8-3　DIV 初始布局的效果

重点提示：

在为表单中的文本域对象命名时，由于表单对象中的内容将被添加到相应的数据库表中，在前端布局的时候可以将表单对象中的文本域名设置为与数据库中的相应字段名相同，如将文本“密码”对应的文本框命名为 passwd，这样做也方便后台程序员进行对接编写程序。隐藏域是用来收集或发送信息的不可见元素，对于网页的访问者来说，隐藏域是看不见的。当表单被提交时，隐藏域会将信息用设置时定义的名称和值发送到服务器上。

8.2.2 CSS 样式设计

使用 CSS 样式控制制作 DIV 标签，使其与设计稿一致。同时，为了方便访问者重新注册，应该在页面中设置一个转到登录页面的文字链接，以方便用户登录。

（1）选择菜单栏中的“文件”→“新建”命令，在网站的 css 目录下新建一个名为 login.css 的网页并保存。

（2）其中将“我已经注册，现在就登录”文本设置为指向“登录.html”页面的链接。具体的 CSS 代码如下：

```
.wrap{width:990px; margin:0 auto;}
a{color:#6c6c6c;}
img{vertical-align:middle;}
.focus{ color:#333; }
.head_con{padding:15px 0; height:60px;}
```

```
.regis_mt{position:relative;}
.regis_mt ul{padding-left:278px;}
.regis_mt li{float:left; width:100px; cursor:pointer;  height:28px; font-size:14px; line-height:28px; text-align:center; background:#f7f7f7; margin-right:6px; position:relative;}
.regis_mt span{position:relative; z-index:5;}
.regis_mt .first{z-index:5;}
.regis_mt .on span{color:#b92120;}
.regis_mt .on s{display:block;}
.regis_mt  li  s{position:absolute;  left:-1px;  top:-6px;  width:108px;  height:35px;  background:url(../img/reg_1.png) no-repeat 0 bottom; display: none;}
.regis_mt .haveRe{position:absolute;right:20px; top:8px; color:#333;}
.regis_mt .haveRe a{color:#0066cc;}
.register_con .reg_con{padding:38px 0 10px 80px;border:1px solid #ddd;margin-bottom:10px;}
.reg_con .reg_l{width:660px;}
.reg_input li{height:32px;padding-bottom:30px;position:relative;}
.reg_input .phoneNum,.reg_input .setPsbox{padding-bottom:0;}
.reg_input .get_codeph{padding:5px 0 5px 108px; *padding-left:105px; height:20px; line-height:20px;}
.reg_input .psBox{padding:5px 0 5px 108px;*padding-left:105px; height:21px;}
.reg_input  .psStrong  div{float:left;  width:88px;  height:21px;  line-height:21px;margin-right:3px; color:#fff; text-align:center; background:#eee;}
.reg_input .psStrong .on{background:#b92120;}
.reg_input  .get_codeph  a{display:  inline-block;  width:133px;  height:20px;  text-align:center; background:url(../img/reg_1.png) no-repeat 0 -45px; }
.reg_input li strong {color:#999;display:inline-block;font-size: 14px;font-weight:normal;line-height:32px; padding- right: 5px;text-align: right;vertical-align: top;width:100px;}
.reg_input li strong i{color: #e84c19;font-style: normal; margin-right:3px;}
.reg_input  li  input{border:1px  solid  #aeaeae;color:#030303;height:16px;line-height:16px;  padding: 7px;vertical-align:top;width:254px;}
.reg_input li span {display:inline-block;height:32px;line-height:32px;max-width:255px;overflow:hidden; padding-left:22px;vertical-align:top;}
.reg_input  li  .onError{background:url(../img/error.png)  0  center  no-repeat;color:  #e40309;font-weight:normal;}
.reg_input li .onFocus{background:url(../img/focus.png) 0 center no-repeat;color:#636363;font-weight: normal;}
.reg_input  li  .onCorrect{background:url(../img/right.png)  0  center  no-repeat;color:  #7fc169;font-weight:normal;}
.reg_input  .re_ico{width:17px;  height:17px;  position:absolute;left:355px;  top:8px;  *left:352px; background:url(../img/reg_2.png) no-repeat 0 bottom;}
.reg_input .name_ico{background:url(../img/reg_2.png) no-repeat 0 -64px;}
.reg_agree{ height:45px;}
.reg_agree,.reg_submit{padding-left:108px;*padding-left:105px; }
.reg_agree label,.reg_agree input,.reg_agree a{vertical-align:middle; color:#333;}
.reg_agree a{color:#0066cc;}
.reg_extra{text-align:right; clear:both; padding:0 15px 0 0;}
.reg_submit{padding-bottom:14px;}
```

```
.reg_submit a{display:inline-block; width:270px; height:38px; background:url(../img/reg_1.png) no-repeat;}
.reg_r{padding-right:60px;}
.reg_r img{width:180px;height:180px;}
.reg_con .e_VerificationCode,.reg_con .p_VerificationCode,.reg_con .f_phone{width: 120px;}
.re_pic{width:48px; height:32px;}
.footer .link{height:40px; line-height:40px;border-bottom:1px solid #ddd; border-top:1px solid #ddd; color:#666;}
.footer .link span{padding-right:10px;}
.footer .link .first{margin-left:0;}
.footer .link a{margin:0 11px;}
.footer p{padding-top:13px; height:67px;line-height:20px;}
.footer .pic{float:right;padding:20px 12px 0 0;}
.footer .xin{margin:0 10px 0 18px;}
```

技术说明：

这里重复使用到了 CSS 里面的 position:absolute 与 position:relative，两者的使用有什么区别？

absolute 指绝对位置，也就是说设定后该控件固定在页面的某处，不会因其他控件的大小变化而影响其分布位置的改变。

position 指一般位置，也就是说设定后该控件在无其他控件的影响下其位置位于设定的地方。如果其他控件占用了设定的位置，那么它就会让出位置。

relative 指相对位置，例如控件与控件之间的相对位置，控件与页面的相对位置。打个比方，控件 A 和控件 B 是相对位置，那么当控件 A 的位置发生改变时控件 B 的位置也跟着改变。

8.2.3 表单的交互验证

在用户浏览完整体的表单布局页面之后，接下来是进行表单的填写。在填写过程中，会碰到很多类型的校验，例如即时校验的友情类提示、即时校验的警示提示、关联性校验的提示等。

1. 即时校验的友情类提示

即时校验的友情类提示不是提交时无法通过的出错警示，而是给用户一些更合理的建议或者帮助。如图 8-4 所示是提示用户注册名的组成。

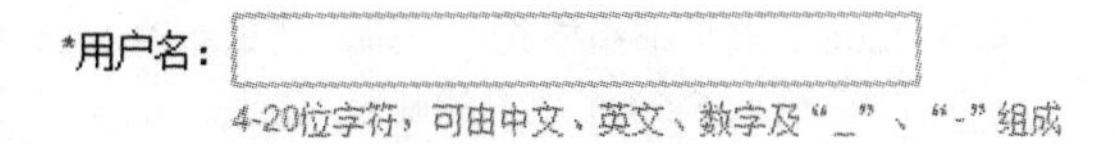

图 8-4 友情类提示

当 onfocus（事件在对象获得焦点光标时发生）的时候会出现下方的帮助提示类信息，当然也有很多网站会做成暗提示。

2. 即时校验的警示提示

即时校验的警示提示属于错误类提示，这类错误会使表单无法提交。警示提示类的校验重要级别非常高，因此在颜色和位置上都需要非常明显。有很多网站甚至将出错内容和出错后如何修改的建议都放在该提示中显示，如图 8-5 所示。

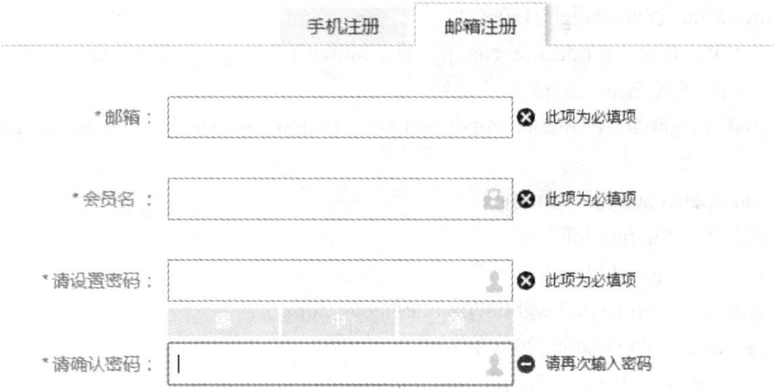

图 8-5　警示提示

3. 关联性校验的提示

关联性校验指所填写项之间会有相互影响的逻辑关系，后一项的填写是否正确取决于前几项的填写内容，如设置密码填写项与确认密码填写项不一致时会提示错误，具体如图 8-6 所示。

图 8-6　校验提示

实例中的注册方法用到手机注册和邮箱注册，使用 JavaScript 进行单独的验证，编写的验证代码保存在 regis.js 页面中，并在具体的代码下分别进行了标注。

```
$(document).ready(function(){
var msg = {
        "email":
        {
            "succ":"填写正确",
            "on_focus":"请正确填写，用于登录和找回密码",
            "regexp": "^([a-zA-Z0-9_\.\-])+\@(([a-zA-Z0-9\-])+\.)+([a-zA-Z0-9]{2,4})+$",
            "err_invalid":"电子邮箱格式不正确，请重新输入",
            'err_len':"请输入 5-50 个字符的邮箱地址"
        },
        "passwd":
        {
            "succ":"填写正确",
            "on_focus":"请输入 6-20 位字母、数字或标点符号的组合",
            "regexp" : "^[a-zA-Z0-9`~!@#$%^&*()-_=+\\|;\"\':\?,.<>\/\\[\\]{}]+$",
```

```
        "err_len":"请输入 6-20 位字母、数字或标点符号的组合",
        "err_invalid":"请输入 6-20 位字母、数字或标点符号的组合"
},
"passwd2":
{
        "succ":"填写正确",
        "on_focus":"请再次输入密码",
        'err_invalid':'两次密码输入不一致，请重新输入。'
},
"VerificationCode":    //图片验证码
{
        "succ":"填写正确",
        "on_focus":"请将图片内的数字填到输入框",
        "regexp":"[0-9]+",
        "err_len":"验证码错误",
        "err_invalid":"验证码错误"
},
"PhoneVerificationCode":    //手机验证码
{
        "succ":"填写正确",
        "on_focus":"请输入您收到的 6 位验证码",
        "regexp":"[0-9]+",
        "err_len":"验证码填写错误，请重新输入或重新获取",
        "err_invalid":"验证码填写错误，请重新输入或重新获取"
},
"userName":        //会员名
{
        "succ":"填写正确",
        "on_focus":"请填写 4-16 字符的会员名称",
        "err_len":"会员名为 4-16 字符",
        "err_invalid":"会员名称不能包含特殊符号",
        "err_num":"会员名称不能完全使用数字表示"
},
"contact":        //联系人名字
{
        "succ":"填写正确",
        "on_focus":"请填写联系人姓名",
        //"regexp" : "^[\u4E00-\u9FA5]{2,15}$",
        "err_len":"请输入 2-15 个汉字",
        "err_invalid":"请输入 2-15 个汉字",
        "err_num":"请输入 2-15 个汉字"
},
"phone":        //手机验证
{
        "succ":"填写正确",
        "on_focus":"请填写 11 位手机号码",
```

```
                "regexp" : "^13[0-9]{9}|15[0-9]{9}|18[0-9]{9}|14[0-9]{9}$",
                "err_len":"请填写正确的手机号码",
                "err_invalid":"请填写正确的手机号码"
            }

    };
    var register = {
        init : function(){
                this.email_arr = new Array();
                this.phone_btn = 60;
                this.phone_time = null;
                this.idx = -1;
                this.flag1 = false;        //获取手机验证码状态标志
                this.flag2 = 0;            //选项卡切换标志
                this.mailflag = false;
                this.veriflag = false;
                this.events();
        },
        /*选择当前页面表单*/
        select_reg : function(){
                var s = true;
                switch(this.flag2){
                        case 0 :
                        $(".reg_input input[vid='0']").each(function(){
                                if($(this).attr('flag')=='off'){

                                        s = false;
                                        $(this).focus();
                                }
                        });
                        break;
                        case 1 :
                        $(".reg_input input[vid='1']").each(function(){
                                if($(this).attr('flag') =='off'){
                                        s = false;
                                        $(this).focus();
                                }
                        });
                        break;
                }

                return s;
        },
        /*事件触发*/
        events : function(){
                var _this = this;
```

```
/*选择注册方式*/
$('.regis_sele li').click(function(){
	var idx = $(this).index();
	$(this).siblings().removeClass('on').end().addClass('on');
	$('.reg_enterprise').hide().eq(idx).show();
	_this.flag2 =idx;
});
/*邮件事件*/
$('#email').bind({
	focus : function(){
		_this.Focus($('#emailTip'),msg.email.on_focus);
	},
	blur : function(){
		_this.reg_len({
			obj : $('#email'),
			tip : $('#emailTip'),
			reg : msg.email.regexp,
			name : 'email',
			min : 5,
			max : 50
		});

	}
});
/*密码事件*/
$("#passwds").bind({
	focus : function(){
		_this.Focus($('#passwdsTip'),msg.passwd.on_focus);
	},
	blur : function(){
		_this.reg_len({
			obj : $('#passwds'),
			tip : $('#passwdsTip'),
			reg : msg.passwd.regexp,
			name : 'passwd',
			min : 6,
			max : 20
		});
		_this.passwdNLS($('#passwds'),$('#passwdsTip'));
	},
	keyup : function(){
			var str = $(this).val();
			_this.Strength($('.psStrong2'),str);
		}
});
/*密码事件*/
```

```
$("#passwd").bind({
        focus : function(){
                _this.Focus($('#passwdTip'),msg.passwd.on_focus);
        },
        blur : function(){
                _this.reg_len({
                        obj : $('#passwd'),
                        tip : $('#passwdTip'),
                        reg : msg.passwd.regexp,
                        name : 'passwd',
                        min : 6,
                        max : 20
                });

                _this.passwdNLS($("#passwd"),$('#passwdTip'));
        },
        keydown : function(){
                var str = $(this).val();
                _this.Strength($('.psStrong1'),str);
        }
});
/*确认密码事件*/
$("#passwd2").bind({
        focus : function(){
                _this.Focus($('#passwd2Tip'),msg.passwd2.on_focus);
        },
        blur : function(){
                _this.passwdConf();
        }
});
/*确认密码事件*/
$("#passwds2").bind({
        focus : function(){
                _this.Focus($('#passwds2Tip'),msg.passwd2.on_focus);
        },
        blur : function(){
                _this.passwdConf2();
        }
});
/*网页验证码事件*/
$("#p_VerificationCode").bind({
        focus : function(){
                _this.Focus($('#p_VerificationCodeTip'),msg.VerificationCode.on_focus);
        },
        blur : function(){
                _this.reg_len({
```

```
                        obj : $('#p_VerificationCode'),
                        tip : $('#p_VerificationCodeTip'),
                        reg : msg.VerificationCode.regexp,
                        name : 'VerificationCode',
                        min : 4,
                        max : 4
                    });
                    _this.vail();
                }
        });
                    /*手机号事件*/
        $("#e_phone").bind({
                focus : function(){
                    _this.Focus($('#e_phoneTip'),msg.phone.on_focus);
                },
                blur : function(){
                    _this.reg_len({
                        obj : $('#e_phone'),
                        tip : $('#e_phoneTip'),
                        reg : msg.phone.regexp,
                        name : 'phone' ,
                        min : 11,
                        max : 11
                    });
                }
        });
        /*手机验证码事件*/
        $("#e_PhoneCode").bind({
                focus : function(){
                    _this.Focus($('#e_codeTip'),msg.PhoneVerificationCode.on_focus);
                },
                blur : function(){
                    _this.reg_len({
                        obj : $("#e_PhoneCode"),
                        tip : $('#e_codeTip'),
                        name : 'PhoneVerificationCode',
                        min : 6,
                        max : 6
                    });
                }
        });
/*用户名称事件*/
        $("#ename").bind({
                focus : function(){
                    _this.Focus($('#enameTip'),msg.userName.on_focus);
                },
```

```
            blur : function(){
                _this.reg_len({
                    obj : $("#ename"),
                    tip : $('#enameTip'),
                    name : 'userName',
                    min : 4,
                    max : 16
                });
            }
        });
        $("#enames").bind({
            focus : function(){
                _this.Focus($('#enamesTip'),msg.userName.on_focus);
            },
            blur : function(){
                _this.reg_len({
                    obj : $("#enames"),
                    tip : $('#enamesTip'),
                    name : 'userName',
                    min : 4,
                    max : 16
                });
            }
        });
        /*获取手机验证码*/
        $('#f_phoneValidation').click(function(){
            _this.flag1 = true ;
            _this.new_phone_vchode();
        });
        /*提示必填项*/
        $('.reg_input input').each(function(i){
            $(this).blur(function(){
                if($(this).val()==''){
                    $(this).siblings('span').attr('class','onError').html('此项为必填项');
                    $(this).attr('flag','off');
                }
            })
        });

        /*修改号码重新获取验证码*/
        $('#f_phone').change(function(){
            clearTimeout(_this.phone_time);
            _this.flag1 = false;
            _this.phone_btn=60;
            $('#f_phoneValidation').removeClass('f_Vali_hover');
            _this.reg_len({
```

```
                    obj : $('#f_phone'),
                    tip : $('#f_phoneTip'),
                    reg : msg.phone.regexp,
                    name : 'phone' ,
                    min : 11,
                    max : 11
                });
            });

            /*reg_submit 提交事件*/
            $('#reg_submit').click(function(){
                _this.form_submit();
            });
    },
    /*获取光标提示*/
    Focus : function(obj,str){
            obj.attr('class','onFocus');
            obj.html(str);
    },
    /*正则校验，输入内容长度判断*/
    reg_len : function(o){
            var Default =
            {
                "reg" : ".*",
                "min" : 0,
                "max" : 99999
            };
            var m = $.extend({}, Default, o);
            var Reg = new RegExp(m.reg);
            var len = m.obj.val().length;
            if(/[\u4E00-\u9FA5\uF900-\uFA2D]/g.test(m.obj.val())){

                len += this.getCHLen(m.obj.val());
            }
            if(len<m.min || len>m.max){
                m.tip.attr('class','onError').html(msg[m.name].err_len);
                m.obj.attr('flag','off');
                return false;
            }
            if(Reg.test(m.obj.val())){
                m.tip.attr('class','onCorrect').html(msg[m.name].succ);
                m.obj.attr('flag','on');
            }else{
                m.tip.attr('class','onError').html(msg[m.name].err_invalid);
                m.obj.attr('flag','off');
                return false;
```

```
                }
        },
                /*检测邮箱是否已经注册*/
                noRegister : function(){
                        var _this = this;
                        var email=$('#email').val();
                        if (email == '')
                                return false;
                        $.ajax({
                                type:'post',
                                url:'#',
                                data:'email='+email,
                                async : false,
                                dataType:'json',
                                success:function(jsonData)
                                {
                                        if (jsonData.errno == 1)
                                        {
        $('#emailTip').removeClass('onCorrect');
        $('#emailTip').addClass('onError');
        $('#emailTip').html('该会员已存在，请重新输入或<a href="#">直接登录</a>');
                                                $('#email').attr('flag','off');
                                                _this.mailflag = false;
                                                return false;
                                        }else{
                                                _this.mailflag = true;
                                        }


                                }
                        });
                },
                /*校验密码全为数字、字母、符号*/
                passwdNLS : function(obj,tip){
                        var str = obj.val();
                        var num = /^\d{6,20}$/;
                        var let =/^[a-zA-Z]{6,20}$/;
                        var sym = /^[^a-zA-Z0-9]{6,20}$/;
                        if(num.test(str)||let.test(str)||sym.test(str)){
                                tip.attr('class','onError');
                                tip.html('请输入 6-20 位字母、数字或标点符号的组合');
                                obj.attr('flag','off');
                                return false;
                        }
                },
                /*校验密码全为数字、字母、符号*/
                Strength : function(obj,str){
```

```
                    function CharMode(iN){
            if (iN>=48 && iN <=57) //数字
                return 1;
            if (iN>=65 && iN <=90) //大写
                return 2;
            if (iN>=97 && iN <=122) //小写
                return 4;
            else
                return 8;
        };
        //bitTotal 函数
        //计算密码模式
        function bitTotal(num){
            modes=0;
            for (i=0;i<4;i++){
            if (num & 1) modes++;
                num>>>=1;
            }
            return modes;
        };
        //返回强度级别
        function checkStrong(sPW){
            if (sPW.length<=4)
            return 0; //密码太短
            Modes=0;
            for (i=0;i<sPW.length;i++){
            //密码模式
            Modes|=CharMode(sPW.charCodeAt(i));
            }
            return bitTotal(Modes);
        };
        var len = checkStrong(str);

        for(var i=0; i<len; i++){
            obj.find('div').eq(i).addClass('on');
        }
    },
    /*密码确认*/
    passwdConf :function(){
        if($('#passwd').attr('flag') =='off'){
            $('#passwd2Tip').attr('class','onError').html('请先输入正确的密码');
            $('#passwd2').attr('flag','off');
            return false;
        }else{
            if($('#passwd2').val()=='') return false;
            if ($('#passwd').val() != $('#passwd2').val())
```

```
                {
                        $('#passwd2Tip').attr('class','onError').html(msg.passwd2.err_invalid);
                        $('#passwd2').attr('flag','off');
                        return false;
                }else{
                        $('#passwd2Tip').attr('class','onCorrect').html(msg.passwd2.succ);
                        $('#passwd2').attr('flag','on');
                        return true;
                }
        }
},
/*密码确认*/
passwdConf2 :function(){
        if($('#passwds').attr('flag') =='off'){
                $('#passwds2Tip').attr('class','onError').html('请先输入正确的密码');
                $('#passwds2').attr('flag','off');
                return false;
        }else{
                if($('#passwds2').val()=='') return false;
                if ($('#passwds').val() != $('#passwds2').val())
                {
$('#passwds2Tip').attr('class','onError').html(msg.passwd2.err_invalid);
                        $('#passwds2').attr('flag','off');
                        return false;
                }else{
                        $('#passwds2Tip').attr('class','onCorrect').html(msg.passwd2.succ);
                        $('#passwds2').attr('flag','on');
                        return true;
                }
        }
},
/*名称不能全为数字，不能包含@、#、$、%*/
comNameNum : function(obj,tip,mess){
        var str = obj.val();
        if(/^[0-9]*$/.test(str)){
                tip.attr('class','onError').html(mess.err_num);
                obj.attr('flag','off');
        }
        if(/^.*[@#$%]+.*$/.test(str)){
                tip.attr('class','onError').html(mess.err_invalid);
                obj.attr('flag','off');
        }
},
/*提交*/
form_submit : function(){
        alert(this.select_reg())
```

```
            },
    };
    register.init();
    });
```

至此基本上完成了用户管理系统中注册功能的前端布局。在制作过程中，设计人员可以根据制作网站的需要适当地加入其他更多的注册文本域，也可以给需要注册的文本域名称部分添加星号（*），提醒注册用户注意。

Section 8.3 用户登录模块的设计

本节主要介绍用户登录模块的制作，在该模块中进行登录的用户为会员，所以界面中显示的是“登录”字样，需要制作的页面包括“登录.html”和“个人资料.html”两个页面。

8.3.1 登录页面的设计

在用户访问该管理系统时，首先要进行身份验证，这个功能是靠登录页面来实现的，所以登录页面中必须有要求用户输入用户名和密码的文本框，以及输入完成后进行登录的“登录”按钮。详细的制作步骤如下：

（1）首先来看一下用户登录页面的设计，如图 8-7 所示。

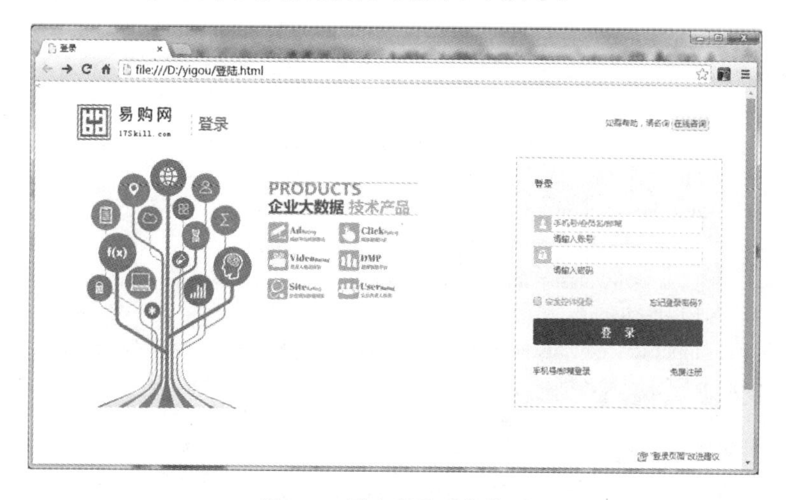

图 8-7　用户登录系统首页

（2）登录页面是用户登录系统的首页，在 Dreamweaver CC 2015 中创建一个 HTML5 文档，然后选择菜单栏中的“文件”→“保存”命令将网页保存。前台的 DIV 布局如下：

```
<!DOCTYPE html>
<html lang="en">
<head>
    <meta charset="utf-8">
```

```
        <meta http-equiv="X-UA-Compatible" content="IE=edge,chrome=1">
        <title>登录</title>
        <meta name="description" content="">
        <meta name="viewport" content="width=device-width; initial-scale=1.0">
        <link href="css/global.css" type="text/css" rel="stylesheet"    />
        <link href="css/login.css" type="text/css" rel="stylesheet"    />
    </head>
    <body>
    <!--=S header    -->
    <div class="login_head">
        <div class="head_con wrap clearfix">
                <div class="head_l f_l">
                        <h1 class="logo f_l">
                                <a href="#"><img src="img/login_log.jpg"/></a>
                        </h1>
                        <div class="welcome">登录</div>
                </div>
                <div class="head_r f_r">
                        <span class="f_l">如需帮助，请咨询</span>
                        <a lass="f_l" href="#">在线咨询</a>
                </div>
        </div>
    </div>
    <!--=S header    -->
    <div class="wrap">
        <div class="login_con clearfix">
                <div class="login_con_l f_l">
                        <a href="#"><img src="img/login_l.jpg"/></a>
                </div>
                <div class="login_con_r f_r">
                        <h3 class="title">登录</h3>
                        <div class="login_name_input">
                <label></label>
                <input id="new_username" class="login_input j_input" type="text" value="手机号/会员名/
    邮箱" prompt = "手机号/会员名/邮箱" name="username" style="color: gray;">
                                <p class="onError">请输入账号</p>
                        </div>
                        <div class="login_name_input">
        <label class="ps"></label>
        <input id="new_passwd" class="login_input"    type="password" name="passwd">
                                <p class="onError">请输入密码</p>
                        </div>
                        <div class="login_safes clearfix">
                                <label class="safe_input">
                                        <input type="checkbox"><span>安全控件登录</span>
                                </label>
```

```
                <a class="forget" href="确认账号.html">忘记登录密码?</a>
            </div>
            <div class="login_sub">
                <a href="个人资料.html"></a>
            </div>
            <div class="login_way clearfix">
                <a class="regis f_l" href="#">手机号/邮箱登录</a>
                <a class="logins f_r" href="注册.html">免费注册</a>
            </div>
        </div>
    </div>
    <div class="login_extra">
        <img src="img/c5.png"/><a href="#">"登录页面"改进建议</a>
    </div>
```

说明：这里对Dreamweaver设置文本域的属性进行说明。

1）在“文本域”文本框中为文本域指定一个名称。每个文本域都必须有一个唯一的名称。表单对象名称不能包含空格或特殊字符，可以使用字母、数字字符和下划线（-）的任意组合。请注意，为文本域指定的标签是将存储该域的值（输入的数据）的变量名，如input id="new_username"，这是发送给服务器进行处理的值。

2）“字符宽度”设置域中可显示的最多字符数。“最多字符数”指定在域中最多可输入的字符数，如果保留为空白，则输入不受限制。“字符宽度”可以小于“最多字符数”，但超出字符宽度的输入不被显示。

3）类型”用于指定文本域是“单行”、“多行”还是“密码”域。单行文本域只能显示一行文字，多行则可以输入多行文字，在达到字符宽度后换行，密码文本域则用于输入密码。

4）“初始值”指定在首次载入表单时域中显示的值。例如，通过包含说明或示例值可以指示用户在域中输入信息。

（3）登录页面的CSS样式控制代码，保存在login.css样式表文件中。具体的样式代码如下：

```
.wrap{width:990px; margin:0 auto;}
a{color:#6c6c6c;}
img{vertical-align:middle;}
.focus{ color:#333; }
.head_con{padding:15px 0; height:60px;}
.login_head h1{width:176px;padding-left:24px;}
.login_head  .welcome{float:left;border-left:1px  solid  #ccc;color:#666;font-size:22px;height:35px;line-height:35px;margin-top:13px;padding-left:10px;vertical-align:middle;}
.login_head .head_r{padding:15px 20px 0 0; color:#666; line-height:20px;}
.login_head .head_r a{width:56px; height:20px; display:inline-block; background:url(../img/login.png) -65px 0 no-repeat; text-align:center; color:#333;margin-left:3px;}
.login_con_l{width:652px; height:360px;}
.login_con_r{border:1px solid #cacaca; background:#fafafa; padding:0 26px; height:358px; width:255px;}
.login_con_r .title{padding-top:28px; line-height:18px; font-size:14px; color:#333;height:54px;}
.login_name_input{position:relative;width:254px; height:25px; margin-bottom:20px;}
```

```
.login_name_input label{position:absolute;border-right:1px solid #dedede; left:0; top:0; *top:1px; width:26px; height:25px; background:url(../img/login.png) no-repeat;}
.login_name_input .ps{background:url(../img/login.png) -31px 0 no-repeat;}
.login_name_input span{position:absolute;left:30px; top:0; line-height:25px; color:#adadad;}
.login_name_input p{position:absolute;left:30px; top:26px;}
.login_name_input input{width:223px;padding:3px 0 3px 29px;border:1px solid #dedede;height:17px; line-height:17px;}
.login_safes{padding-top:24px; height:35px; position:relative; width:254px; line-height:18px;}
.login_safes label{vertical-align:middle; color:#aaa;}
.login_safes input,.login_safes span{vertical-align:middle;margin-right:5px;}
.login_safes .forget{color:#6d6d6d;position:absolute; right:0; top:26px;}
.login_sub a{display:inline-block; text-align:center; line-height:38px ; height:38px; background:url(../img/login.png) 0 bottom no-repeat; width:255px;}
.login_way{padding-top:26px;}
.login_way a{color:#0066cc;}
.login_extra{text-align:right;padding:60px 0 14px;}
.login_extra a,.reg_extra a{margin-left:3px; color:#0066cc;}
```

（4）选择菜单栏中的“文件”→“保存”命令，将该文档保存到本地站点中，完成用户登录的页面布局制作。

8.3.2 登录成功个人页面

如果用户输入的登录信息正确，就会转到“个人资料.html”页面。

（1）在 Dreamweaver CC 2015 中选择菜单栏中的“文件”→“新建”命令，在网站根目录下新建一个名为“个人资料.html”的网页并保存。

（2）用类似的方法制作登录成功页面的静态部分，如图 8-8 所示。这里的 DIV 布局没有什么特别的地方，因此代码就不在书里详细列出了。

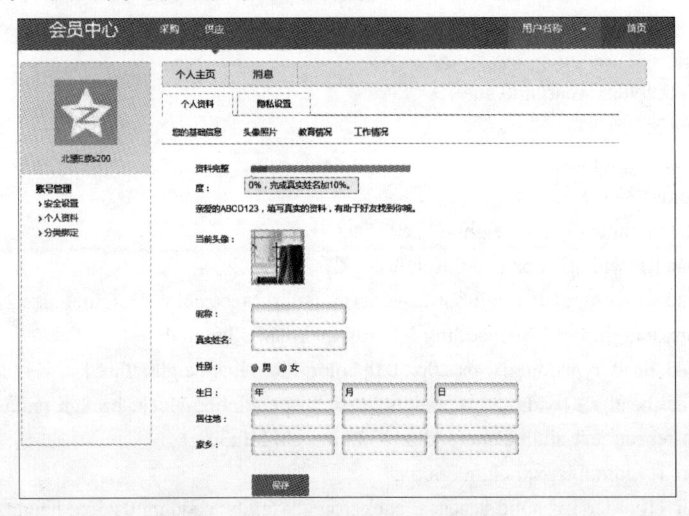

图 8-8 登录后的个人资料页

（3）布局的 CSS 样式表保存在 user.css 文件中，该页的样式表代码如下：

```
/*个人资料*/
.picside{border-top:1px solid #ebebeb;}
.picside .p_pic{background:#f7f7f7; text-align:center; height:144px; padding-top:26px;}
.picside .name{padding-top:10px; line-height:16px;}
.picside .name a{color:#b92120;}
.use_info .companyintcon{width:720px; border:none; }
.use_def .uindex_sele{border:1px solid #ebebeb;}
.use_info{width:720px; overflow:hidden; color:#666;}
.use_info .info_top,.use_info .info_title,.ad_same_t{border-bottom:1px solid #cfcfcf; padding-top:10px;
height:33px;}
.use_info .info_top li,.ad_same_t li{width:113px;margin-right:7px; display:inline; height:32px;
border:1px solid #e9e9e9; text-align:center;line-height:32px; float:left; cursor:pointer;}
.use_info .info_top .on,.ad_same_t .on{border-bottom:1px solid #fff; color:#e50012;}
.use_info .info_title li{float:left; line-height:32px; padding:0 17px;}
.use_info .info_title .on{color:#333;}
.use_info .info_main{padding-left:54px;}
.use_info dl{padding:5px 0;}
.use_info dt{float:left;width:74px; line-height:30px;}
.use_info dd{float:left; width:500px; position:relative;}
.use_info .datum{height:60px;}
.use_info .datum dd{padding-top:10px;}
.use_info .plan_pic{width:250px;height:10px;overflow:hidden;background:#dcdcdc;}
.use_info .plan_pic span{display:inline-block; height:12px;overflow:hidden; background:#a7d2a0;
width:10%;}
.use_info .plan_text{position:absolute; top:28px; left:5px;}
.use info .plan_text p{border:1px solid #ffc662; background:#ffffcc; line-height:24px; padding:0
5px;color:#5c85a3;}
.use_info .plan_text span{color:#ce8145;}
.use_info .plan_text s{position:absolute;width:9px; height:6px; top:-4px; left:6px;
overflow:hidden;background:url(../img/addm.png) 0 -102px no-repeat;}
.use_info .hint{padding:0 0 20px;}
.use_info .headPic .pic{width:80px; height:80px; overflow:hidden; border:3px solid #e6e6e6; margin-
bottom:20px;}
.use_info .m_sex dd{padding-top:7px; padding-top:5px\9;}
.use_info .m_sex label{vertical-align:middle; margin-right:10px;}
.use_info .m_sex input{margin-right:5px;vertical-align:middle;}
.use_info .itextbgc,.use_info .itext,.use_info .itextbgl,.use_info .itextbgr{width:150px;}
.use_info .inputt1{width:129px;}
.use_info .m_btn{padding:25px 0 0 89px;}
.use_info .m_btn a{display:inline-block;width:90px; color:#fff; height: 34px;background:url (../img/
addm.png) no-repeat right 0; text-align: center; line-height:34px;}
```

Section 8.4 找回密码的布局

本节主要介绍用户登录不成功找回密码的页面的设计制作，在设计和布局时需要按找回密码的步骤来设计页面。在实例中需要制作“确认账号.html”、“选择验证方式.html”、“手机验证码.html”、“邮箱验证.html”以及最后的“修改密码.html”和“找回密码.html”6 个步骤的页面。

8.4.1 确认用户的页面

确认用户的页面用于当用户发现输入密码错误，需要找回自己的密码登录时，如图 8-9 所示。当需要显示找回密码时，在第 1 个步骤“确认账号”中设置背景为红色、白字，在输入文本框中我们设置了“登录名”和“验证码”两项。

图 8-9 “确认账号.html”布局效果

（1）在 Dreamweaver CC 2015 中创建 HTML5 新文档，并保存为“确认账号.html”，使用 DIV 的布局核心代码如下：

```
<!--=S header  -->
<div class="wrap">
    <h3 class="forget_top clearfix">
        <s></s><span class="f_l">请输入您的会员名，方便我们开始为您进行服务：</span>
    </h3>
    <div class="forget_nav">
        <ul class="steps-info clearfix">
            <li class="on">1.确认账号<i></i></li>
            <li class=""><s></s>2.选择验证方式<i></i></li>
            <li class=""><s></s>3.验证/修改<i></i></li>
            <li class="lastli"><s></s>4.完成</li>
        </ul>
    </div>
    <div class="forget_con">
        <ul class="fAccount">
            <li>
                <strong>登录名：</strong>
                <input type="text" class="j_input" value="手机号/会员名/邮箱">
                <span></span>
            </li>
            <li>
```

```
                    <strong>验证码：</strong>
                    <input type="text" class="vcode" value="">
                    <img src="img/nubcode.jpg"/>
                    <span>看不清？<a href="#">换一张</a></span>
                    <span class="passimg_code"></span>
                </li>
                <li>
                    <a href="选择验证方式.html" class="fAccount_next"></a>
                </li>
            </ul>
        </div>
    </div>
```

（2）确认账号页面的样式代码储存在 login.css 样式表文件里，具体的样式代码如下：

```
/*忘记密码-确认账号*/
.forget_top{border-bottom:1px solid #ccc; line-height:36px; padding:12px 0 0 12px; color:#000;}
.forget_top s{float:left; width:19px; height: 19px; background:url(../img/password1.png) no-repeat; margin:9px 6px 0 0;}
.forget_nav{padding:20px 0 10px;}
.forget_nav .steps-info{color:#666;line-height:30px;}
.forget_nav li{position:relative;float:left;width:243px;text-align:center; height:30px;margin:0 4px 0 0;background:#dedede; font-size:16px;}
.forget_nav s,.forget_nav i{width:0;height:0;font-size:0;line-height:0;position:absolute;top:0;border:15px solid #fff;}
.forget_nav s{border-color:#dedede #dedede #dedede transparent; border-left-style:dashed;left:-16px;}
.forget_nav i{border-color:#fff #fff #fff #dedede; border-right-style:dashed; right:-16px;}
.forget_nav .on{background:#b92120;color:#fff;}
.forget_nav .on s{border-color:#b92120 #b92120 #b92120 transparent;}
.forget_nav .on i{border-left-color:#b92120;border-left-style:solid;right:-15px;}
.forget_nav .lastli{width:249px;margin:0;}
.forget_con{border:1px solid #d4d4d4; margin-bottom:10px;}
.fAccount{height:220px;padding:69px 0 0 325px;}
.fAccount li{ height: 32px;   padding-bottom: 20px; position: relative;}
.fAccount li strong {color: #333; display: inline-block; font-size: 14px; font-weight: normal; line-height: 32px; padding-right: 5px; text-align: right;vertical-align: top;width: 100px;}
.fAccount li input { border: 1px solid #aeaeae; color:#ccc; height: 16px; line-height: 16px; padding: 7px; vertical-align: top; width: 254px}
.fAccount li .focus{ color:#333; }
.fAccount li .vcode{width:120px; }
.fAccount li span { display: inline-block; height: 32px; line-height: 32px; max-width: 255px; overflow: hidden; padding-left: 22px;vertical-align: top;}
.fAccount li .onError{background:url(../img/error.png) 0 center no-repeat;color: #e40309;font-weight:normal;}
.fAccount li .onFocus{background:url(../img/focus.png) 0 center no-repeat;color:#636363;font-weight:normal;}
.fAccount li .onCorrect{background:url(../img/right.png) 0 center no-repeat;color: #7fc169;font-
```

```
weight:normal;}
.fAccount_next{ background:url(../img/password2.png) no-repeat; width:88px; height:36px; display:
block; margin-left:105px;}
```

8.4.2 选择找回方式

“选择验证方式.html”是单击“确认账号.html”页面之后打开的验证的第 2 步操作，本实例设计的样式如图 8-10 所示。目前，国内在注册方式的选择上主要有手机注册和邮箱注册，因此在找回密码的时候同样要选择这两种方式进行。

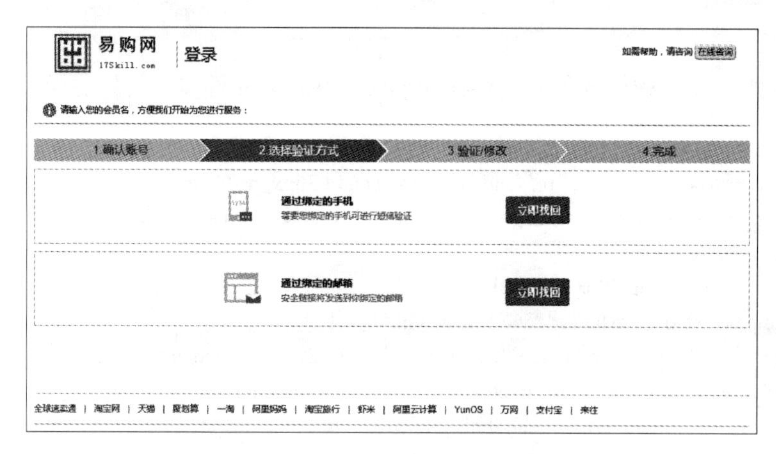

图 8-10 “选择验证方式.html”布局效果

（1）在 Dreamweaver CC 2015 中创建 HTML5 新文档，并保存为“选择验证方式.html”，使用 DIV 的布局代码如下：

```
<!--=S header    -->
<div class="wrap">
    <h3 class="forget_top clearfix">
            <s></s><span class="f_l">请输入您的会员名，方便我们开始为您进行服务：</span>
    </h3>
    <div class="forget_nav">
            <ul class="steps-info clearfix">
                    <li class="">1.确认账号<i></i></li>
                    <li class="on"><s></s>2.选择验证方式<i></i></li>
                    <li class=""><s></s>3.验证/修改<i></i></li>
                    <li class="lastli"><s></s>4.完成</li>
            </ul>
    </div>
    <div class="fAccount2_list clearfix">
            <span class="fAccount2_list_logo1"></span>
            <div class="fAccount2_list_c">
                    <p class="list1">通过绑定的手机</p>
                    <p class="list2">需要您绑定的手机可进行短信验证</p>
```

```
        </div>
        <a href="手机验证码.html" class="fAccount2_list_btn"></a>
    </div>
    <div class="fAccount2_list clearfix mt90">
        <span class="fAccount2_list_logo2"></span>
        <div class="fAccount2_list_c">
            <p class="list1">通过绑定的邮箱</p>
            <p class="list2">安全链接将发送到你绑定的邮箱</p>
        </div>
        <a href="邮箱验证.html" class="fAccount2_list_btn"></a>
    </div>
```

（2）“选择验证方式.html”页面的样式代码同样储存在 login.css 样式表文件里。具体的样式代码如下：

```
/*忘记密码-选择方式*/
.fAccount2_list{height:70px; padding:28px 0 0 265px; width:723px; border:1px solid #d4d4d4; margin-bottom:10px; }
.fAccount2_list_logo1{ float:left; width:79px;height:40px; background:url(../img/password3.png) 6px 0 no-repeat;}
.fAccount2_list_logo2{ float:left; width:79px;height:40px; background:url(../img/password4.png) 0px 0 no-repeat;}
.fAccount2_list_c{ float:left; width:310px; }
.fAccount2_list_c .list1{ line-height:26px; font-size:14px; color:#000; font-weight:bold; }
.fAccount2_list_c .list2{ line-height:14px; font-size:12px; color:#999; }
.fAccount2_list_btn{ float:left;margin-top:6px; background:url(../img/password5.png) no-repeat; width:88px; height:36px; }
.mt90{ margin-bottom:90px; }
```

（3）在选择手机验证之后要进入下一步的具体手机验证页面，如图 8-11 所示。在 Dreamweaver CC 2015 中创建 HTML5 新文档，并保存为“手机验证码.html”。使用 DIV 的布局代码如下：

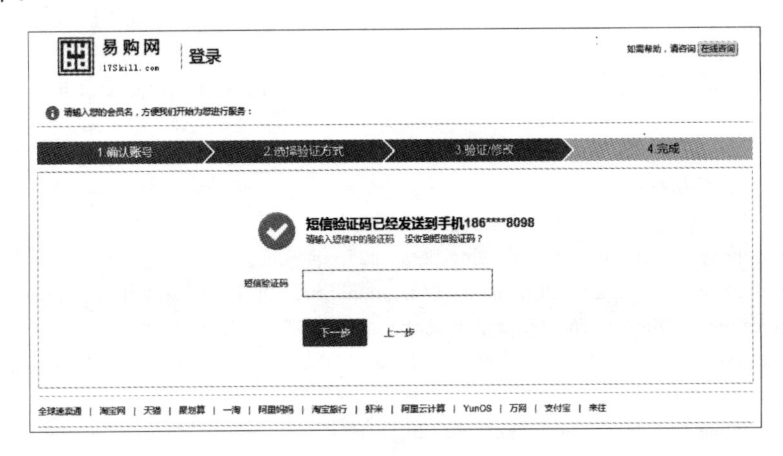

图 8-11 “手机验证码.html”布局效果

```
<div class="wrap">
<h3 class="forget_top clearfix">
<s></s><span class="f_l">请输入您的会员名，方便我们开始为您进行服务：</span>
</h3>
    <div class="forget_nav">
            <ul class="steps-info clearfix">
                    <li class="on">1.确认账号<i></i></li>
                    <li class="on"><s></s>2.选择验证方式<i></i></li>
                    <li class="on"><s></s>3.验证/修改<i></i></li>
                    <li class="lastli"><s></s>4.完成</li>
            </ul>
    </div>
    <div class="forget_con">
            <ul class="amendPhone">
                    <li class="li_1">
                            <div class="clearfix">
                                <i></i>
                                <div class="f_l">
    <p class="text1">短信验证码已经发送到手机<span>186****8098</span></p>
    <p class="text2">请输入短信中的验证码<a href="#">没收到短信验证码？</a></p>
                                </div>
                            </div>
                    </li>
                    <li class="li_2">
                            <strong>短信验证码</strong>
                            <input type="text">
                    </li>
                    <li class="li_3">
                            <a class="btn" href="找回密码.html">下一步</a>
                            <a class="pre" href="选择验证方式.html">上一步</a>
                    </li>
            </ul>
    </div>
```

（4）“手机验证码.html”页面的样式代码储存在 login.css 样式表文件里。具体的样式代码如下：

```
/*验证修改手机*/
.amendPhone{height:232px;padding:56px 0 0 285px;}
.amendPhone .li_1{height:50px; padding-bottom:27px;}
.amendPhone .li_1 i,.amendEmail .li_1 i,.amendSure .li_1 i{float:left; width:50px; height:50px;
background:url(../img/amend1.png) no-repeat; margin:0 15px 0 20px;}
.amendPhone .li_1 .text1,.amendEmail .li_1 .text1{font-size:18px; color:#333; font-weight:bold; line-
height:24px;padding-top:4px; }
.amendPhone .li_1 .text1 span{color:#b92120;}
.amendPhone .li_1 .text2{color:#999;}
.amendPhone .li_1 .text2 a{color:#0066cc; margin-left:15px;}
```

```
.amendPhone .li_2 strong{font-weight:normal; line-height:36px; float:left; width:80px; }
.amendPhone .li_2 input{border:1px solid #aaa;width:258px; height:34px;}
.amendPhone .li_3{padding:30px 0 0 80px; line-height:36px;}
.amendPhone .li_3 a,.amendEmail .li_2 a{color:#b92120; font-size:14px;}
.amendPhone .li_3 .btn,.amendEmail .li_2 .btn{display:inline-block;margin-right:20px; width:88px; height:36px; line-height:36px; text-align:center; color:#fff; background:url(../img/amend2.png) no-repeat;}
```

（5）如果单击选择的邮箱验证，则打开“邮箱验证.html”页面，如图 8-12 所示。在 Dreamweaver CC 2015 中创建 HTML5 新文档，并保存为“邮箱验证.html”，使用 DIV 的布局代码如下：

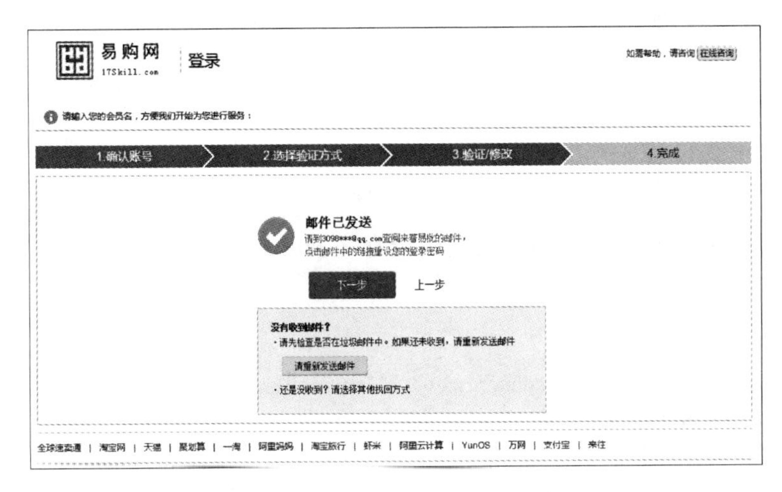

图 8-12 “邮箱验证.html”布局效果

```
<div class="wrap">
    <h3 class="forget_top clearfix">
<s></s><span class="f_l">请输入您的会员名，方便我们开始为您进行服务：</span>
    </h3>
    <div class="forget_nav">
            <ul class="steps-info clearfix">
                    <li class="on">1.确认账号<i></i></li>
                    <li class="on"><s></s>2.选择验证方式<i></i></li>
                    <li class="on"><s></s>3.验证/修改<i></i></li>
                    <li class="lastli"><s></s>4.完成</li>
            </ul>
    </div>
    <div class="forget_con">
            <ul class="amendEmail">
                    <li class="li_1">
                            <div class="clearfix">
                                <i></i>
                                <div class="f_l">
    <p class="text1">邮件已发送</p>
```

```
<p class="text2">请到<a href="#">3098***@qq.com</a>查阅来着易批的邮件，</p>
                        <p class="text2">点击邮件中的链接重设您的登录密码</p>
                        </div>
                    </div>
                </li>
                <li class="li_2">
                        <a class="btn" href="找回密码.html">下一步</a>
                        <a class="pre" href="选择验证方式.html">上一步</a>
                </li>
                <li class="li_3">
                        <h3>没有收到邮件？</h3>
  <p>・请先检查是否在垃圾邮件中。如果还未收到，请重新发送邮件</p>
                        <div class="send"><a href="#">请重新发送邮件</a></div>
                        <p>・还是没收到？<a href="#">请选择其他找回方式</a></p>
                </li>
        </ul>
</div>
```

（6）“邮箱验证.html”页面的样式代码储存在 login.css 样式表文件里，具体的样式代码如下：

```
/*验证修改邮箱*/
.amendEmail{height:280px;padding:52px 0 0 303px;font-family:"宋体";}
.amendEmail .li_1 i{margin-top:4px;margin-left:2px;}
.amendEmail .li_1 .text1{padding:0;}
.amendEmail .li_1 .text2{color:#999; line-height:18px;}
.amendEmail .li_1 .text2 a{color:#0066cc;}
.amendEmail .li_2{padding:18px 0 12px 72px;}
.amendEmail .li_2 .btn{width:120px; background:url(../img/amend3.png) no-repeat;}
.amendEmail .li_3{border:1px solid #e8d6ae; width:378px; padding:14px 0 0 18px; height:127px;
background:#fff6db;}
.amendEmail .li_3 h3{color:#050200; font-weight:bold; line-height:22px;}
.amendEmail .li_3 p{color:#635d5d;line-height:18px;}
.amendEmail .li_3 .send{padding:10px 0 10px 15px;}
.amendEmail .li_3.send a{display:inline-block; background:url(../img/amend4.png) no-repeat;
width: 120px; height:26px; line-height:26px; text-align:center; color:#303030;}
.amendEmail .li_3 a{color:#0066cc;}
```

8.4.3 修改和找回密码

对于上面的页面需要进行密码修改，并完成最后的找回密码操作，制作的页面有两个，分别为“修改密码.html”和“找回密码.html”。这两个页面的前端 DIV 布局也没有特别的地方，比较简单，这里主要介绍一下样式的设计。

（1）“修改密码.html”的具体效果如图 8-13 所示，样式代码储存在 login.css 样式表文件里，具体的样式代码如下：

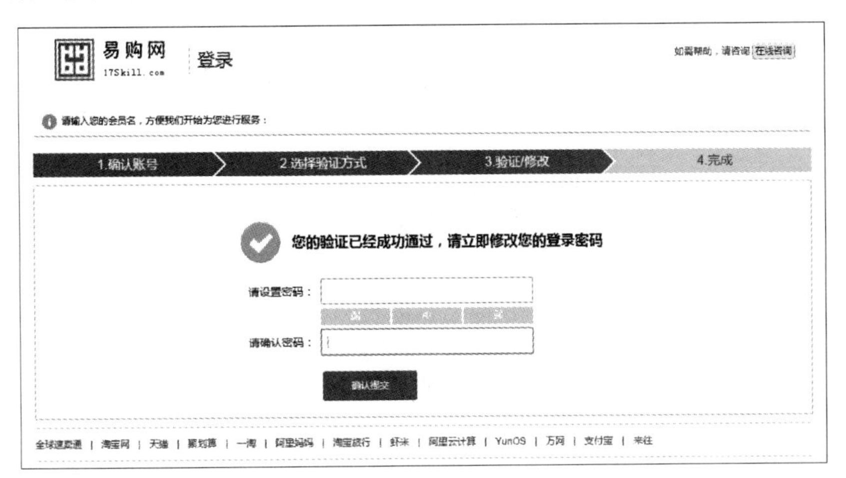

图 8-13 “修改密码.html”页面的布局效果

```
/*修改密码*/
.modify_pass_tit{ height:50px; line-height:50px; font-size:18px; color:#333; padding-left:65px; font-weight:bold; background:url(../img/amend1.png) no-repeat; width:400px; margin:46px auto 0;   }
.modify_pass .setPsbox{padding-bottom:0;}
.modify_pass{ margin:20px 0 0 255px;}
.modify_pass li{ height: 32px;   padding-bottom: 20px; position: relative;}
.modify_pass li strong {color: #333; display: inline-block; font-size: 14px; font-weight: normal; line-height: 32px; padding-right: 5px; text-align: right;vertical-align: top;width: 100px;}
.modify_pass li input { border: 1px solid #aeaeae; color:#ccc; height: 16px; line-height: 16px; padding: 7px; vertical-align: top; width: 254px}
.modify_pass li .focus{ color:#333; }
.modify_pass li span { display: inline-block; height: 32px; line-height: 32px; max-width: 255px; overflow: hidden; padding-left: 22px;vertical-align: top;}
.modify_pass li .onError{background:url(../img/error.png) 0 center no-repeat;color: #e40309;font-weight:normal;}
.modify_pass li .onFocus{background:url(../img/focus.png) 0 center no-repeat;color:#636363;font-weight:normal;}
.modify_pass li .onCorrect{background:url(../img/right.png) 0 center no-repeat;color: #7fc169;font-weight:normal;}
.modify_pass .psBox{padding:5px 0 5px 108px;*padding-left:105px; height:21px;}
.modify_pass .psStrong div{float:left; width:88px; height:21px; line-height:21px;margin-right:3px; color:#fff; text-align:center; background:#eee;}
.modify_pass .psStrong .on{background:#b92120;}
.modify_pass_btn{width: 120px; background: url(../img/amend3.png) no-repeat; margin:0 0 20px 365px; display:block; height:36px; color:#fff; line-height: 36px; text-align:center;}
```

（2）“找回密码.html”的设计效果如图 8-14 所示，样式代码同样储存在 login.css 样式表文件里，具体的样式代码如下：

图 8-14 “找回密码.html”页面的布局效果

```
/*修改完成*/
.amendSure{height:184px;padding:64px 0 0 304px;font-family:"宋体";}
.amendSure .li_1 i{margin-left:0;}
.amendSure .li_1 .text1{color:#333;line-height:50px; font-size:18px; font-weight:bold;}
.amendSure .li_2{padding:30px 0 0 140px;}
.amendSure .li_2 a{display:inline-block; width:100px; height:36px; text-align:center; line-
height:36px;color:#fff;background:url(../img/amend5.png) no-repeat; font-size:14px;}
```

至此，用户管理系统的常用功能都已经设计并布局到位，设计者如果需要将其应用到其他网站上，只需要与设计的页面配合，修改一些相关的文字说明及背景效果，就可以完成独立用户管理系统的设计制作。

第 9 章 购物车系统布局

本章学习购物车系统相关页面的布局，购物车系统相对于其他网页系统的布局会难一些，除了一些静态的 DIV+CSS 布局外，还要涉及购物车下订单时的数据统计、文字信息的即时交互开发。前端布局工程师需要深入了解购物车从下订单到结算付款的整个流程。本章主要介绍使用 DIV+CSS+JavaScript 进行购物车系统前台开发的方法，将介绍购物车系统的前台设计以及几个功能模块的开发。

从入门到精通

本章学习重点：

- 购物车系统规划方法
- 掌握购物车的订单流程
- 产品列表的展示设计
- 产品详情页的展示设计
- 购物车页面的布局
- 确认订单页面的布局
- 付款和完成页面的布局

Section

9.1 购物车系统规划

为了系统地介绍使用 DIV+CSS 布局电子商务网站的过程，本章以模拟实用的电子商城网站的购物车建设过程为例，详细介绍网站拥有一个网上购物系统必须做的具体工作。在进行大型系统网站开发之前首先要做好开发前的系统规划，方便前端设计师进行整个网站的设计与布局。

9.1.1 购物车系统功能

电子商城实用型网站是在网络上建立一个虚拟的购物商场，让访问者在网络上购物。网上购物以及网上商店的出现避免了挑选商品的烦琐过程，让人们的购物过程变得轻松、快捷、方便，很适合现代人快节奏的生活。同时又能有效地控制“商场”运营的成本，开辟了一个新的销售渠道。本实例使用 DIV+CSS+JavaScript 直接用手写程序完成，完成的带购物车的“产品详情页.html”如图 9-1 所示。

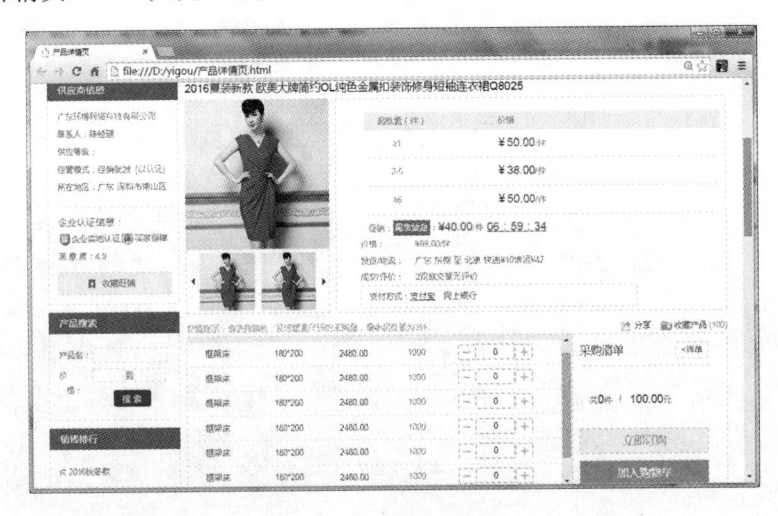

图 9-1 产品详情页效果

带购物车的电子商城主要实现的功能如下：

1）开发了强大的搜索以及高级查询功能，能够快捷地找到感兴趣的商品。

2）采取会员制保证交易的安全性。

3）流畅的会员购物流程，即浏览、将商品放入购物车、去收银台。每个会员有自己专用的购物车，可随时订购自己中意的商品并结账完成购物。购物的流程是指导购物车系统程序编写的主要依据。

4）完善的会员中心服务功能，可随时查看账目明细、订单明细。

5）设计会员价商品展示，能够显示企业近期促销的一些会员价商品。

6）后台管理模块可以通过使用本地数据库保证购物订单安全、及时、有效地处理，强大的统计分析功能，便于管理者及时了解财务状况和销售状况。

7）前端布局使用 JavaScript 实现产品订单的动态统计功能，方便后端程序员的开发。

9.1.2 购物车系统流程

将要建设的购物车系统主要由以下几个购物流程组成：

（1）前台网上销售模块“产品列表页.html”是指客户在浏览器中所看到的直接与店主面对面的销售程序，包括浏览商品、搜索商品等功能，本实例的“产品列表页.html”如图 9-2 所示。

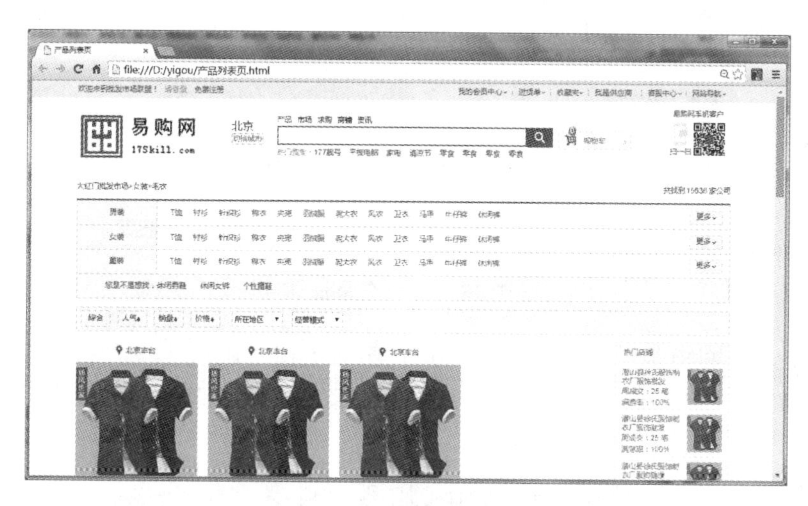

图 9-2　产品列表页.html

（2）网上销售模块“产品详情页.html”由后台录入产品的具体信息，前台通过一个页面全面展示所销售商品的所有数据。“产品详情页.html”页面如图 9-3 所示，页面上显示了“购物车”，并且显示了所有的产品属性。

图 9-3　产品详情页.html

（3）客户购买完商品后，系统自动分配一个购物号码给客户，以方便客户随时查询订单的处理情况，了解现在货物的状态。客户订购后打开的第 1 个页面即“购物车.html”，如图 9-4 所示。

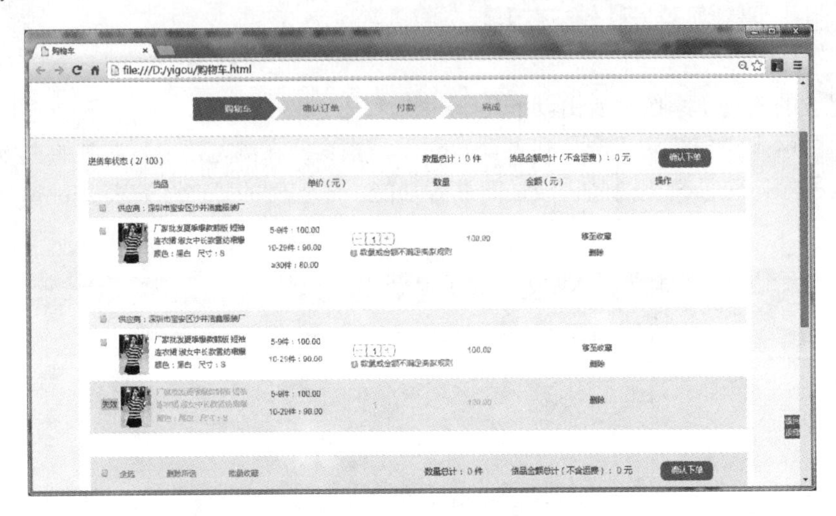

图 9-4　购物车.html

（4）接下来在购物车里确认产品的数量，然后单击“确认下单”按钮进入“确认订单.html”页面，如图 9-5 所示。客户在这里能输入收货地址，并最后核对购物车中商品的数量和统计的价格。

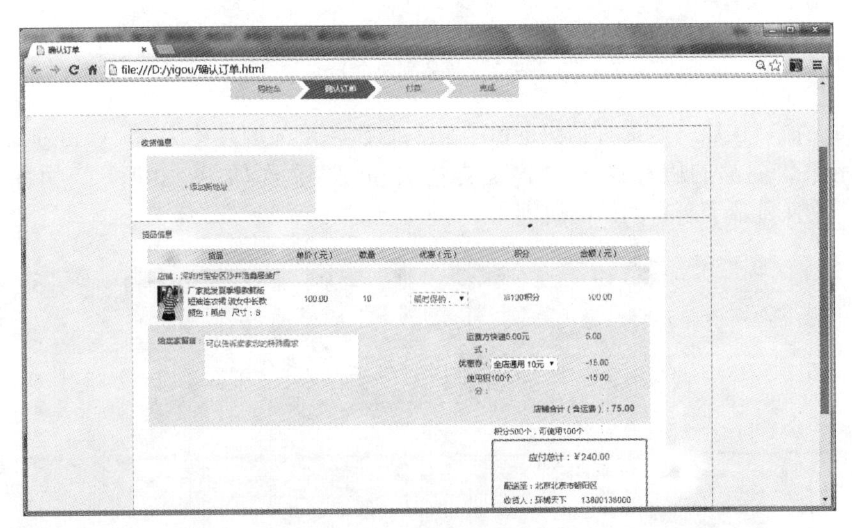

图 9-5　确认订单.html

（5）在“确认订单.html”页面中单击“提交订单”按钮，接下来进入“付款.html”页面，具体如图 9-6 所示。客户能查看订单的详情，确认后进入最后的支付环节，对于前端设计和布局工程师而言，需要提供多种收款方式，例如可以选择不同的银行代收，支付宝等工具，在布局的时候只需要将收款方式的布局设计好即可。

图 9-6　付款.html

（6）最后单击“下一步”按钮，进入“完成.html”页面，如图 9-7 所示，至此完成了基本的付款流程。

图 9-7　完成.html

9.1.3 系统结构设计

在制作网站之前，首先要把设计好的网站内容放置在本地计算机的硬盘上。本节介绍系统结构的设计，为了方便站点的设计与上传，将设计好的网页都存储在一个目录下，再用合理的文件夹管理文档。在本地站点中应该用文件夹合理地构建文档的结构。首先为站点创建一个主要文件夹，然后在其中创建多个子文件夹，最后将文档分类存储到相应的文件夹下。读者可以打开素材文件，看一下实例站点的文档结构以及文件夹结构，具体如图 9-8 所示。

“购物车”的系统结构设计如图 9-9 所示。本系统的结构按购物车系统的下订单流程来设计实现。

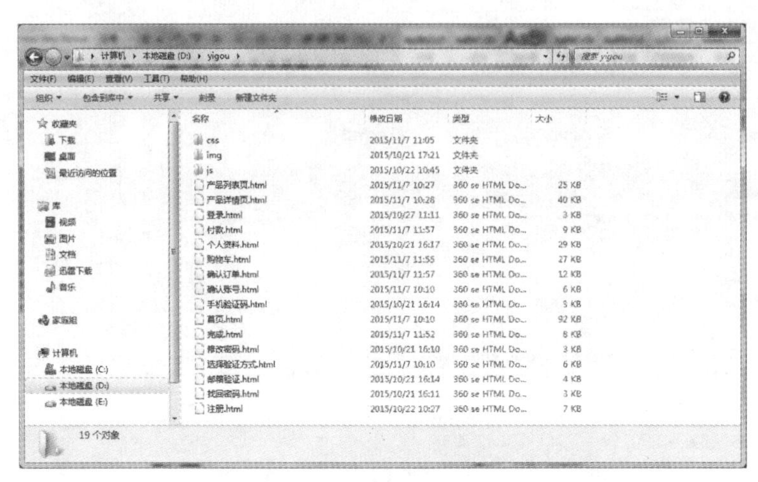

图 9-8 网站文件

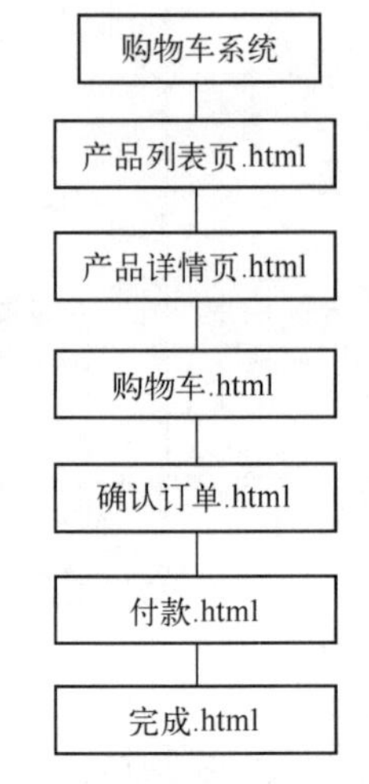

图 9-9 系统页面结构图

这里再强调说明一下在实际布局中生成的 HTML 文件一定要用小写的英文名，为了读者学习和使用方便，我们特别将其写成中文名。

9.1.4 页面规划设计

本系统的主要结构分为用户浏览和购物车订单两个部分，整个系统中共有 6 个页面，各页面的名称和对应的文件名、功能如表 9-1 所示。

表 9-1 购物车系统网页设计

页 面 名 称	功 能
产品列表页.html	实现所有产品的标题显示页面
产品详情页.html	用户单击产品列表页后打开显示详细产品信息的页面
购物车.html	用来统计订购产品详情的页面
确认订单.html	用户确认购物车内容的页面
付款.html	用户支付款项的页面
完成.html	购物完成的页面

本实例中的购物车按比较简化的过程来展示，有些电子商务网站的购物车系统功能比较多，设置的细节也会相对复杂。

Section 9.2 产品前台展示功能

购物车系统主要由产品展示和后台结算两个功能组成。实例中与购物车相关的页面主要有“产品列表页.html”和“产品详情页.html”。下面分别介绍这两个页面的布局设计。

9.2.1 产品列表页.html

“产品列表页.html”页面为用户展示购物车系统中所有的产品列表，单击该页面中的产品图片或者产品名字能链接到“产品详情页.html”，主要显示数据库中最新上架的商品。

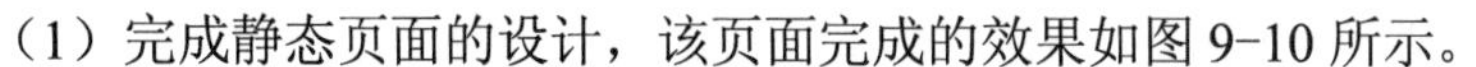

（1）完成静态页面的设计，该页面完成的效果如图 9-10 所示。

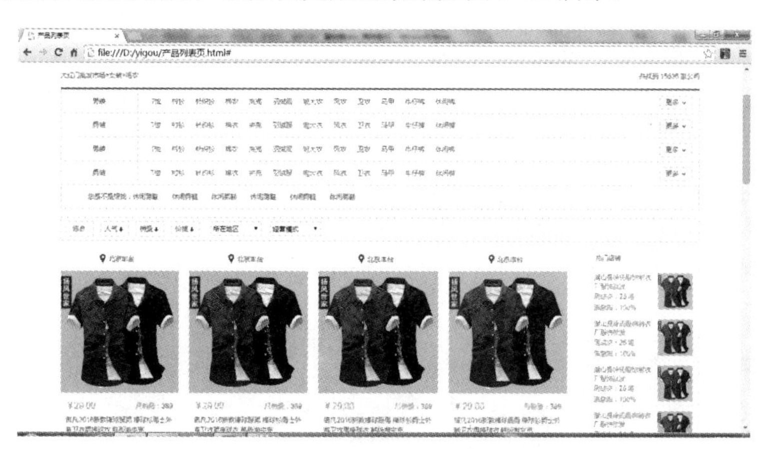

图 9-10 产品列表页.html

（2）由于篇幅关系，对于产品布局相同并重复的 DIV 标签在文中没有列出，DIV 代码核心部分如下：

```
<div class="spro_list wrap">
    <div class="navName clearfix">
    <h2 class="nav_t"><a href="#">大红门批发市场</a>><a href="#">女装</a>><span>毛衣
    </span></h2>
    <p class="nav_num">共找到<span>15636</span>家公司</p>
    </div>
    <div class="lists">
            <dl class="clothes clearfix">
            <dt class="clothes_l"><a href="#">男装</a></dt>
            <dd class="clothes_m">
            <a href="#">T 恤</a>
            <a href="#">衬衫</a>
            <a href="#">针织衫</a>
            <a href="#">棉衣</a>
            <a href="#">夹克</a>
            <a href="#">羽绒服</a>
            <a href="#">呢大衣</a>
            <a href="#">风衣</a>
            <a href="#">卫衣</a>
            <a href="#">马甲</a>
            <a href="#">牛仔裤</a>
```

```
                <a href="#">休闲裤</a>
                </dd>
            <dd class="clothes_r">
            <a href="#">更多</a>
            </dd>
            </dl>
        <div class="clothes_tb">
            <p>您是不是想找： </p>
                <a href="#">休闲男鞋</a>
                <a href="#">休闲女裤</a>
                <a href="#">个性童鞋</a>
                </div>
            </div>
                <div class="minilist clearfix">
                        <ul class="mini_l fl">
                            <li class="mini_list1">
                                <a href="#">综合</a>
                            </li>
                            <li>
                                <a href="#">
                                    <span>人气</span>
                                    <s></s>
                                </a>

                            </li>
                            <li>
                                <a href="#">
                                    <span>销量</span>
                                    <s></s>
                                </a>

                            </li>
                            <li>
                                <a href="#">
                                    <span>价格</span>
                                    <s></s>
                                </a>

                            </li>
                        </ul>
                        <select class="minilist_sele">
                            <option>所在地区</option>
                        </select>
                        <select class="minilist_sele">
                            <option>经营模式</option>
                        </select>
```

```
				</div>
			</div>
			<div class="prolist_con swrap clearfix">
				<ul class="clearfix prolist_con_ul">
					<li class="prolist_con_list">
						<p class="tit">北京丰台</p>
						<a href="#"><img src="img/pro_pic1.jpg"/></a>
						<div class="clearfix">
							<p class="price">¥29.00</p>
							<p class="num">月销量：<i>389</i></p>
						</div>
	<a href="#" class="name">笛凡 2016 新款棒球服男韩版潮夹克</a>
						<p class="stro_name">角斗士服饰旗舰店</p>
					</li>

				<div class="prolist_con_r">
					<div class="hotstore">
						<p class="tit">热门店铺</p>
						<ul class="hotstore_con">
							<li class="clearfix">
							<div class="info">
							<a href="#">潜山县徐氏服饰制衣厂服饰批发</a>
							<p>周成交：<i>25</i> 笔</p>
							<p>满意率：100%</p>
					</div>
			<a class="pro_pic" href="#"><img src="img/pro_pic1.jpg"/></a>
					</li>

					<div class="hotj">
					   <p class="tit">热门店铺</p>
						<ul class="hotj_con">
							<li>
								<a href="#"><img src="img/pro_pic2.jpg"/></a>
								<div class="clearfix">
									<p class="price">¥29.00</p>
									<p class="num">月销量：<i>389</i></p>
								</div>
				<a href="#" class="name">笛凡 2016 新款棒球服男</a>
							</li>
			</div>
			<div class="'swrap'">
				<div class="page">
					<div class="page_con">
						<ul class="clearfix">
							<li><a href="#">上一页</a></li>
							<li><a href="#">1</a></li>
```

```
                        <li><a href="#">2</a></li>
                        <li class="on"><a href="#">3</a></li>
                        <li><a href="#">4</a></li>
                        <li><a href="#">5</a></li>
                        <li><a href="#">...</a></li>
                        <li><a href="#">25</a></li>
                        <li><a href="#">下一页</a></li>
                    </ul>
                </div>
            </div>
```

（3）将对 DIV 实现样式控制的样式表保存在 pro_list.css 文件里，具体的代码如下：

```
@CHARSET "UTF-8";
.wrap{width:1190px; margin:0 auto;}
/*类表栏*/
.spro_list .nav_t{float:left; line-height:44px; font-size: 12px; color:#666;}
.spro_list .navName{ border-bottom:3px solid #e12228; }
.spro_list .navName span{color:#d40000;}
.spro_list .nav_num{float:right; line-height:44px;}
.spro_list .nav_num span{margin:0 3px;}
.spro_list .lists{border:1px solid #e6e6e6; border-top:none;}
.spro_list .clothes{border-top:1px solid #e6e6e6;}
.spro_list .clothes dt,.spro_list .clothes dd{float:left;}
.spro_list .clothes_l{width:143px; height:42px; line-height:42px; border-right:1px solid #e6e6e6; text-
align: center; background:#fafafa;}
.spro_list .clothes_m{padding-left:24px; line-height:42px;}
.spro_list .clothes_m a{float:left; color:#0992c8; margin-right:20px;}
.spro_list .clothes .clothes_r{float:right; padding:9px 13px 0 0;}
.spro_list .clothes_r a{display: inline-block;width:61px; height: 25px; text-indent:12px;
background:url(../img/s/list.png) right -41px no-repeat; line-height:24px;}
.spro_list .minilist{padding:6px 0 7px 0; margin-top:15px; border:1px solid #e6e6e6; background:
#fafafa;}
.spro_list .minilist li{float:left; width:51px; height:26px; line-height:26px; border:1px solid #e6e6e6;
position:relative; display:inline;overflow:hidden;}
.spro_list .minilist .mini_list1{ text-align:center; margin-left:8px; }
.spro_list .mini_l li{margin-right:13px;}
.spro_list .mini_l span{padding-left:7px;}
.spro_list .mini_l s{position:absolute; width:7px; height:8px; right:10px; top:10px;background:url
(../img/s/list.png) 0 -78px no-repeat; }
.spro_list .mini_l .on{text-align:center;}
.spro_list .mini_l .on span{padding:0;}
.spro_list .mini_l .col{position:absolute; width:5px; height:5px; right:0px; top:21px;background:url
(../img/s/list.png) 0 -94px no-repeat;}
.spro_list .mini_r li{margin-left:9px; text-indent:34px;}
.spro_list .mini_r s{position:absolute;width:11px; height:11px; left:15px; top:8px;background: url
(../img/s/list.png) right 0 no-repeat;}
```

```
.spro_list .people s{background-position:right -16px;}
.spro_list .clothes_tb{ height:42px; border:1px solid #e6e6e6; border-bottom:none; padding-left:50px; line-height:42px; background:#fafafa; }
.spro_list .clothes_tb p{ float:left; }
.spro_list .clothes_tb a{ padding-right:5px; margin-right:20px; float:left; }
.spro_list .minilist_sele{ width:94px; height:26px; border: 1px solid #e6e6e6; line-height: 26px; float:left; margin:0 8px; }
/*产品列表框*/
.prolist_con_ul{ float:left; width:960px; }
.prolist_con_list{ width:220px; height:366px;border:1px solid #fafafa; float:left; margin:0 18px 18px 0; display:inline; }
.prolist_con_list .tit{ height:41px; line-height:40px; padding-left:20px; background:url(../img/dw_icon.png) 2px center no-repeat; width:60px; margin:0 auto; }
.prolist_con_list .tit img{width:220px; height:220px; vertical-align:middle; }
.prolist_con_list .price{ float:left; padding:5px 0 0 10px; line-height:32px; color:#ff9102; font-size:16px; }
.prolist_con_list .num{ float:right; padding:5px 10px 0 0px; line-height:32px; color:#b0b0b0; }
.prolist_con_list .num i{ color:#666; }
.prolist_con_list .name{ width:200px; display: block; line-height:18px; color:#0992c8; height:36px; overflow: hidden; padding:0 10px; }
.prolist_con_list .stro_name{ padding:3px 10px 0 10px; line-height:22px; height:22px; width:200px; overflow: hidden; color:#999;}
.prolist_con_r{ float:right; width:210px; display: inline;}
.hotstore,.hotj{width:208px; border:1px solid #f4f4f4; margin-bottom:10px; }
.hotstore .tit,.hotj .tit{ height:34px; line-height:34px; background:#fafafa; padding-left:14px; color:#0992c8; border-bottom:1px solid #f4f4f4;}
.hotstore_con{ padding:0 11px; width:186px; margin-right:10px; }
.hotstore_con li{ border-bottom:1px solid #f4f4f4; height:82px; }
.hotstore_con .info{ float:left; padding-top:9px; width:115px; }
.hotstore_con .info a{ line-height:16px; height:32px; overflow: hidden; color:#3ca3cf; width:960px;}
.hotstore_con .info p{line-height:20px; color:#999; }
.hotstore_con .info p i{ color:#e30101; }
.hotstore_con .pro_pic{ float:right; width:65px; height:65px; margin-top:9px; }
.hotstore_con .pro_pic img{ width:65px; height:65px; vertical-align:middle; }
.prolist_con{ padding-top:12px; }
.hotstore .br{ border-bottom:none; }
.hotj_con{ padding:0 14px; width:180px; margin-right:10px; }
.hotj_con li{ width:180px; padding-top:19px; height:234px; border-bottom:1px solid #f4f4f4;}
.hotj_con img{ width:180px; height:180px; overflow: hidden; }
.hotj_con .price{ float:left; padding:5px 0 0 0px; line-height:20px; color:#ff9102; font-size:12px; }
.hotj_con .num{ float:right; padding:5px 0px 0 0px; line-height:20px; color:#b0b0b0; }
.others{position:relative; background:#fff; padding:10px 0 5px; width:1190px; height:330px; margin:30px auto 0;}
.others li{ float:left; }
.others .others_con_list{float:left; width:234px; margin-right:35px;; display:inline; color:#444;}
.others img{width:234px; height:224px;}
```

```
.others_con{width:1044px; margin:0 auto; position:relative; height:330px;}
.others ul{width:1100px; position:absolute; left:0;top:0;}
.others_foot{padding:0 12px;}
.others_name{line-height:24px; height:48px; overflow:hidden;}
.others_name a{color:#444;}
.others_price{line-height:30px;}
.others_price strong{color:#f44b08; font-size:18px; font-weight:normal;}
.others_price span{color:#999;}
.others_btn{line-height:20px;}
.others_btn s{vertical-align:middle; display:inline-block; width:14px; height:14px;
background:url(../img/carbj.png) no-repeat right -35px; margin-right:8px;}
.others_btn span{vertical-align:middle; color:#1f9cdc;}
.others .btns{position:absolute; width:26px; height:80px; margin-top:-40px; top:50%; background:
url(../img/carbj.png) no-repeat 0 -32px;}
.others .btn_l{left:30px;}
.others .btn_r{right:30px;background:url(../img/carbj.png) no-repeat -28px -32px;}
.page .page_con{background:#f8f8f8; padding:3px 2px; width:320px; margin:0 auto; position:relative;}
.page li{float:left;}
.page ul{border:1px solid #ccc; border-right:none;}
.page a{display:inline-block; padding:0 10px; line-height:28px;border-right:1px solid #ccc;
background:#fff;}
.page .on a{background:#746a66; color:#fff;}
.footer{border-top:4px solid #ddd; height:35px;padding-top:25px; margin-top:50px; text-
align:center;position:relative;}
.footer a{margin:0 12px;}
```

（4）样式按设计的页面效果布局后即可实现，该页面并没有涉及新的交互动画，在页面的最底部是产品的可切换轮播，如图 9-11 所示。

图 9-11　产品动画轮播

通过单击左、右箭头按钮可以实现动画效果，由于使用的 JavaScript 动画轮播命令和首页制作的动画轮播命令是一样的，这里就不再详细介绍了。

9.2.2 产品详情页.html

“产品详情页.html”是用来显示商品细节的页面。细节页面要能显示出商品所有的详细信息，包括商品价格、商品产地、商品单位及商品图片等，同时要显示是否还有产品，放入购物车等功能，实例中还加入了“评价”、“成交记录”、“订购说明”等选项卡切换功能的布局。

（1）首先从所需要建立的功能出发，建立出如图 9-12 所示的页面效果。

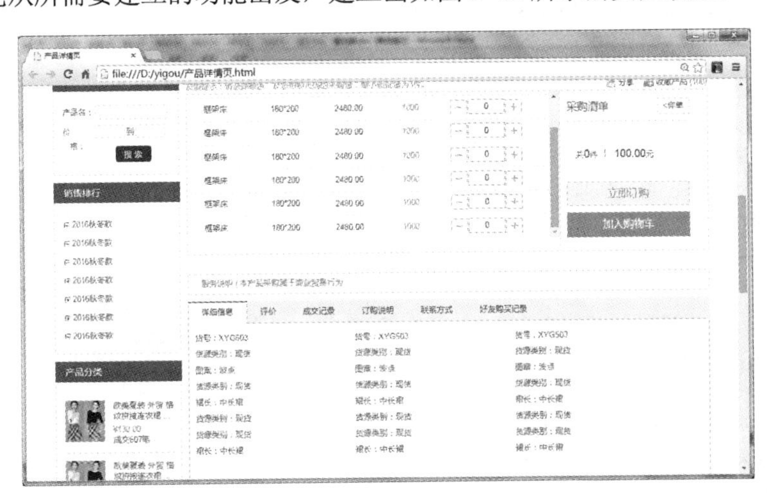

图 9-12　产品详情页.html

（2）该页面的核心 DIV 布局代码如下：

```
<div class="content clearfix lpro">
<div class="store_side">
                <div class="supplier_info">
                    <p class="store_side_title">供应商信息</p>
                    <div class="store_side_box">
                    <dl>
<dt><a href="#">广东环博网络科技有限公司</a></dt>
    <dd>联系人：陈经理</dd>
    <dd class="clearfix"><span>供应等级：</span><i></i></dd>
    <dd>经营模式：经销批发　<b>[以认证]</b></dd>
    <dd>所在地区：广东 深圳市南山区</dd>
    </dl>
    <div class="supplier_info_cert">
    <p class="tit">企业认证信息：</p>
    <p class="info_cert1 clearfix"><i class="b_icon2"></i><span>企业实地认证</span>
    <i class="b_icon1"></i><span>买家保障</span></p>
    <p class="info_cert3">满 意 度：<b>4.9</b></p>
    <a href="javascript:;" class="info_cert5">收藏旺铺</a>
    </div>
    </div>
```

```
        </div>
    <div class="product_sear">
        <p class="store_side_title">产品搜索</p>
        <div class="store_side_box">
        <form method="post" action="#">
    <div class="name clearfix"><span>产品名：</span><input type="text" /></div>
    <div  class="price  clearfix"><span>价     格：</span><input  type="text"  /><i>到
    </i><input type="text" /></div>
    <button type="submit"></button>
    </form>
    </div>
    </div>
    <div class="product_type">
    <p class="store_side_title">销售排行</p>
        <div class="store_side_box">
        <ul class="menu">
        <li class="menu_list">
    <p class="tit">2016 秋冬款<i class="open"></i></p>
        <ol class="menu2">
        <li><a href="#">单肩手提</a></li>
        <li><a href="#">单肩手提</a></li>
        <li><a href="#">单肩手提</a></li>
        <li><a href="#">单肩手提</a></li>
        </ol>
        </li>
    <div class="sales">
    <p class="store_side_title">产品分类</p>
    <div class="store_side_box">
    <ul>
    <li class="sales_list clearfix">
    <a href="#" class="pro_pic"><img src="img/pro_pic.jpg"/></a>
    <div class="info">
    <a class="name" href="#">欧美夏装  外贸  格纹拼接连衣裙  ...</a>
    <p class="price">¥130.00</p>
    <p class="num">成交 607 笔</p>
    </div>
    </li>
    <div class="store_r">
     <div class="l_intro">
     <div class="l_intro_t clearfix">
     <h3 class="title f_l">2016 夏装新款  欧美大牌简约 OL 纯色金属扣装饰修身短袖连衣裙
     Q8025</h3>
     </div>
     <div class="intro_main clearfix">
         <div class="l_intro_l">
         <div class="product_intro clearfix">
```

```
<div class="product_intro_l f_l">
<div class="p_l_top"><a href="#"><img src="img/product1.jpg"/></a></div>
<div class="p_l_foot">
<a class="btns btn_l" href="#"></a>
<a class="btns btn_r" href="#"></a>
<div class="p_l_pic">
<ul class="clearfix con">
<li>
<div class="list"><a href="#"><img src="img/product2.jpg"/></a></div>
<div class="list"><a href="#"><img src="img/product2.jpg"/></a></div>
</li>
<li style="display: none;">
<div class="list"><a href="#"><img src="img/product2.jpg"/></a></div>
<div class="list"><a href="#"><img src="img/product2.jpg"/></a></div>
</li>
<div class="product_intro_r f_l">
<ul class="p_r_acAdd p_r_acAdd_list" style="display:none;">
<li class="p_r_price clearfix"><h5>起批量：</h5><span> ≥1 张</span>/件</li>
<li class="p_r_price clearfix"><h5>尾货放血价：</h5><span class="colo1">￥20.00-￥40.00</span>/
双</li>
<li class="p_r_price clearfix"><h5>建议零售：</h5><span>￥99.00-￥199.00</span>/双</li>
<li class="p_r_add clearfix"><h5>发货/物流：</h5><span>广东 东莞 至 北京
</span><strong>快递:¥10  货运:<i class="colo1">¥42</i></strong></li>
<li class="p_r_mind clearfix"><h5>成交/评价：</h5><span>2 双成交暂无评价</span></li>
</ul>
<div class="">
<ul class="p_r_mt clearfix">
<li>起批量（件）</li>
<li>价格</li>
</ul>
<div class="p_r_buy clearfix">
<h4 class="title f_l">支付方式：</h4>
<a href="#" class="on">支付宝</a>
<a href="#">网上银行</a>
</div>
</div>
</div>
```

（3）将页面的样式表储存在 lists.css 中，其核心代码如下：

```
/*产品信息*/
.l_intro_l{width:788px; float:left;}
.l_intro_l .product_intro{width:788px;background:#fff;}
.l_intro_l .product_intro_l{width:212px;padding-right:9px;}
.l_intro_l .p_l_top,.l_intro_l .p_l_top img{width:212px; height:212px;}
.l_intro_l .p_l_foot{border:1px solid #e5e5e5; height:80px; padding:5px 0 4px; position:relative;}
.l_intro_l .p_l_foot .btns{position:absolute;width:19px; height:81px; top:5px;}
```

```
.l_intro_l .p_l_foot .btn_l{left:0; background-position:0 0; }
.l_intro_l .p_l_foot .btn_r{right:0;background-position:-22px 0px;}
.l_intro_l .p_l_pic{width:172px; height:81px;position:relative; margin:0 auto; overflow:hidden;}
.l_intro_l .p_l_pic ul{position:absolute;left:0; width:300px;}
.l_intro_l .p_l_pic li{ float:left; height:81px; width:182px; }
.l_intro_l .p_l_pic .list{float:left; width:81px; height:81px; display:inline;margin-right:10px;}
.l_intro_l .product_intro_r{border:1px solid #e5e5e5;padding:20px 0px 0 35px; width:530px;
height:281px;_height:282px; overflow:hidden;}
.l_intro_l .p_r_mt li,.l_intro_l .p_r_list li{float:left;display:inline; color:#888; }
.l_intro_l .p_r_mt{background:#f1f1f1; line-height:26px; color:#888;margin:0 7px;}
.l_intro_l .p_r_mt li{padding:0 19px; margin-right:64px;}
.l_intro_l .p_r_list{border-bottom:1px solid #e5e5e5; line-height:39px; height:39px; overflow:hidden;
margin:0 10px;}
.l_intro_l .p_r_list li{width:90px; text-align:center; margin-right:88px;}
.l_intro_l .p_r_list span{color:#e50012; font-size:16px; line-height:38px;}
.l_intro_l .p_r_acAdd_list{ height:235px; }
.l_intro_l .p_r_acAdd li{line-height:23px;color:#7c7c7c; height:23px; overflow:hidden;vertical-align:top;}
.l_intro_l .p_r_acAdd .list{line-height:30px;color:#7c7c7c; height:36px; overflow:hidden;vertical-
align:top;}
.l_intro_l .p_r_ac{padding:7px 0 0 12px; height:22px; overflow:hidden;}
.l_intro_l .p_r_ac strong{color: #e50012; font-weight:normal; font-size:16px; display:inline-block; line-
height:20px;}
.l_intro_l .p_r_ac .ac_date{color:#ff0014; margin-left:5px; font-size:16px; line-height:20px; text-
decoration:underline;}
.l_intro_l .p_r_acAdd .activity{width:54px; height:22px; text-align:center; line-height:22px;
color:#fff;background:#ff4400;}
.l_intro_l .p_r_acAdd h5,.l_intro_l .p_r_acAdd span{float:left;}
.l_intro_l .p_r_acAdd h5{width:80px; text-align:left;}
.l_intro_l .p_r_buy{color:#e5e5e5; border:1px solid #e5e5e5; line-height:30px; width:386px; padding-
left:12px; color:#666;}
.l_intro_l .p_r_buy a{float:left; color:#666; margin-right:12px;}
.l_intro_l .p_r_buy .on{color:#e50012; text-decoration:underline;}
.l_intro_l .colo1{ color:#d42f00; }
.l_intro_l .p_r_add strong{ padding-left:30px; font-weight: normal; }
.lhelpful{padding-top:12px; line-height:20px;}
.lhelpful .title{color:#b0b0b0;}
.lhelpful .ico{float:left;margin:3px 3px 0 0; width:16px; height: 14px; overflow: hidden; background-
position:right bottom;}
.lhelpful .sharetex .ico{background-position:-68px bottom;}
.lhelpful .sharetex{margin-right:15px;}
.lhelpful .text{color:#125dc6;}
.lhelpful .collectex .num{color:#a3a3a4;}
.lhelpful .shareAco{position:relative;}
/*收藏盒子*/
.collect_box{position:fixed; display:none; width:508px; height:280px; z-index:500; top:150px; left:50%;
margin-left:-250px;}
```

```
.c_shadow{width:523px; height:293px; position:absolute; z-index:5;background:#000; opacity:0.2;
filter:alpha(opacity=20);}
.c_main{position:absolute; width:448px; height:255px; z-index:10; background:#fff; left:7px; top:6px;
padding:25px 30px 0;}
.c_main_t{border-bottom:1px solid #ccc; padding-bottom:10px;line-height:28px;}
.append_info{color:#404040; padding-right:10px;}
.append_info a{color:#3366cc;}
.append_info i{width:24px; height:24px; margin:2px 12px 0 0; background-position:right -16px;}
.sify_box .btn{float:left; width:50px; height:28px; color:#999; padding-left:32px; background-position:0
-83px;}
.c_close{float:right;line-height:26px; text-decoration:none; overflow:hidden;color:#9c9c97; margin-
top:2px; cursor:pointer;font-family: Tahoma,sans;font-size: 22px;}
.c_m_title{padding-top:19px; line-height:38px; font-size:14px; color:#808080;}
.c_main_con ul{margin-right:-18px;}
.c_main_con li{width:100px; float:left; margin-right:15px; display:inline; line-height:16px; color:#999;}
.c_main_con a{color:#999;}
.c_m_pic img{width:100px; height:100px;}
.c_m_price strong{color:#e6040c; font-weight:normal;}
/*加入购物车*/
.collect_boxs{position:fixed; display:none; width:408px; height:280px; z-index:500; top:150px; left:50%;
margin-left:-250px;}
.b_shadow{width:400px; height:170px; position:absolute; z-index:5;background:#000; opacity:0.2;
filter:alpha(opacity=20);}
.b_main{position:absolute; width:385px; height:155px; z-index:10; background:#fff; left:7px; top:6px; }
.b_main_t{ line-height:28px; padding:20px 0 10px 50px;}
.b_main_tit{ background:#f1f7fb; line-height:30px; border-bottom:1px solid #ccc; height:30px; }
.b_close{float:right;line-height:26px; text-decoration:none; padding-right:5px; overflow:hidden; color:
#9c9c97; margin-top:2px; cursor:pointer;font-family: Tahoma,sans;font-size: 22px;}
.b_main_tit span{ float:left; padding-left:10px; color:#000;   }
.b_main_t .append_info{ padding-right:10px; font-size:14px; color:#404040;}
.b_main_t .list1{ line-height: 30px; color:#404040; padding-left:34px;   }
.b_main_t .list1 span{ color:#fb8500; }
.b_main_t .list1 a{ color:#014999; padding-right:10px; }
.b_main_no .append_info i{ background:url(../img/cancel_ico.png) 0 center no-repeat; }
.b_main_no .append_info{color:#f70023; }
.lcolors{border:1px solid #e5e5e5;}
.lcolors_l{width:560px; border-right:1px solid #e5e5e5; padding-bottom:20px;}
.lcolors_l .mt{padding:6px 0 10px 10px; color:#444; line-height: 40px;}
.lcolors_l .mt_title{margin-right:6px;}
.lcolors_l .mt a{float:left; border:2px solid #fff; line-height:36px; position:relative; padding:0 5px;
margin-right:6px; color:#444;}
.lcolors_l .mt .on s{position:absolute; width:6px; height:6px; background-position:right -49px;
overflow:hidden;;right: 0;bottom: 0;}
.lcolors_l .mt .on{border-color:#e6040c; }
.lcolors_l .mc{ height:215px; overflow-y: auto; overflow-x: hidden;}
.lcolors_l .mc li{float:left; text-align:center; line-height:26px;}
```

```
.lcolors_l .mc_t{background:#f1f1f1; color:#999; width:528px; padding:0 23px 0 24px;}
.lcolors_l .mc_c ul{color:#444; border-bottom:1px solid #f1f1f1; padding:5px 15px 5px 16px;}
.lcolors_l .mc_c li{line-height:24px;}
.lcolors_l .mc_c .list4{color:#ff7300;}
.lcolors_l .mc .list1{padding-left:10px; width:80px; text-align:left;}
.lcolors_l .mc .list2{width:86px;}
.lcolors_l .mc .list3{width:106px;}
.lcolors_l .mc .list3 input{width:105px; border:none; height:24px; line-height:24px; text-align:center;
padding:0; color:#444;}
.lcolors_l .mc .list4{width:78px;}
.lcolors_l .mc .list5{width:110px; padding-left:20px;}
.lcolors_l .mc_c input{float: left; width:48px; padding:3px; height:14px; line-height:14px; border:1px
solid #bdbdbd; text-align:center;}
.lcolors_l .mc_c a{float:left;width:25px; height:22px; background-position:-48px -59px;}
.lcolors_l .mc_c .b_l{margin-right:1px;}
.lcolors_l .mc_c .b_r{margin-left:1px;background-position:right -59px}
.lcolors_r{padding:3px 10px 0; width:188px;}
.lcolors_r .title{color:#666; padding:9px 0; border-bottom: 1px solid #e5e5e5; line-height:24px; font-
size:16px;}
.lcolors_r .title a{float:right; width:46px; font-size:12px; height:22px; line-height:22px; text-align: center;
color:#125dc6; border:1px solid #e5e5e5;}
.lcolors_r .priceIn{padding:38px 0 0 14px; color:#818080; height:50px;line-height:18px; }
.lcolors_r .priceIn em{padding:0 13px 0 10px; color:#818080; display:inline-block; height:15px; line-
height:17px; overflow:hidden;}
.lcolors_r .priceIn span{color:#cc0000; font-size:16px; line-height:18px;}
.lcolors_r .sendfor{padding-bottom:10px;}
.lcolors_r .sendfor a{display: inline-block; width:186px; color:#fb8500; font-size:16px; text-align:center;
height:34px; line-height:34px; border:1px solid #fdc79e; background:#fef2e3;}
.lcolors_r .join a{display: inline-block; width:188px; color:#fff; font-size:16px; text-align:center;
height:36px; line-height:36px;background:#fb8500;}
.l_intro_t{ line-height:30px;}
.l_intro_t .title{color:#000;width:780px; font-size:16px; height:30px; line-height:30px; overflow:hidden;}
.l_intro_t .btn a{float:left;color:#666;margin:0 7px;}
.l_intro_r{float:right; width:130px; border:1px solid #e5e5e5; height:612px;_height:613px;}
.l_intro_r .title{color:#888;padding-left:10px; background:#f6f6f6; line-height:28px;}
.l_intro_r li{padding:10px 15px 5px; line-height:14px;}
.l_intro_r img{width:100px; height:100px;}
.l_intro_r .in_r_price span{color:#e6040c;}
/*服务说明*/
.lserve{padding:28px 0 10px;}
.lserve h3{border:1px solid #ebe1dc; line-height:28px; height:28px; padding-left:20px; color:#888;}
/*商品评价*/
.ltab .mt{height:33px; overflow:hidden;}
.ltab .mt ul{background:#f2f2f2; height:32px;border-bottom:1px solid #ccc; }
.ltab .mt li{float:left; line-height:32px;}
.ltab .mt a{padding:0 20px; float:left; color:#444;}
```

```
.ltab .mt .on{border-top:2px solid #666; height:31px; }
.ltab .mt .on a{border-left:1px solid #ccc;border-right:1px solid #ccc;line-height:29px; background:
#fff;height:31px;}
.ltab .mc{width:788px; overflow:hidden;}
.ltab .carinfo{float:left; width:240px; line-height:24px;}
.ltab .mc_cons{display:none;}
.ltab .con1{border:1px solid #ccc; padding:10px; border-top:none; height:228px; overflow:hidden;
display:block;}
.lpics img{margin-top:22px;}
/*其他产品*/
.others{width:990px; margin:0 auto; overflow:hidden;}
.others .mt{font-size:16px; color:#444; line-height:30px; border-bottom:3px solid #696969;
/*background:url(../img/icon8.png) 0 bottom no-repeat;*/}
.others .mc{padding:15px 25px 20px;; width:970px;}
.others li{float:left; width:152px; height:223px; text-align:center; line-height:22px; padding:7px 9px 0
7px; background:#eee; display:inline; margin:0 25px 20px 0;}
.others .o_pic{width:150px; height:150px; border:1px solid #ccc; overflow:hidden;}
.others .o_price span{color:#f30a0a;}
.others .o_name a{color:#444;}
```

（4）在上面的代码中，产品的展示只是展示了静态的布局功能，实例中使用了两个动态的交互功能，其一是在单击“－”和“＋”按钮时采购清单能够自动累计结算，如图 9-13 所示；其二是在单击“加入购物车”按钮时弹出验证对话框，具体如图 9-14 所示。

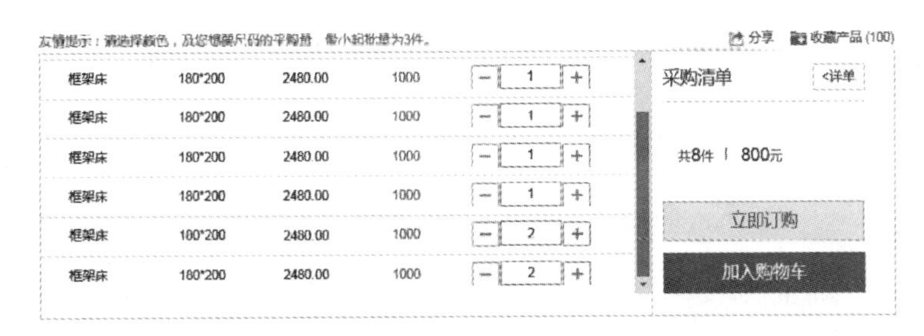

图 9-13　采购清单动态结算

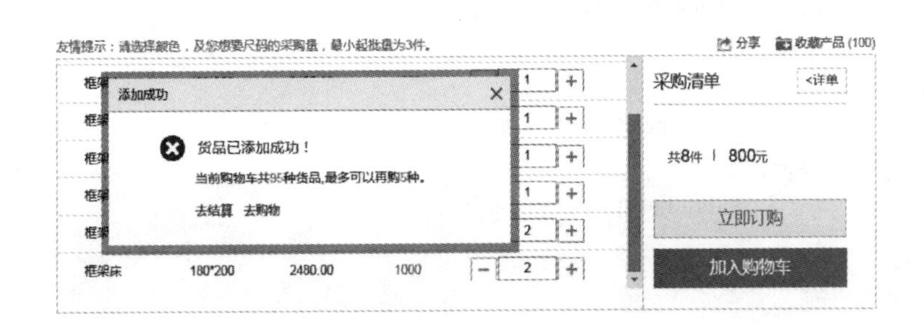

图 9-14　加入购物车时弹出对话框验证

（5）将实现上述功能的 JavaScript 代码放在 lists.js 文件里面，核心的代码如下：

```
//加入购物车弹出
```

```
$('.lcolors_r .join a').click(function(){
        if($('.collect_boxs').css('display') == 'none'){

                $('.collect_boxs').show();
        }else{

                $('.collect_boxs').hide();
        }
});
$('.collect_boxs .b_close').click(function(){
        $('.collect_boxs').hide();
});
//公告选项卡
$('.ltab_con li').click(function(){
        var idx = $(this).index();
        $(this).siblings().removeClass('on');
        $(this).addClass('on');
        $('.mc_cons').hide().eq(idx).show();
});

//采购数量加减
$('.plus').click(function(){
        var vas = parseInt($(this).prev('input').val()), max =parseInt($(this).
closest('.mp').find('input[name="num"]').val()) ;
        if(vas<max){
                vas++;
                $(this).prev('input').val(vas)
        }else{
                return false;
        }
        numPrice();
});
$('.reduce').click(function(){
        var vas = parseInt($(this).next('input').val()) ;
        if(vas>0){
                vas--;
                $(this).next('input').val(vas)
        }else{
                return false;
        }
        numPrice();
});

//产品图片轮播
$('.p_1_foot').slides({
        container: 'con',
```

```
            generateNextPrev: false,
            next: 'btn_l',
            prev: 'btn_r',
            pagination: false,
            generatePagination: false,
            play: 0,
            pause: true,
            hoverPause: true
    });

    //改变数量
    $('.listNum').change(function(){
            var inum = $(this).val(), max =parseInt($(this).
closest('.mp').find('input[name="num"]').val()) ;
            if(inum<0){
                    inum = 0;
            }else if(inum >max){
                    inum = max;
            }
            $(this).val(inum);
            numPrice();
    });

    //改变价格总数
    function numPrice(){
            var numSum = 0, priceSum = 0;
            $('.listNum').each(function(){
                    numSum += parseInt($(this).val());
                    priceSum += parseInt($(this).val()) * parseInt($(this).
closest('.mp').find('input[name="price"]').val());
            });
            $('.priceIn .num').html(numSum);
            $('.priceIn .price').html(priceSum);
    };

});
```

到这里就完成了商品相关页面的设计布局，已经可以实现网站产品的前台展示和订购的功能了。

Section 9.3 购物车下订单功能

电子商务网站的核心技术就在于产品的展示与网上订购、结算功能，在网站建设中这些知识统称为“购物车系统”。购物车最实用的功能就是进行产品结算，通过这个功能，用户在选择了自己喜欢的产品后可以通过网站确认，输入联系方法，提交后写入数据库，方便网站管理者进行售后服务，这也是购物车的主要功能。

9.3.1 购物车.html

“购物车.html”页面是在“产品详情页.html”中单击“加入购物车”按钮跳转到的页面，主要实现统计订单数量的功能，如图 9-15 所示。

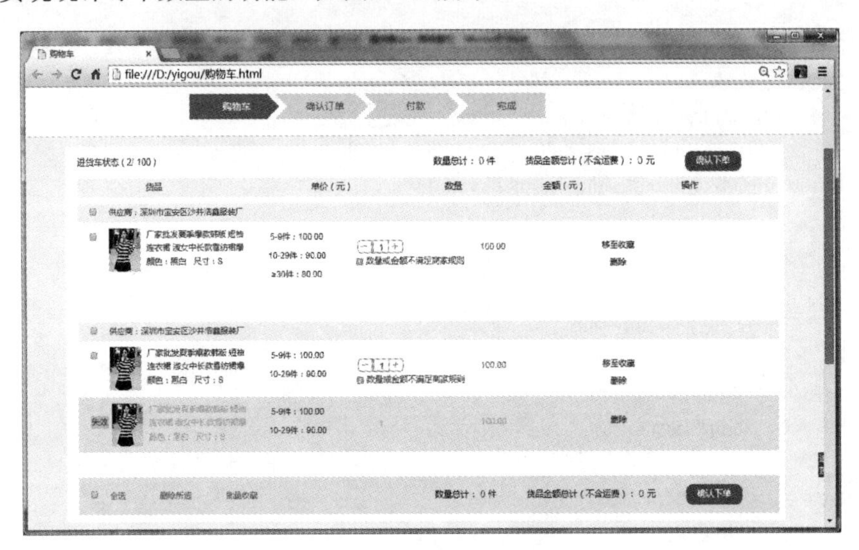

图 9-15 “购物车.html”页面的设计

（1）该页面的核心 DIV 布局代码如下：

```
<div class="carl">
<div class="wrap">
  <div class="content">
  <!--=结算金额-->
  <div class="mt clearfix">
  <div class="mt_l f_l">进货车状态（<span><i class="j_sumnum">2</i>/ 100</span>）</div>
  <div class="mf_r f_r">
  <div class="mf_r_num">数量总计： <span>0</span> 件</div>
  <div class="mf_r_price">货品金额总计（不含运费）： <span>0</span> 元</div>
  <div class="mf_sub"><a href="确认订单.html">确认下单</a></div>
   </div>
   </div>
<div class="mc_nav">
     <ul class="mc_t clearfix">
      <li class="lis1">货品</li>
      <li class="lis2">单价（元）</li>
      <li class="lis3">数量</li>
      <li class="lis5">金额（元）</li>
```

```
        <li class="lis6">操作</li>
      </ul>
</div>
<!--=订单详情，批发 -->
 <div class="mc">
<input type="hidden" name="protype" isWholesale = "0" />
<!-- 全局说明 1，产品是不是批发，后台会传一个叫 isWholesale 的值，为 0 就是批发，为 1 就是零售，只有这两种 -->
<!-- 全局说明 2，只有勾选 checkbox 的 sku 再做一系列判断数量是否大于起批量、小于库存，如果是批发，匹配价格，然后*购买数量，计算总价、总数量-->
<div class="carInput clearfix">
<!-- 这里需要放商铺 id（value 值不是固定的）到 input checkbox 里，input 中所有商铺的 name 属性名最好相同 -->
<!-- 勾选这个 checkbox 会全选或者全取消这个商铺下的所有 sku checkbox-->
<input class="f_l checklist" type="checkbox" name="store_id" value="77ec02a1a25f4cf89186d0e6cf129a38"/>
 <!--下面的供应商名称是从后台传过来的，可随意改动标签样式 -->
<div class="adds f_l">供应商：<a href="#">深圳市宝安区沙井浩鑫服装厂</a> </div>
   </div>
 <ul class="mc_c clearfix">
<li class="lis1">
<!--这里需要放 skuId（value 值不是固定的）到 input checkbox 里，input 中所有商铺的 name 属性名最好相同-->
<input class="f_l checkSin" name="sku_id" type="checkbox" value="cf0ff9af213e4cf2af944ff37b6de90b"/>
 <div class="prodt f_l">
 <!-- 图片是从后台传过来的图片地址放到这儿，除了 a 标签，其他随便改 -->
 <div class="prodt_pic f_l"><a href="#"><img src="img/shopimg.jpg"/></a></div>
 <div class="prodt_text f_l">
 <!-- 产品名称是从后台传过来放到这儿，除了 a 标签，其他随便改 -->
 <p class="prodt_name"><a href="#">厂家批发夏季爆款韩版短袖连衣裙淑女中长款雪纺裙爆款</a></p>
 <div class="prodt_norms clearfix">
 <!-- 每条 sku 的规格都不同，后台传值显示用，可以随便改-->
<div class="prodt_color f_l">颜色：<span>黑白</span></div>
<div class="prodt_size f_l">尺寸：<span>S</span></div>
</div>
</div>
</div>
</li>
<li class="j_proprice">
<!--如果是批发，显示下面这个；如果不是批发，显示单价就可以，所有值都是从后台传过来、动态变化的，可以先虚构数据，考虑到数据不是固定的就好-->
<!-- 同一个产品的批发价格区间是一样的-->
<!-- 如果是批发，则需要根据买家填写的购买数量来匹配这里的数量区间，取对应的价格，这里能实现就行，不管用隐藏域还是其他标签 -->
```

```
<!-- 这里还判断同一件产品所选择的多条 sku 的购买数量之和是否大于最小起批量-->
<!-- 注意如果是批发，价格区间最少有 1 段、最多有 3 段 -->
<p class="on">5-9 件：100.00 </p>
<p >10-29 件：90.00 </p>
<p>≥30 件：80.00 </p>
<input type="hidden" price="100" min="5" />
<input type="hidden" price="90" min="10" />
<input type="hidden" price="80" min="30" />
 </li>
 <li class="lis3 j_pronum">
<div class="lis3_con clearfix">
<!-- 功能需要，这个库存数量隐藏域放哪儿都行-->
<input type="hidden" name="stock" value="100">
<!--<input type="hidden" value="库存数量 例 1000">-->
<!--减少购买数量，最小减到 0 -->
<a class="btns2 btn_l" href="javascript:;"></a>
<!-- 核心方法的重要参数，每条 sku 的购买数量，建议的方法是失去焦点就触发事件判断一次数
量变化，如果是批发，匹配价格，如果不是，直接取单价，然后再算一遍总额 -->
<div class="btns2 inp"><input type="text" value="1" name="skuBuyNumber"/></div>
<!--增加购买数量，最大加到库存量 -->
<a class="btns2 btn_r" href="javascript:;"></a>
</div>
<span class="num_prompt">数量或金额不满足商家规则</span>
</li>
<li class="lis5">100.00 </li>
<li class="lis6">
<a href="javascript:;">移至收藏</a><br>
<a class="j_prodel" href="javascript:;">删除</a>
</li>
</ul>
</div>

<!--=确认下单-->
<div class="mf_nav_box">
<div class="mf mf_nav clearfix">
<div class="mf_l f_l">
<label><input type="checkbox" name="checkinp" class="checkAll">全选</label>
<span class="mf_l_del">删除所选</span>
<span>批量收藏</span>
</div>
<div class="mf_r f_r">
<div class="mf_r_num">数量总计： <span>0</span> 件</div>
<div class="mf_r_price">货品金额总计（不含运费）： <span>0</span> 元</div>
<div class="mf_sub"><a href="#">确认下单</a></div>
</div>
```

```
</div>
</div>
</div>
```

（2）将页面的样式表储存在 order.css 中，页面的核心代码如下：

```
/*购物车*/
.carl_nav li{width:128px;}
.carl{background:#f8f8f8; padding:15px 0 25px 0; border-top:1px solid #e1e1e1;border-bottom:1px solid #e1e1e1;}
.carl .content{background:#fff;margin-bottom:30px; padding:0 10px 12px 20px;}
.carl .mt{line-height:52px; color:#aaa; padding-right:60px;}
.carl .mt_l{font-size:14px; color:#444;}
.carl .mt_l .col{font-size:12px; color:#aaa;}
.carl .mt_r_btn{padding-top:9px;margin-left:80px; line-height:32px;}
.carl .mt_r_btn a{width:93px; height:32px; background:url(../img/carbj.png) no-repeat; display:inline-block; text-align:center;color:#fff;}
.carl .mc_t{background:#f8f8f8;}
.carl .mc_t li{font-size:14px;}
.carl .mc_t li,.carl .mc_c li{float:left;color:#444; line-height:30px;text-align:center;}
.carl .mc{padding-bottom:40px;}
.carl .mc_nav .lis1,.carl .mc .lis1{width:205px; padding-left:115px; text-align:left;}
.carl .mc_nav .lis2,.carl .mc .lis2{width:215px;}
.carl .mc_nav .lis3,.carl .mc .lis3{width:180px; position:relative;}
.carl .mc_nav .lis4,.carl .mc .lis4{width:185px;}
.carl .mc_nav .lis5,.carl .mc .lis5{width:185px;}
.carl .mc_nav .lis6,.carl .mc .lis6{width:230px;}
.carl .failure_pro .mc .lis3{width:150px; line-height: 23px; padding-top: 20px; position:relative;}
.num_prompt{ position:absolute; width:200px; text-align:left; height:22px; line-height:22px; color:#e93d47; padding-left:16px; top:43px; left:50px; background:url(../img/cart_ico1.png) no-repeat 0 center; }
.carl .carInput{background:#faf6f1; line-height:30px; margin-top:10px;vertical-align:middle; padding-left:20px; }
.carl .carInput input{margin-top:8px;*margin-top:4px; margin-right:20px;}
.carl .carInput .adds{vertical-align:middle;line-height:30px;}
.carl .carInput a{line-height:30px; color:#225588; display:inline-block;}
.carl .mc_c{padding:10px 0 10px;}
.carl .mc_c .lis1{padding-left:20px;*padding-left:24px; width:300px;}
.carl .mc_c a{color:#444;}
.carl .mc_c .lis1 input{margin-top:8px;*margin-top:4px; margin-right:20px; width:13px;}
.carl .prodt{width:236px;}
.carl .prodt_pic,.carl .prodt_pic img{width:53px;height: 69px;}
.carl .prodt_text{padding-left:10px; width:173px; line-height:22px; color:#666;}
.carl .prodt_name{height:44px; overflow:hidden;}
.carl .prodt_name a{color:#225588;}
.carl .prodt_size{margin-left:12px;}
```

```
.carl .mc_c .lis2{ line-height:20px;padding-top:3px; color:#888;}
.carl .mc_c .lis2 p{ text-decoration:line-through; }
.carl .mc_c .lis2 p.retail{ padding-top:18px; }
.carl .mc_c .lis2 .on{ text-decoration:none; }
.carl .lis3_con{width:74px;margin:0 auto; padding-top:20px;}
.carl .lis3_con .btns{float:left;width:24px; height:23px; background:url(../img/carbj3.png) no-repeat 0 0;}
.carl .lis3_con .btns2{float:left;width:24px; height:23px; background:url(../img/carbj2.png) no-repeat;}
.carl .lis3_con .btn_r{background-position:-50px 0;}
.carl .lis3_con .inp{float:left;width:26px; height:23px; background-position:-24px 0;}

.carl .lis3_con input{width:24px; float:left; height:16px; padding:4px 0 0 2px; border:none;
background:none; outline:none; text-align: center;}
.carl .mc_c .lis4,.carl .mc_c .lis5{padding-top:20px; line-height:23px;}
.carl .mc_c .lis5{color:#f44b08;}
.carl .mc_c .lis6{line-height:28px;padding-top:15px;}
.mf_nav_box{width:1160px; height:60px; }
.carl .mf,.mf_nav_box .mf_nav{height:60px; line-height:60px; background:#efefef;padding:0 60px 0
20px;*padding-left:24px;}
.mf_nav_box .mf_nav{position:absolute; width:1080px; height:60px; z-index: 99999; }
.carl .mf_l,.mf_nav .mf_l{_padding-top:18px; color:#989898;}
.carl .mf_l input,.mf_nav .mf_l input{margin-right:20px;}
.carl .mf_l_del,.mf_nav .mf_l_del{margin:0 54px; cursor: pointer;}
.carl .mf_r div,.mf_nav .mf_r div{float:left; color:#333; font-size:14px;}
.carl .mf_r span,.mf_nav .mf_r span{color:#f44b08;}
.carl .mf_sub,.mf_nav .mf_sub{*padding-top:14px;}
.carl .mf_sub a,.mf_nav .mf_sub a{display:inline-block; background:url(../img/carbj.png) no-
repeat;width:93px; height:32px; line-height:32px; text-align:center; color:#fff; font-size:14px;}
.carl .mf_r_price,.mf_nav .mf_r_price{margin:0 50px;}
.carl .mf_r_price span,.mf_nav .mf_r_price span{font-size:16px; line-height:20px;}
.carl .others{position:relative; background:#fff; padding:10px 0 5px; width:1190px; height:330px;}
.carl .others li{ float:left; }
.carl .others .others_con_list{float:left; width:234px; margin-right:35px;; display:inline; color:#444;}
.carl .others img{width:234px; height:224px;}
.carl .others_con{width:1044px; margin:0 auto; position:relative; height:330px;}
.carl .others ul{width:1100px; position:absolute; left:0;top:0;}
.carl .others_foot{padding:0 12px;}
.carl .others_name{line-height:24px; height:48px; overflow:hidden;}
.carl .others_name a{color:#444;}
.carl .others_price{line-height:30px;}
.carl .others_price strong{color:#f44b08; font-size:18px; font-weight:normal;}
.carl .others_price span{color:#999;}
.carl .others_btn{line-height:20px;}
.carl .others_btn s{vertical-align:middle; display:inline-block; width:14px; height:14px;
background:url(../img/carbj.png) no-repeat right -35px; margin-right:8px;}
.carl .others_btn span{vertical-align:middle; color:#1f9cdc;}
```

```
.carl .others .btns{position:absolute; width:26px; height:80px; margin-top:-40px; top:50%; background:url(../img/carbj.png) no-repeat 0 -32px;}
.carl .others .btn_l{left:30px;}
.carl .others .btn_r{right:30px;background:url(../img/carbj.png) no-repeat -28px -32px;}
.footer{padding:15px 0 30px; }
.footer .text{text-align:center;line-height:30px; font-size:16px; color:#333;}

.carl .failure_pro{ background:#fff; margin-bottom: 30px; padding: 0 10px 20px 20px;}
.carl .failure_pro .failure_pro_tit{ height:44px; }
.carl .failure_pro .failure_pro_tit p{ display: inline-block; line-height:34px; padding-top:10px; color:#444; font-size:14px; vertical-align:middle; padding-right:20px; background:url(../img/car_ico.png) no-repeat right 20px; }

html,body{ height:100%; }
.filter{ position:absolute; width:100%; height:100%;top:0px; left:0px; background:#000; opacity:0.4; filter:alpha(opacity=40); display:none;}

/*失效产品*/
.failure{ background:#f0f0f0; }
.failure .title{ padding:0 2px; margin:20px 5px 0 0; font-size:12px; line-height:20px; height:20px; background:#dbdbdb; }
.carl .failure .prodt_name a{color:#d0cfcd;}
.carl .failure .prodt_text{color:#d0cfcd;}
.carl .failure .lis2,.carl .failure .lis3,.carl .failure .lis5{color:#d0cfcd;}
```

（3）实例中使用了两个动态的交互功能，其一是单击“－”和“＋”按钮时采购清单能够自动累计结算，选择“全选”复选框时“数量总计”和“货品金额总计”也能够自动累计并结算，如图 9-16 所示；其二是页面最底部的产品轮播动画，如图 9-17 所示。

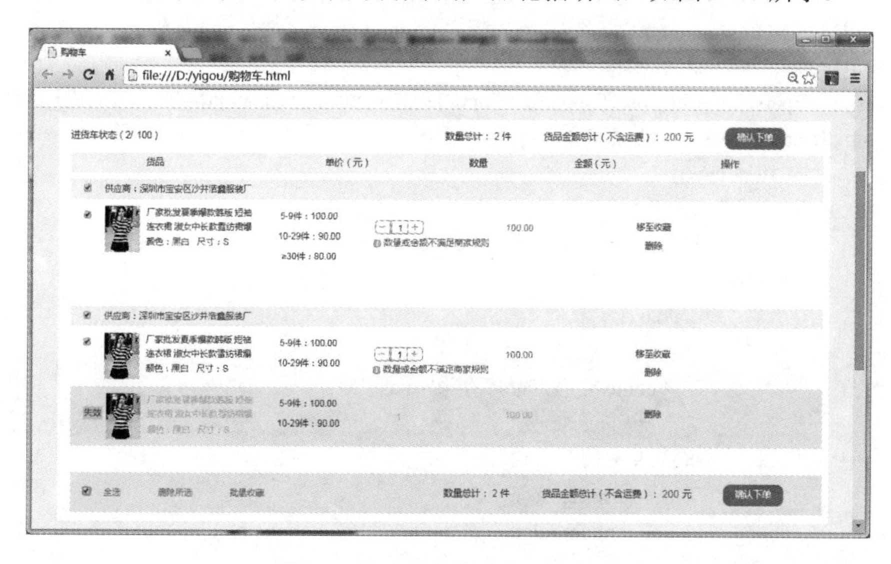

图 9-16 购物车的动态结算统计

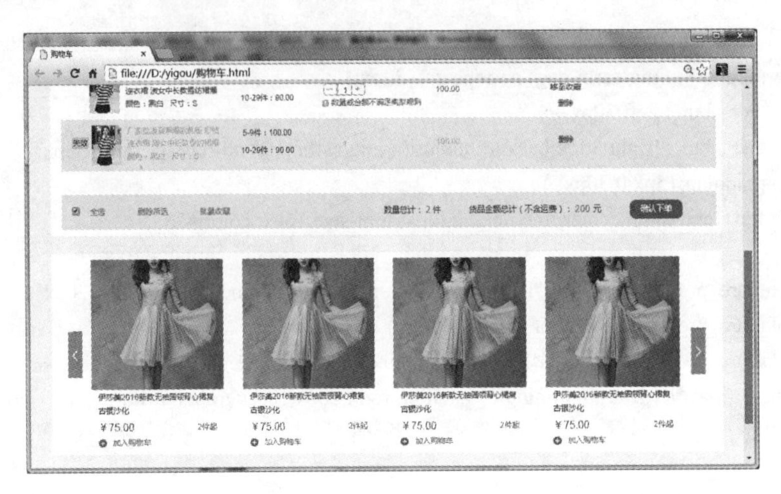

图 9-17　产品动态轮播动画

（4）将实现上述功能的 JavaScript 代码放在 shopCard.js 文件里面，前端 DIV 布局时需要定义的值都已经单独标注出，核心的 JavaScript 代码如下：

```
$(function(){
//购物车
    $('.j_pronum .btn_l').click(function(){
            var is = parseInt($(this).next('.inp').find('input').val());
            if(is>0){
                    is--;
                    $(this).next('.inp').find('input').val(is);
            }
            changeNum(is,$(this).closest('.j_pronum').siblings('.lis2'));
            changePrice(is,$(this).closest('.j_pronum'));
    });
$('.j_pronum .btn_r').click(function(){
var is = parseInt($(this).prev('.inp').find('input').val()), max = parseInt($(this).closest('.j_pronum').find
('input[name="stock"]').val());
            if(is<max){
                    is++;
                    $(this).prev('.inp').find('input').val(is);
            }else{
                    dialog({
                        title: '删除',
                        content: '该产品库存为'+max+'件',
                        okValue: '确定',
                        ok: function () {
                            this.close();
                            return false;
                        },
                        cancelValue: '取消',
```

```
                cancel: function () {}
            }).show();
        }

        changeNum(is,$(this).closest('.j_pronum').siblings('.lis2'));
        changePrice(is,$(this).closest('.j_pronum'));
    });

    $('.j_pronum input').change(function(){
        var is = parseInt($(this).val()), max = parseInt($(this).closest('.j_pronum').find ('input [name=
"stock"]').val());
        if(is<0){
            is = 0;
            $(this).val(0);
        }
        if(is>max){
            is = max;
            $(this).val(max);
        }
        changeNum(is,$(this).closest('.j_pronum').siblings('.lis2'));
        changePrice(is,$(this).closest('.j_pronum'));
    });

    function changeNum(num,obj){
        var min1 = parseInt(obj.find('input').eq(0).attr('min')),
             min2 = parseInt(obj.find('input').eq(1).attr('min')),
             min3 = parseInt(obj.find('input').eq(2).attr('min'));
        if(num<min1){
            obj.closest('.mc_c').find('.num_prompt').show();
        }else{
            obj.closest('.mc_c').find('.num_prompt').hide();
        }


        if( num>=min1){
            obj.find('p').eq(0).addClass('on');
            if(min2 &&(num>=min2)){
                obj.find('p').removeClass('on');
                obj.find('p').eq(1).addClass('on');
                if(min3 && (num>=min3)){
                    obj.find('p').removeClass('on');
                    obj.find('p').eq(2).addClass('on');
                }
            }
        }
```

```
                NumSum();
                NumPrice();
        };
        function changePrice(num,obj){
                var idx = obj.prev('.lis2').find('p[class="on"]').index();
                var price = obj.prev('.lis2').find('input').eq(idx).attr('price');
                var sum = price * num;
                obj.siblings('.lis5').html(sum.toFixed(2));
                NumSum();
                NumPrice();
        };
    function NumSum(){
    var sumNum = 0;
    $('.j_pronum').each(function(i){
    if($(this).closest('.mc_c').find('input[type="checkbox"]').attr('checked')){
    sumNum += parseInt($(this).find('input[name="skuBuyNumber"]').val());
    }
                });
                $('.mf_r_num span').html(sumNum);
        };

        function NumPrice(){
                var sumPrice = 0;
                $('.lis5').each(function(){
                        if($(this).closest('.mc_c').find('input[type="checkbox"]').attr('checked')){
                                sumPrice += parseInt($(this).html());
                        }
                });
                $('.mf_r_price span').html(sumPrice);
                console.log(sumPrice);
        };
        //删除购物车产品
        $('.j_prodel').click(function(){
                var pars = $(this).closest('.mc'), par = $(this).closest('.mc_c');
                var name = $(this).parent().siblings('.lis1').find('.prodt_name').html();
                dialog({
                    title: '删除',
                    content: name,
                    okValue: '确定',
                    ok: function () {
                        if(pars.find('.mc_c').length == 1){
                                pars.remove();
                        }else{
                                par.remove();
                        }
```

```
                NumSum();
                NumPrice();
                //$('.j_sumnum').html($('.content .mc').length);
                this.close();
                return false;
            },
            cancelValue: '取消',
            cancel: function () {}
        }).show();
});
//删除选中
$('.mf_l_del').click(function(){

        dialog({
            title: '删除',
            content: '确定删除购物车中已经选中的产品？',
            okValue: '确定',
            ok: function () {
                $('.checkSin').each(function(i){
                                if($(this).attr('checked')){
            var pars = $(this).closest('.mc'), par = $(this).closest('.mc_c');
                                        if(pars.find('.mc_c').length == 1){
                                                pars.remove();
                                        }else{
                                                par.remove();
                                        }
                                }
                });
                NumSum();
                NumPrice();
                this.close();
                return false;
            },
            cancelValue: '取消',
            cancel: function () {}
        }).show();
});
//购物车店铺全选事件
$('.checklist').click(function(){
        if($(this).attr('checked')){

$(this).closest('.carInput').siblings('.mc_c').find('input[type="checkbox"]').attr('checked','checked');
        }else{

$(this).closest('.carInput').siblings('.mc_c').find('input[type="checkbox"]').attr('checked',false);
```

```
            }
    });

    //购物车店铺全选事件
    $('.checkAll').click(function(){
            if($(this).attr('checked')){
                    $('.carl .content').find('input[type="checkbox"]').attr('checked','checked');
            }else{
                    $('.carl .content').find('input[type="checkbox"]').attr('checked',false);
            }
    });
    //购物车底部轮播
    $('.others').slides({
            container: 'others_con_ul',
            generateNextPrev: false,
            next: 'next',
            prev: 'prev',
            pagination: false,
            generatePagination: false,
            play: 0,
            pause: true,
            hoverPause: true
    });
    //选中改变价格和数量
    $('.carl input[type="checkbox"]').click(function(){
             NumSum();
             NumPrice();
    });
    //取消父级选中
    $('.checkSin').click(function(){
            if(!$(this).attr('checked')){
                    $('.checkAll').attr('checked',false);
                    $(this).closest('.mc').find('.checklist').attr('checked',false);
            }
    });

    //滚动确认订单固定
    $(window).scroll(function(){
            var  it  =  $('.mf_nav_box').offset().top,  itop  =  $(document).scrollTop(),  ih  =
$(window).height(), iH = $('.mf_nav').height();
            $('.mf_nav').css('top',it);
            if(ih+itop<=it){
                    $('.mf_nav').css('top',ih+itop-iH);
            }else{
                    $('.mf_nav').css('top',it);
```

```
            }
            if(itop>100){
                $('.backUp').show();
            }else{
                $('.backUp').hide();
            }

        });
        //返回顶部
        $('.backUp').click(function(){
            $('html,body').animate({
                scrollTop : 0
            }, 200);
            return false;
        });
    });
```

9.3.2 确认订单.html

在购物车订购过程中通过单击“确认下单”按钮能够打开购物车系统的“确认订单.html”页面，如图 9-18 所示。

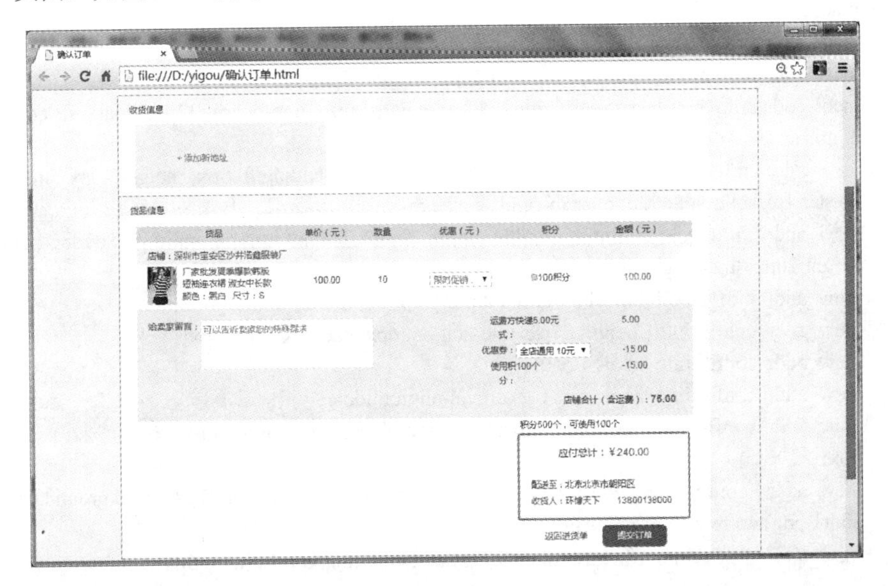

图 9-18 “确认订单.html”页面

该页面的布局比较简单，对其前端布局不再具体介绍，读者可打开源代码进行参考。在该页面中单击“添加新地址”，系统会打开“添加收货地址”对话框，如图 9-19 所示。

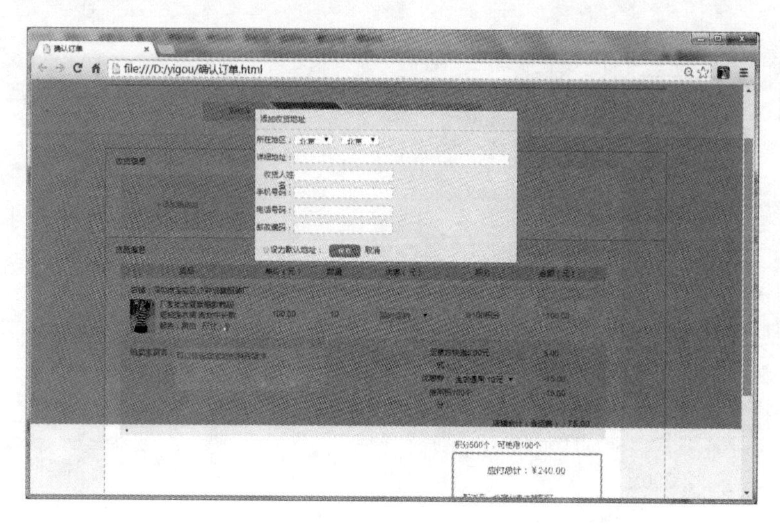

图 9-19 “添加收货地址”对话框

（1）实现弹出“添加收货地址”对话框的方法是，首先在页面中布局好对话框内容并隐藏，然后通过 JavaScript 激活弹出。该功能的页面布局样式表如下：

```
/*地址弹出层*/
.new_addr{ width:552px; height:312px; display:none; border:1px solid #787878; position:absolute; z-index:999; top:200px; left:50%; margin-left:-275px; background:#f0f0f0; }
.new_addr .tit{border-bottom:1px solid #d6d6d6;  height:40px; line-height:40px; color:#222; text-indent:10px;   }
.new_addr .info_box{ padding:10px 0;  }
.new_addr .info_box li{ padding-bottom:14px; height:22px; }
.new_addr .info_box li .nametit{ width:82px; height:22px; line-height:22px; float:left; color:#222; text-align:right;  }
.new_addr .info_box li select{ width:80px; float:left; padding:0 5px; height:20px; line-height:20px; border:1px solid #d8d9db; margin-right:18px;}
.new_addr .info_box li input{ width:194px; float:left; border:1px solid #d8d9db; padding:0 5px; height:20px; line-height:20px;  }
.new_addr .info_box li .input1{ width:440px; }
.new_addr .confir_info{ height:27px; line-height:26px; padding-left:18px;   }
.new_addr .confir_info label{ float:left;}
.new_addr .confir_info label input{  vertical-align:middle;   }
.new_addr .confir_info label .txt{  display:inline-block; line-height:26px; color:#222; padding:0 10px 0 3px;  }
.new_addr .confir_info .confirm{  float:left; width:66px; height:27px; background:url(../img/new_addr1.png) no-repeat; margin-right:5px; }
.new_addr .confir_info .cancel{ color:#222; line-height:26px; padding:0 5px; }
```

通过上面的命令可以清空购物车里的订单，并返回 gouwuche.php 重新进行订购。

（2）将实现交互的动态 JavaScript 命令放在 confir_order.js 文件里面，具体的代码如下：

```
$(function(){
    var addrstr = null;
    //首次添加新地址
    $('.j_addNew').click(function(){
```

```
            $('.filter,.j_new_addr').show();
    });
    //关闭添加新地址
    $('.j_new_addr .cancel').click(function(){
            $('.filter,.j_new_addr').hide();
    });
    //确认添加新地址
    $('.j_new_addr .confirm').click(function(){
            var flag = true;
            $('.j_userinfo').each(function(){
                    if(!$(this).val()){
                            alert($(this).attr('prompt'));
                            flag = false;
                            return false;
                    }
            });
            if(flag){
                    addrstr = '<span>'+$(".j_userinfo").eq(0).val()+'</span><span>'+ $(".j_userinfo")
.eq(1).val()+'</span> <span>'+$(".j_userinfo").eq(2).val()+'</span>(<span>'+$(".j_userinfo").eq(3).val()+
'</span>收)<span>'+$(".j_userinfo").eq(4).val()+'</span>(<span>'+$(".j_userinfo").eq(5).val()+'</span>)
<span>'+$(".j_userinfo").eq(6).val()+'</span>';
                    $('.filter,.j_new_addr').hide();
                    newAddr(addrstr);
                    $('.addNew').hide();
                    $('.oldhome').show();
                    if(!$(this).hasClass('on')){
                            $('.j_addr_ul li[class="addr_list clearfix"]').hide();
                    }
            }
    });
    function newAddr(str){
            var addr = '<li class="addr_list clearfix"><input type="radio" name="addr" /><p
class="j_info">'+str+'</p><a href="javascript:;" class="change">修改地址</a><a href="javascript:;"
class="delete">删除地址</a></li>'
            $('.j_addr_ul').prepend(addr);
            $('.j_addr_ul').find('li').removeClass('on').eq(0).addClass('on');
            $('.j_addr_ul').find('input[name="addr"]').eq(0).attr('checked','checked');


    };
    //选中地址
    $('.j_addr_ul').on('click','input[name="addr"]',function(){
            $('.j_addr_ul li').removeClass('on');
            $(this).closest('li').addClass('on');
    });
    //下拉收起
    $('.addr_show_btn').click(function(){
            if(!$(this).hasClass('on')){
                    $(this).html('收起').addClass('on');
                    $('.j_addr_ul li').show();
            }else{
                    $(this).html('展开').removeClass('on');
```

```
                    $('.j_addr_ul li[class="addr_list clearfix"]').hide();
                }
        });
        //删除地址
        $('.j_addr_ul').on('click','.delete',function(){
                $(this).closest('.addr_list').remove();
        });

        //修改地址
        $('.j_addr_ul').on('click','.change',function(){
                var arr = [];
                var addrO = $(this).siblings('.j_info');
                addrO.find('span').each(function(i){
                        var str = $(this).text();
                        arr.push(str);
                });
                $(".j_userinfo").each(function(i){
                        $(this).val(arr[i]);
                });
                $('.filter,.j_new_addr').show();
                $(this).closest('.addr_list').remove();

        })
        //
        $('.leave_mc textarea').focus(function(){
                $('.leave_mc').find('p').hide();
        });

        $('.leave_mc textarea').blur(function(){
                if($(this).val()== ''){
                        $('.leave_mc').find('p').show();
                }

        });
        //滚轮事件
        $(window).scroll(function(){
                var itop = $('body,html').scrollTop();
                var itop2 = 200 + itop;
                $('.filter').css('top',itop);
                $('.new_addr').css('top',itop2);
        });


});
```

9.3.3 付款.html

在“确认订单.html”页面中单击“提交订单”按钮能够打开购物车系统的“付款.html”

页面，具体效果如图 9-20 所示。

图 9-20 “付款.html”页面效果

“付款.html”页面的布局相对简单，布局的技术难点在于单击“订单详情”时会打开“显示订单”和“收起订单”两个下拉列表项，当选择“显示订单”选项时要在当前页面显示订单的详细情况，如图 9-21 所示。

图 9-21 显示订单的详细情况

（1）实现在当前页面显示“订单详情”列表的方法是，首先在页面中布局好订单的具体内容并隐藏，然后通过 JavaScript 实现激活。将该功能的页面布局样式表放在 order.css 中，具体如下：

```
.buyl{border-top:2px solid #e1e1e1;border-bottom:2px solid #e1e1e1; background:#f8f8f8;
padding:12px 0 40px;}
.buyl .b_title{line-height:27px; padding-left:20px; height:27px;}
.buyl .b_title i{float:left; margin-top:5px; line-height:0px; width:15px; height:15px; overflow:hidden;
```

```
background:url(../img/buyico.png)    right 0 no-repeat;}
.buyl  .b_orders{position:relative;  border:1px  solid  #e9e8e8;  height:40px;  line-height:40px;
background:#fff;}
.buyl .b_orders .orderInf{position:absolute; display:none; z-index:40; width:1180px;top:41px; left:0;
border:4px solid #eae8e5; border-top:none;}
.buyl .orderInf th{background:#eae8e8; height:60px;border:1px solid #e1e1e1; text-align:center; font-
size:14px; border-top:none; border-left:none;}
.buyl .orderInf td{border:1px solid #e1e1e1; background:#fff; text-align: center;}
.buyl .orderInf .tbox{margin-top:-1px;}
.buyl .orderInf td ul{border-top:1px solid #e1e1e1;}
.buyl .orderInf td li{float: left; text-align:center; width:233px;}
.buyl .orderInf td a{color:#0192da;}
.buyl .orderInf .name a{color:#444;}
.buyl .orderInf td .name{border-right:1px solid #e1e1e1; width:237px;*width:236px; line-height: 22px;}
.buyl .b_orders .b_order_l{padding-left:190px; font-size:14px;}
.buyl .b_orders .b_order_l .order_text{float:left;}
.buyl .b_orders .b_orders_l{ position:relative;}
.buyl .b_orders .b_orders_l a{font-size:12px; color:#0192da; line-height:38px; margin-left:18px; display:
inline-block; vertical-align:middle;}
.buyl .b_orders .b_order_r{padding-right:185px;}
.buyl .b_orders strong{color:#f44b08; font-size:18px;}
.buyl  .b_orders  .order_btns{position:absolute;  display:none;  left:4px;  top:30px;  border:1px  solid
#e9e8e8;padding:3px 2px;background:#fff; width:62px; z-index:50;}
.buyl .b_orders .order_btns li{width:60px; height:24px; line-height:24px; text-align:center; color:#444;
border:1px solid #e9e8e8;margin-bottom: 4px; cursor:pointer;}
.buyl .b_orders .order_btns .on{color:#f44b08;}
.buyl .b_way,.buyl .b_trouble{border:1px solid #e9e8e8; margin-top:18px;background:#fff; }
.buyl .b_way .mt{padding:18px 20px 0;}
.buyl .b_way .mt_title{font-size:16px; color:#444; line-height:16px;}
.buyl .b_way .mt_help{border:1px solid #ddd; width:173px; height:33px; line-height:33px; text-align:
center;}
.buyl .b_way .mc{padding:10px 0 10px 64px;}
.buyl .b_way .mc li{float:left; display:inline; margin-right:128px}
.buyl .b_way .mc label,.buyl .b_way .mc input{vertical-align:middle;}
.buyl .b_way .mc img{margin-left:14px;border:1px solid #dfdfdf; width:161px; height:71px; vertical-
align:middle;}
.buyl  .b_way  .nextGo{border-top:1px  solid  #eae8e5;  padding:0  0  0  105px;  line-height:16px;
height:117px;}
.buyl .b_way .btns{padding:25px 0 20px;}
.buyl  .b_way  .btns  a{width:140px;height:30px;  line-height:30px;  text-align:center;  color:#fff;
display:inline-block; background:url(../img/buyico.png)   0 -41px no-repeat;}
.buyl .b_way .suggest a{margin-left:22px; color:#0192da;}
.buyl .b_trouble{padding:0px 20px 20px; }
.buyl .b_trouble h3{line-height:50px; color:#3d3d3d; font-size:16px;padding-bottom:6px;}
.buyl .b_trouble li{line-height:24px; padding-bottom:16px;}
.buyl .b_trouble p{color:#999;}
.buyl .b_trouble a{color:#0192da;}
.buyl .b_trouble .more{margin-right:184px;}
```

（2）将实现交互的动态 JavaScript 命令放在 user.js 文件里面，具体的代码如下：

```
//订单详情
    $('.j_orderinfo').hover(function(){
            $('.order_btns').stop(true).slideDown();
    },function(){
            $('.order_btns').stop(true).slideUp();
    });

    $('.order_btns .show').click(function(){
            $('.orderInf').stop(true).slideDown();
            $(this).removeClass('on');
            $('.order_btns .hide').addClass('on');
    });

    $('.order_btns .hide').click(function(){
            $('.orderInf').stop(true).slideUp();
            $(this).removeClass('on');
            $('.order_btns .show').addClass('on');
    });
```

9.3.4 完成.html

“完成.html”页面是购物车系统的最后一个页面，一般只要设计友好提示的界面即可，如图 9-22 所示。该页面的布局也相对简单，是在“付款.html”页面的基础上进行适当的文字提醒修改。

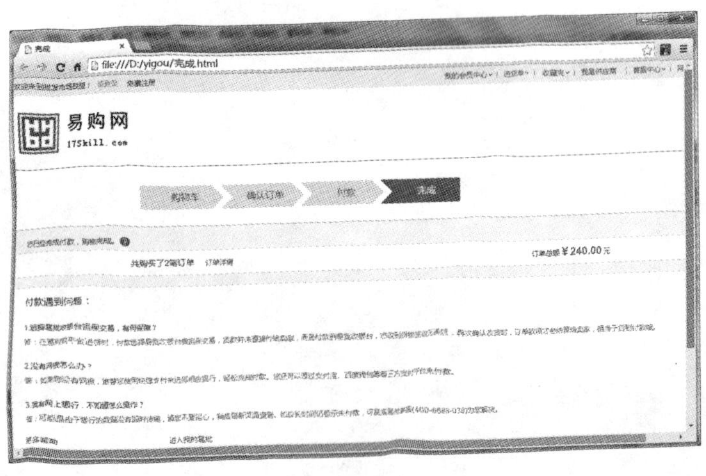

图 9-22 “完成.html”页面效果

整个购物系统前台布局功能的核心技术部分到这里已经介绍完了，当然，在制作的网站中还会有一些小功能页面，由于篇幅有限，这里不做具体介绍，用户在使用时可以根据自己的需求对网站进行完善和更改，从而达到自己的使用要求。

（2）将实现交互的动态 JavaScript 命令放在 user.js 文件里面，具体的代码如下：

```
//订单详情
    $('.j_orderinfo').hover(function(){
            $('.order_btns').stop(true).slideDown();
    },function(){
            $('.order_btns').stop(true).slideUp();
    });

    $('.order_btns .show').click(function(){
            $('.orderInf').stop(true).slideDown();
            $(this).removeClass('on');
            $('.order_btns .hide').addClass('on');
    });

    $('.order_btns .hide').click(function(){
            $('.orderInf').stop(true).slideUp();
            $(this).removeClass('on');
            $('.order_btns .show').addClass('on');
    });
```

9.3.4 完成.html

“完成.html”页面是购物车系统的最后一个页面，一般只要设计友好提示的界面即可，如图 9-22 所示。该页面的布局也相对简单，是在“付款.html”页面的基础上进行适当的文字提醒修改。

图 9-22 “完成.html”页面效果

整个购物系统前台布局功能的核心技术部分到这里已经介绍完了，当然，在制作的网站中还会有一些小功能页面，由于篇幅有限，这里不做具体介绍，用户在使用时可以根据自己的需求对网站进行完善和更改，从而达到自己的使用要求。